JSP

程序设计实训与案例教程

马军霞　张志锋　皇安伟　等编著　（第2版）

清华大学出版社

北京

内 容 简 介

本书旨在培养学生的 JSP 程序设计技术实践和创新能力。

全书理论联系实践,引进"以案例为驱动的教学模式",系统地讲解 JSP 程序设计技术,使项目开发贯穿整个知识体系。本书共分 11 章,内容包括 JSP 概述、JSP 常用开发环境介绍、HTML 与 CSS、通信资费管理系统案例、JSP 基本语法、JSP 内置对象、JDBC 技术、企业信息管理系统案例、JSP 与 JavaBean 技术、JSP 与 Servlet 技术、个人信息管理系统案例。通过 8 个实训项目、3 个案例和 70 多个实例的强化训练,使读者真正掌握基本理论知识,提高综合实践能力。

本书可作为普通高等院校的 JSP 程序设计课程教材,也可作为 JSP 技术职业培训教材以及 Java Web 软件开发人员的参考书。

图书在版编目(CIP)数据

JSP 程序设计实训与案例教程/马军霞,张志锋,皇安伟等编著. —2 版. —北京:清华大学出版社,2019(2023.1重印)

ISBN 978-7-302-51372-8

Ⅰ. ①J… Ⅱ. ①马… ②张… ③皇… Ⅲ. ①JAVA 语言—程序设计—高等学校—教材 Ⅳ. ①TP312.8

中国版本图书馆 CIP 数据核字(2018)第 232133 号

责任编辑:白立军
封面设计:杨玉兰
责任校对:时翠兰
责任印制:朱雨萌

出版发行:清华大学出版社
   网 址:http://www.tup.com.cn, http://www.wqbook.com
   地 址:北京清华大学学研大厦 A 座   邮 编:100084
   社 总 机:010-83470000   邮 购:010-62786544
   投稿与读者服务:010-62776969,c-service@tup.tsinghua.edu.cn
   质量反馈:010-62772015,zhiliang@tup.tsinghua.edu.cn
   课件下载:http://www.tup.com.cn,010-62795954
印 装 者:三河市天利华印刷装订有限公司
经 销:全国新华书店
开 本:185mm×260mm 印 张:31   字 数:753 千字
版 次:2013 年 10 月第 1 版 2019 年 1 月第 2 版 印 次:2023 年 1 月第 7 次印刷
定 价:79.00 元

产品编号:080521-02

前　言

1. 编写本书的目的

本书引进"以案例为驱动的教学模式",旨在培养学生解决复杂工程实践中问题的能力。教材提供了 8 个项目实训(第 1、2、3、5、6、7、9、10 章)、3 个案例(第 4、8、11 章)和 70 多个实例。

项目实训和实例有助于读者深入理解和掌握关键知识点,熟悉项目开发过程,从而进一步巩固并掌握理论知识。案例的训练整合相关知识体系,进而培养学生的项目开发能力。

2. 本书主要章节简介

本书主要内容如下。

第 1 章 JSP 概述。本章主要介绍常用动态网页技术、JSP 基础知识、使用 JSP 开发项目的常用方式、简单的 JSP 应用实例、项目实训、课外阅读(Web 技术的发展史)等。

第 2 章 JSP 常用开发环境介绍。本章主要介绍 JSP 开发环境、JDK 安装与配置、NetBeans 开发工具、Eclipse 开发工具、MyEclipse 开发工具、Tomcat 服务器、项目实训、课外阅读(蓝色巨人 IBM 公司发展史)等。

第 3 章 HTML 与 CSS。本章主要介绍 HTML 页面的基本构成、HTML 常用标签、CSS 基础知识、项目实训、课外阅读等。

第 4 章 通信资费管理系统案例。本案例是对前 3 章知识的综合训练,可以在讲解第 1 章以前先讲解本章案例内容,也可以结合本章讲解第 1～3 章的知识点。本章主要内容有案例需求说明、案例总体结构与构成、案例的开发过程、课外阅读(通信技术的发展史)等。

第 5 章 JSP 基本语法。本章主要介绍 JSP 页面的基本结构、JSP 的脚本元素、JSP 的指令、JSP 常用动作、项目实训、课外阅读(Sun 公司的发展史)等。

第 6 章 JSP 内置对象。本章主要介绍 request 对象、response 对象、session 对象、out 对象、pageContext 对象、exception 对象、application 对象、项目实训、课外阅读(了解 JavaScript)等。

第 7 章 JDBC 技术。本章主要介绍 JDBC 基础知识、通过 JDBC 驱动访问数据库、查询数据库、更新数据库(增、删、改)、JSP 中数据库应用的常见问题、项目实训、课外阅读(MVC 设计模式)等。

第 8 章 企业信息管理系统案例。本案例是对前面 7 章知识的综合运用,通过本案例在掌握基本理论知识的同时,让学生积累项目开发经验;可以在讲解第 5 章以前讲解本章案例内容;也可结合本章内容讲解第 5～7 章的知识点。本章主要介绍案例需求说明、案例分析与设计、案例的数据库设计、案例的开发过程、课外阅读(企业信息管理系统)等。

第 9 章 JSP 与 JavaBean 技术。本章主要介绍 JavaBean 基础知识、编写和使用 JavaBean、JavaBean 的作用域、JavaBean 应用实例、项目实训、课外阅读(组件技术)等。

第 10 章 JSP 与 Servlet 技术。本章主要介绍 Servlet 基础知识、JSP 与 Servlet 常见用法、项目实训、课外阅读(互联网的发展史)等。

第 11 章个人信息管理系统案例。通过本案例，能够很好地综合掌握和运用前面所学知识，提高学生的整体实践能力。另外，MVC 模式是所有 Java Web 框架技术的基础，如经典的 Web 框架技术 Struts 就是基于 MVC 模式，通过 MVC 模式的实训对进一步学习 Struts 技术有很大帮助；可以在讲解第 9 和第 10 章以前讲解本章实训内容；也可结合本章内容讲解第 9 和第 10 章的知识点。本章主要介绍 MVC 设计模式、案例需求说明、案例总体结构与构成、案例的数据库设计、案例的开发过程、课外阅读（Struts 框架技术介绍）等。

3. 教学资源

本书提供的配套教学资源有本教材的所有源代码、教学课件、教学日历、教学大纲、课后习题参考答案、期末试卷以及未收入教材的多个案例。如有需要可在清华大学出版社网站下载（www.tup.com.cn）。

4. 参编人员及致谢

本书由马军霞、张志锋、皇安伟等编著，参与本书编写的人员是马军霞、张志锋、孙玉胜、申红雪、刘育熙、赵晓君、范乃梅、徐洁、李璞、谷培培、李保环、贾启。在本书的编写和出版过程中得到了郑州轻工业大学和清华大学出版社的支持和帮助，在此表示感谢。

5. 编者编写的其他教材风格

作者编写的《Java 程序设计与项目实训教程（第 2 版）》《深入浅出 Java 程序设计》《Struts2＋Hibernate 框架技术教程（第 2 版）》《Web 框架技术（Struts2＋Hibernate3＋Spring3）教程》与本书具有同样的风格，均采用"以案例为驱动的教学模式"，属于同系列教程。

由于编写时间仓促，水平有限，书中难免有纰漏之处，敬请读者不吝赐教。

编者

2018 年 3 月

目　　录

第1章 JSP 概述

学习目的与要求

学习本章的主要目的是了解 JSP 技术的基础理论知识,要求理解 JSP 的工作原理以及使用 JSP 开发 Web 项目的主要方式。

本章主要内容

(1) 常用的动态网页技术。

(2) JSP 技术的特点与优势。

(3) JSP 的工作原理。

(4) JSP 的两种体系结构。

(5) 使用 JSP 开发项目的常用方式。

(6) 简单的 JSP 应用实例。

1.1 常用动态网页技术

当今社会,网络已经融入人们生活的方方面面,通过 Web 技术获取信息正在改变着人们的生活方式,正是这种对 Web 信息的强大需求才推动着各种 Web 技术应运而生,从而满足社会的需要。Web 技术经历了从静态技术到动态技术的转变,目前网站开发主要使用动态网页技术。动态网页技术是指运行在服务器端的 Web 应用程序根据用户的请求,在服务器端进行动态处理后,把处理的结果以 HTML 文件格式返回给客户端。当前主流的三大动态网页技术是 JSP、ASP/ASP.NET 和 PHP。静态网页技术主要指单纯使用 HTML 设计的页面,这些页面里没有程序代码,只有 HTML 标记,不与数据库连接,也不包含任何代码,这种网页文件的扩展名为 html 或者 htm。任何人访问静态页面看到的都是同样的内容,如果要修改页面内容就必须修改页面源代码。

1.1.1 JSP

JSP(Java Server Pages,Java 服务器页面)是由 Sun 公司倡导、许多公司参与共同建立的一种动态网页技术标准。JSP 技术类似于 ASP/ASP.NET 技术,它在传统的网页(HTML 文件)中插入 Java 代码段和 JSP 标记,从而形成 JSP 文件。Web 服务器接收到访问 JSP 网页的请求时,首先将 JSP 转换为 Servlet 文件,Servlet 文件经过编译后处理用户请求,然后将执行结果以 HTML 格式返回给客户。

1998 年,Sun 公司推出 JSP 0.9 版本;1999 年推出 JSP 1.1 版本;2000 年推出 JSP 1.2 版本。现在广泛使用的是 JSP 2.0 版本。

自 JSP 推出后,许多大公司都支持 JSP 技术的服务器,如 IBM、Oracle、Microsoft 公司等,所以 JSP 迅速发展成为主流商业应用的服务器端动态 Web 技术。

1.1.2　ASP/ASP. NET

ASP(Active Server Pages，活动服务器页面)是一种允许用户将 HTML 或 XML 标记与 VBScript 代码或者 JavaScript 代码相结合生成动态页面的技术，用来创建服务器端功能强大的 Web 应用程序。当一个页面被访问时，VBScript/JavaScript 代码首先被服务器处理，然后将处理后得到的 HTML 代码发送给浏览器。ASP 只能建立在 Windows 的 IIS Web 服务器上。

ASP 是由 Microsoft 公司开发用于代替 CGI 脚本程序的一种 Web 应用技术，可以与数据库和其他程序进行交互，是一种简单、方便的编程工具。ASP 是基于 Web 的一种编程技术，是 CGI 的一种。ASP 可以轻松地实现对页面内容的动态控制，根据不同的浏览器，显示不同的页面内容。1996 年，Microsoft 公司推出 ASP 1.0；1998 年，Microsoft 公司推出 ASP 2.0；1999 年，Microsoft 公司推出 ASP 3.0；2001 年，Microsoft 公司推出 ASP. NET。

ASP. NET 技术又称为 ASP＋，是在 ASP 基础上发展起来的，是 ASP 3.0 升级版本，保留 ASP 的最大优点并全力使其扩大化，是 Microsoft 公司推出的新一代 Web 开发技术，是.NET 战略中的重要一员，它全新的技术架构使编程变得更加简单，是创建动态网站和 Web 应用程序的最好技术之一。

1.1.3　PHP

1994 年 Rasmus Lerdorf 创建了 PHP。1995 年初 Personal Home Page Tools (PHP Tools)发布了 PHP 1.0；不久又发布了 PHP 2.0；1997 年发布 PHP 3.0；2000 年发布 PHP 4.0；2009 年发布 PHP 5.3；2011 年发布 PHP 5.4；2012 年发布 PHP 5.5；2014 发布 PHP 5.6。

PHP 是一个基于服务器端来创建动态网站的脚本语言，可以用 PHP 和 HTML 生成网站主页。当一个访问者打开主页时，服务器端便执行 PHP 的命令并将执行结果发送至访问者的浏览器中，这类似于 ASP 和 JSP。然而 PHP 和它们的不同之处在于 PHP 开放源码和跨平台，PHP 可以运行在 Windows NT 和多种版本的 UNIX 上。PHP 消耗的资源较少，当 PHP 作为 Apache Web 服务器的一部分时，运行代码不需要调用外部二进制程序，服务器不需要承担任何额外的负担。

1.2　JSP 简介

JSP 技术是一种基于 Java 语言的动态 Web 应用开发技术，利用这一技术可以建立安全、跨平台的先进动态网页技术。JSP 页面在执行时采用编译方式，编译生成 Servlet 文件。

1.2.1　JSP 的特点与优势

JSP 是针对 Web 开发技术的解决方案，自从 JSP 推出后，得到众多大公司的支持，如 IBM、Oracle、Microsoft 公司等，所以 JSP 迅速成为商业应用的服务器端 Web 技术。JSP 的技术特点与优势主要体现在如下几个方面。

1．一次编写、到处运行

这是一个程序员的梦想，也是从前的程序员的噩梦，为了在不同的平台间运行，许多程序员一行行地重写代码。作为 Java 平台的一部分，JSP 拥有 Java 编程语言"一次编写、到处运行"的特点。

2．系统的多平台支持

几乎所有平台都支持 JSP。Windows NT 中的 IIS 通过一个插件就能支持 JSP；Tomcat 等服务器都支持 JSP。由于 Tomcat 广泛应用在 Windows NT、UNIX 和 Linux 上，因此，JSP 有更广泛的运行平台。从一个平台移植到另一个平台，JSP 甚至不用重新编译。

3．内容和显示分离

作为一种基于文本的、以显示为中心的开发技术，JSP 以 Java Servlet 为基础，具备了 Java Servlet 的所有优点，并且在与一个 JavaBean 结合在一起时，提供了一种使内容和显示逻辑分开的简单方式。分开内容和显示逻辑使得更新页面外观的人员不必懂得 Java 代码，而更新 JavaBean 的人员也不必是网页设计人员，就可以用带有 JavaBean 的 JSP 页面来定义 Web 模板，以建立一个由具有相似外观的页面组成的网站。

4．生成可重用的组件

当今主流的 Java Web 应用程序开发通常基于 MVC 模式或者基于 MVC 模式的 Web 框架，MVC 模式可以使模型、业务和视图很好地分开；JSP 页面通过使用可重用的组件 (JavaBean) 来执行应用程序所要求的更为复杂的处理。开发人员能够共享和交换执行普通操作的组件，或者使这些组件为更多的使用者或客户团体使用。

5．健壮的存储管理和安全性

由于 JSP 页面的内置脚本语言是基于 Java 语言编写的，并且所有的 JSP 页面都被编译成 Java Servlet，因此，JSP 页面具有 Java 技术的所有优点，包括健壮的存储管理和安全性。

1.2.2　JSP 的工作原理

JSP 应用程序运行在服务器端。服务器端收到用户通过浏览器提交的请求后进行处理，再以 HTML 的形式返回给客户端，客户端得到的只是在浏览器中看到的静态网页。JSP 的工作原理如图 1-1 所示。

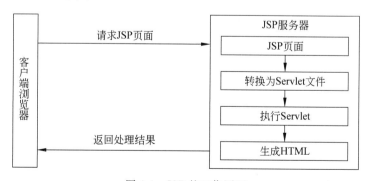

图 1-1　JSP 的工作原理

所有的 JSP 应用程序在首次载入时都被编译成 Servlet 文件，然后再运行。这个工作主要由 JSP 引擎来完成。当第一次运行一个 JSP 页面时，JSP 引擎要完成以下操作。

（1）当用户访问一个 JSP 页面时,JSP 页面将被编译成 Servlet 文件(Java 文件)。

（2）JSP 引擎调用 Java 编译器,编译 Servlet 文件为可执行的代码文件(.class 文件)。

（3）用 Java 虚拟机(JVM)解释执行.class 文件,并将执行结果返回给服务器。

（4）服务器将执行结果以 HTML 格式发送给客户端的浏览器。

由于一个 JSP 页面在第一次被访问时要经过编译生成 Servlet 文件、Servlet 编译和执行.class 文件这几个步骤,所以客户端得到响应所需要的时间比较长。当该页面再次被访问时,它对应的.class 文件已经生成,不需要再次翻译和编译,JSP 引擎可以直接执行.class文件,因此,JSP 页面的访问速度会大大提高。

1.2.3 JSP 的两种体系结构

早期,Sun 公司提出了两种使用 JSP 技术开发 Web 应用程序的方式。

1. JSP Model 1

在 JSP Model 1 体系中,JSP 页面独自响应请求并将处理结果返回客户,如图 1-2 所示。这里仍然存在显示与内容的分离,因为所有的数据存取都是由 JavaBean 来完成的。尽管JSP Model 1 体系十分适合简单应用的需要,它却不能满足复杂的大型 Java Web 应用程序需要。不加选择地随意运用 JSP Model 1,会导致 JSP 页内被嵌入大量的脚本片段或 Java代码。尽管这对于 Java 程序员来说可能不是什么大问题,但如果 JSP 页面是由网页设计人员开发并维护的,这就确实是个问题了。从根本上讲,将导致角色定义不清和职责分配不明,给项目管理带来不必要的麻烦。

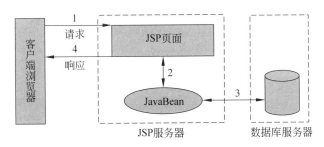

图 1-2　JSP Model 1 模型结构图

2. JSP Model 2

JSP Model 2 体系结构是一种把 JSP 与 Servlet 联合使用来实现动态内容服务的方法,如图 1-3 所示。它集成了两种技术各自的优点,用 JSP 生成表示层(View)的内容,让Servlet 完成深层次的处理任务。Servlet 充当控制器(Controller)的角色,负责管理对请求的处理,创建 JSP 页面需要使用的 JavaBean 和对象,同时根据用户的动作决定把哪个 JSP页面传给请求者。在 JSP 页面内没有处理逻辑,它仅负责检索原先由 Servlet 创建的对象或者 JavaBean,从 Servlet 中提取动态内容插入静态模板。分离了显示和内容,明确了角色的定义以及实现了开发者与网页设计者的分离。项目越复杂,使用 JSP Model 2 体系结构的优势就越突出。

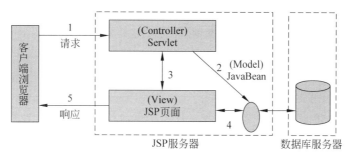

图 1-3　JSP Model 2 模型结构图

1.3　使用 JSP 开发项目的常用方式

JSP 是 Java EE 的一部分,可以用于开发小型的 Web 站点,也可以用于开发大型的、企业级的应用程序。开发的目标程序不同,使用的开发方式也不同。使用 JSP 开发 Web 站点主要有以下几种方式。

1. 直接使用 JSP

对于最小型的 Web 站点,可以直接使用 JSP 来构建动态网页,这种站点最为简单,常用于开发简单应用程序,如简单的留言板、动态日期。对于这种开发模式,一般可以将所有的动态处理部分都放置在 JSP 文件中。

2. JSP+JavaBean

中型站点面对的是数据库查询、用户管理和少量的商业业务逻辑。对于这种站点,不能将所有的数据全部交给 JSP 页面来处理。在单纯的 JSP 中加入 JavaBean 技术将有助于这种中型站点的开发。利用 JavaBean 将很容易对诸如数据库连接、用户登录与注册、商业业务逻辑等进行封装。例如,将常用的数据库连接写成一个 JavaBean,既方便了使用,又可以使 JSP 文件简单而清晰。

3. JSP+Servlet+JavaBean

无论使用 ASP.NET 还是 PHP 开发动态网站,长期以来都有一个比较重要的问题,就是网站的逻辑关系和网站的显示页面不容易分开。在逻辑关系异常复杂的网站中,借助于 JSP 和 Servlet 良好的交互关系和 JavaBean 的协助,完全可以将网站的整个逻辑结构放在 Servlet 中,而将动态页面的输出放在 JSP 页面中来完成。在这种开发方式中,一个网站可以有一个或几个核心的 Servlet 来处理网站的逻辑,通过调用 JSP 页面来完成客户端的请求。

4. Java EE 开发模型

在 Java EE 开发模型中,整个系统可以分为 3 个主要的部分:视图、控制器和模型。视图就是用户界面部分,主要处理用户看到的界面。控制器负责网站的整体逻辑,用于管理用户与视图发生的交互。模型是应用业务逻辑部分,主要由 EJB 负责完成,借助于 EJB 强大的组件技术和企业级的管理控制,开发人员可以轻松地创建出可重用的业务逻辑模块。

5. 框架整合应用

目前,软件企业在招聘 Java 工程师时,几乎无一例外地要求应聘人员具备 Java Web 框架技术(Struts、Spring 和 Hibernate)的应用能力,所以 Java Web 框架技术应用是 Java 工程师必备的技能。SSH(Struts、Spring、Hibernate,简写为 SSH)是目前软件公司常用的三个主流的开源框架,也是目前最流行的开发模式,许多软件公司使用 SSH 进行项目的开发。

1.4　简单的 JSP 应用实例

下面编写一个简单的 JSP 页面,页面运行效果如图 1-4 所示。代码如例 1-1 所示。该程序使用 NetBeans 8 编写,有关 NetBeans 的使用请参考第 2 章相关内容,有关 JSP 的基础知识请参考第 5 章相关内容。

图 1-4　第一个 JSP 页面运行效果

说明:本书所有程序分别使用 NetBeans 和 Eclipse 编写,书中页面截图一般都是在 NetBeans 中运行的效果,用 Eclipse 编写的代码请在清华大学出版社网站(www. tup. com. cn)下载。

【例 1-1】　第一个 JSP 页面(firstJSP. jsp),见图 1-4。

```
<!--page 指令的使用,import 属性用于导入 Date 类-->
<%@page contentType="text/html" pageEncoding="UTF-8" import="java.util.Date"%>
<html>
    <head>
        <meta http-equiv="Content-Type" content="text/html; charset=UTF-8">
        <title>我的第一个 JSP 页面</title>
    </head>
    <body>
        <h3>JSP 技术带你进入动态网页时代!</h3>
        <!--在 JSP 页面中声明变量-->
        <%
            String st="你将成为一名优秀的 Java 工程师!";
            String st1="一分耕耘,一分收获!Are you ready?";
        %>
        <hr>
        <!--使用表达式在页面上输出数据-->
        <%=st%>
        <br>
        <%=st1%>
        <hr>
```

```
    <!--实例化对象-->
    <%Date date=new Date();%>
    <!--输出计算机当前系统时间-->
    <%=date%>
  </body>
</html>
```

1.5　项　目　实　训

1.5.1　项目描述

本项目实现一个登录页面,页面文件名为 login.html,页面运行效果如图 1-5 所示;项目的文件结构如图 1-6 所示。本项目分别使用 NetBeans 8 和 Eclipse neon.3 开发,使用 NetBeans 开发的项目名称为 ch01,如图 1-6 所示;使用 Eclipse 开发的项目名称为 ch1。

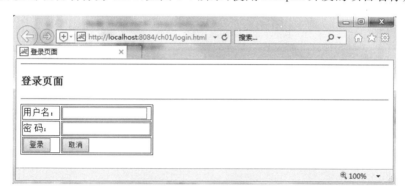

图 1-5　登录页面

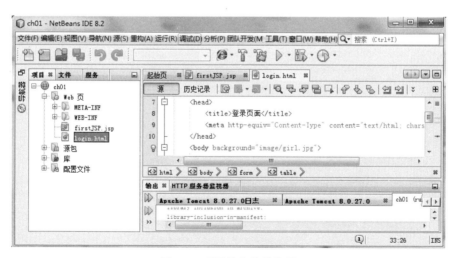

图 1-6　项目的文件结构图

1.5.2　学习目标

本实训主要的学习目标是使用 1.4 节的知识并参考第 2 章和第 3 章内容编写一个

HTML 页面,激发学生的自学兴趣,通过自学第 2 章和第 3 章的知识达到巩固已学知识以及预习新知识的目的。

1.5.3　项目需求说明

本项目实现一个静态登录页面,用户可以在其中输入用户名和密码,页面提供有"登录"和"取消"按钮。

1.5.4　项目实现

【例 1-2】　登录页面(login. html)。

```html
<html>
    <head>
        <title>登录页面</title>
        <meta http-equiv="Content-Type" content="text/html; charset=UTF-8">
    </head>
    <body>
        <hr>
        <h3>登录页面</h3>
        <hr>
        <form name="" action ="" method="post">
            <table border="1">
                <tr>
                    <td>用户名:</td>
                    <td><input type ="text" name="userName" size="20"></td>
                </tr>
                <tr>
                    <td>密 码:</td>
                    <td>
                        <input type ="password" name="userPassword" size="22">
                    </td>
                </tr>
                <tr>
                    <td><input type="submit" name="submit" value="登录"></td>
                    <td><input type ="reset" name="reset" value ="取消"></td>
                </tr>
            </table>
        </form>
    </body>
</html>
```

1.5.5　项目实现过程中注意的问题

在编写项目代码时,首先应注意 HTML 或者 JSP 文件不能新建在 META-INF 和 WEB-INF 文件夹中,否则文件将不能运行,一般会提示 404 错误,即找不到文件错误;其次,为了支持中文字符,＜meta http-equiv＝"Content-Type" content＝"text/html;charset＝UTF-8"＞中 charset 的属性值应为 GB2312 或者 UTF-8;最后,要正确使用 HTML 的标签。

1.5.6　常见问题及解决方案

1. HTML 标签和属性值拼写错误

这类错误如图 1-7 所示。

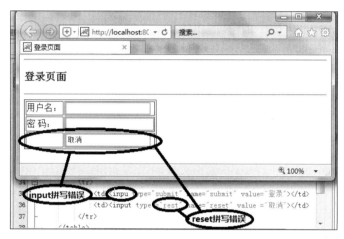

图 1-7　HTML 标签和属性值拼写错误

解决方案:在初学网页制作时,由于对编写标签不熟悉或者输入时不小心,容易把标签名、属性名或者属性值拼错,将出现如图 1-7 所示的情况,即页面显示的内容不是人们需要的结果。解决方法是根据异常情况查找错误位置,重新输入正确的标签名称、属性名称、属性值。

2. HTML 标签的嵌套关系错误

这类错误如图 1-8 所示。

图 1-8　标签嵌套关系错误

解决方案:在编写网页时,由于使用的标签嵌套关系错误出现异常,导致需要显示的内容不能显示出来或者显示的内容不是页面需要的效果。解决方法是正确使用标签的嵌套关系。

1.5.7 拓展与提高

请为表格添加背景颜色、为页面添加背景图片以及添加权限管理功能,效果如图 1-9 所示。

图 1-9 功能扩展后的登录页面

1.6 课外阅读(Web 技术的发展史)

随着信息化时代的到来,人们对网络的依赖越来越多,人们从网络上可以获取各种信息。作为信息传送的主题,Web 受到越来越多人的青睐。

Web(World Wide Web,简称 WWW 或者 Web)是由蒂姆·伯纳斯-李(Tim Berners-Lee,万维网之父,1955 年出生于英国,不列颠帝国勋章获得者、英国皇家学会会员、英国皇家工程师学会会员、美国国家科学院院士)于 1989 年 3 月提出的万维网设想而发展起来的。1990 年 12 月 25 日,他在日内瓦的欧洲粒子物理实验室里开发出了世界上第一个网页浏览器。他是关注万维网发展的万维网联盟的创始人,并获得世界多国授予的各种荣誉。他最杰出的成就是免费把万维网的构想推广到全世界,让万维网科技获得迅速的发展,并深刻改变了人类的生活面貌。

国际互联网在 20 世纪 60 年代就诞生了,它为什么没有迅速流传开来呢?其实,很重要的原因在于连接到 Internet 需要经过一系列复杂的操作,网络的权限也很分明,而且网上内容的表现形式极其单调枯燥。Web 通过一种超文本方式把网络上不同计算机内的信息有机地结合在一起,并且可以通过超文本传输协议(HTTP)从一台 Web 服务器转到另一台 Web 服务器上检索信息。Web 服务器能发布图文并茂的信息,在软件支持的情况下还可以发布音频和视频信息。此外,Internet 的许多其他功能,如 E-mail、Telnet、FTP 等都可通过 Web 实现。美国著名的信息专家尼葛洛庞帝教授认为:1989 年是 Internet 历史上划时代的分水岭。Web 技术确实给 Internet 赋予了强大的生命力,Web 浏览的方式给了互联网"靓丽的青春"。

Web 的前身是 1980 年由蒂姆·伯纳斯-李负责的一个项目。1990 年第一个 Web 服务器开始运行。1991 年,欧洲核子研究组织正式发布了 Web 技术标准。W3C(World Wide Web Consortium,万维网联盟或者 W3C 理事会)于 1994 年 10 月由蒂姆·伯纳斯-李在麻省理工学院计算机科学实验室成立,负责组织、管理和维护 Web 相关的各种技术标准,目前 Web 版本是 Web 3.0。

早期的 Web 应用主要是使用 HTML 编写、运行在服务器端的静态页面。用户通过浏览器向服务器端的 Web 页面发出请求,服务器端的 Web 应用程序接收到用户发送的请求后,读取地址所标识的资源,加上消息报头把用户访问的 HTML 页面发送给客户端的浏览器。

HTML(HyperText Markup Language,超文本标记语言)是一种描述文档结构的语言,不能描述实际的表现形式。HTML 的历史最早可以追溯到 1945 年。1945 年,范内瓦·布什(Vannevar Bush)提出了文本和文本之间通过超链接相互关联的思想,并给出设计方案。范内瓦·布什是拥有 6 个不同学位的科学家、教育家和政府官员,与 20 世纪许多著名的事件都有着千丝万缕的联系,如组织和领导了制造第一颗原子弹的著名的"曼哈顿计划"、氢弹的发明、登月飞行、"星球大战计划"。正如历史学家迈克尔·雪利所言,"要理解比尔·盖茨和比尔·克林顿的世界,你必须首先认识范内瓦·布什。"正是因其在信息技术领域多方面的贡献和超人远见,范内瓦·布什获得了"信息时代的教父"的美誉。1960 年正式将这种信息关联技术命名为超文本技术。从 1991 年 HTML 正式诞生以来推出了多个不同的版本,其中对 Web 技术发展具有重大影响的主要有两个版本:1996 年推出的 HTML 3.2 和 1998 年推出的 HTML 4.0。1999 年 W3C 颁布了 HTML 4.0.1。目前大多数 Web 服务器和浏览器等相关软件均支持 HTML 4.0.1 标准。HTML 5.0 版本将拥有更大的应用空间。

但是让 HTML 页面丰富多彩、动感无限的是 CSS(Cascading Style Sheets,级联样式表)和 DHTML(Dynamic HTML,动态 HTML)技术。1996 年年底,W3C 提出了 CSS 标准,CSS 大大提高了开发者对信息展现格式的控制能力。DHTML 技术无须启动 Java 虚拟机或其他脚本环境,在浏览器的支持下,可获得更好的展现效果和更高的执行效率。

最初的 HTML,只能在浏览器中展现静态的文本或图像信息,这远不能满足人们对信息丰富性和多样性的强烈需求。这就促使 Web 技术由静态技术向动态技术的转化。

第一种真正使服务器能根据运行时的具体情况动态生成 HTML 页面的技术是 CGI(Common Gateway Interface,公共网关接口)技术。1993 年,CGI 1.0 的标准草案由 NCSA(National Center for Supercomputer Applications,国家超级计算机应用中心)提出。1995 年,NCSA 开始制定 CGI 1.1 标准。CGI 技术允许服务端的应用程序根据客户端的请求动态生成 HTML 页面,这使客户端和服务端的动态信息交换成为可能。随着 CGI 技术的普及,聊天室、论坛、电子商务、信息查询、全文检索等各式各样的 Web 应用蓬勃兴起,人们终于可以享受到信息检索、信息交换、信息处理等更为便捷的信息服务了。

CGI 是 Web 服务器扩展机制,它允许用户调用 Web 服务器上的 CGI 程序。用户通过单击某个链接或者直接在浏览器的地址栏中输入 URL 来访问 CGI 程序,Web 服务器接收到请求后,发现该请求是给某个 CGI 程序的,就启动并运行该 CGI 程序,对用户请求进行处理。CGI 程序解析请求中的 CGI 数据,处理数据,并产生一个响应(HTML 页面)。该响应被返回给 Web 服务器,Web 服务器包装该响应,如添加报头消息,以 HTTP 响应的形式发送给客户端浏览器。

但是,CGI 程序的编写比较困难,而且对用户请求和响应的时间较长。由于 CGI 程序的这些缺点,开发人员需要其他的 CGI 方案。

1994 年,Rasmus Lerdorf 发明了专用于 Web 服务器端编程的 PHP(Personal Home Page,个人网页)语言。与以往的 CGI 程序不同,PHP 语言将 HTML 代码和 PHP 指令生成完整的服务器端动态页面,Web 程序的开发者可以用一种更加简便、快捷的方式实现动态 Web 功能。

1996 年,Microsoft 公司借鉴 PHP 的思想,推出 ASP 技术。Microsoft 公司是世界个人计算机软件开发的先导,由比尔·盖茨与保罗·艾伦创始于 1975 年,总部设在华盛顿州的雷德蒙市。目前是全球最大的计算机软件提供商。Microsoft 公司现有雇员 6.4 万人,年营业额 300 多亿美元。其主要产品为 Windows 操作系统、Internet Explorer 浏览器(IE)、Microsoft Office 办公软件套件、SQL Server 数据库软件和开发工具等。1999 年推出了 MSN 网络即时信息客户程序,2001 年推出 Xbox 游戏机,参与游戏终端机市场竞争。ASP 使用的脚本语言是 VBScript 和 JavaScript。借助 Microsoft Visual Studio 等开发工具在市场上的成功,ASP 迅速成为 Windows 系统下 Web 服务器端的主流开发技术。

1997 年,Sun 公司推出了 Servlet 技术,成为 Java 阵营的 CGI 解决方案。1998 年,Sun 公司又推出了 JSP 技术,JSP 允许在 HTML 页面中嵌入 Java 脚本代码,从而实现动态网页功能。2009 年 4 月 20 日,Oracle(甲骨文)公司以 74 亿美元收购 Sun 公司。

2000 年以后,随着 Web 应用程序复杂性的不断提高,人们逐渐意识到:单纯依靠某种技术,很难实现快速开发、快速验证和快速部署的效果,必须整合 Web 开发技术形成完整的开发框架或应用模型,以满足各种复杂的应用程序开发的需求。目前出现了几种主要的 Web 技术整合方式:MVC 设计模式、门户服务和 Web 内容管理。Struts、Spring、Hibernate 框架技术等都是开源世界里与 MVC 设计模式、门户服务和 Web 内容管理相关的优秀解决方案。

1.7 本 章 小 结

本章主要介绍 Web 技术的概要知识,为今后的学习奠定基础。通过本章的学习,应该掌握以下内容。

(1) 常用的动态网页技术。

(2) JSP 技术的特点与优势。

(3) JSP 的工作原理。

(4) JSP 的两种体系结构。

(5) 使用 JSP 开发项目的常用方式。

总之,本章内容是网站开发以及后续章节学习的铺垫,通过本章的学习,应了解 JSP 技术的基础知识。

1.8 习 题

1.8.1 选择题

1. 单纯使用 HTML 设计的页面一般称为( )。

A. 动态页面   B. 静态页面   C. 文本页面   D. JSP 页面

2. Sun 公司推出的动态网页技术是（　　）。

     A. PHP   B. ASP.NET   C. JSP   D. HTML

3. JSP 页面运行时被 JSP 引擎转换为（　　）。

     A. HTML 文件   B. CGI 文件   C. CSS 文件   D. Servlet 文件

4. 独立于机型、面向应用、实现算法的高级语言又称（　　）。

     A. 面向过程语言   B. 面向对象语言   C. 面向应用语言   D. 算法语言

5. Java 语言诞生于（　　）。

     A. 1991 年   B. 1995 年   C. 1997 年   D. 1998 年

6. 2009 年宣布收购 Sun 公司的是（　　）。

     A. 微软公司   B. IBM 公司   C. 甲骨文公司   D. HP 公司

7. Java 虚拟机的机器码保存在（　　）文件中。

     A. .java   B. .class   C. .doc   D. .txt

1.8.2　填空题

1. 当前主流的动态网页技术是 PHP、ASP/ASP.NET 和_____。

2. JSP 的两种体系结构是_____和_____。

3. 用 JSP 开发 Web 站点的主要方式有直接 JSP、JSP＋JavaBean、_____、_____和 SSH。

1.8.3　论述题

1. 论述 JSP 的特点与优势。

2. 论述 JSP 的工作原理。

3. 论述 JSP 的两种体系结构。

4. 论述用 JSP 开发 Web 站点的主要方式。

1.8.4　操作题

1. 编写一个扩展名为 html 的静态页面，在该页面输出"知识改变命运，细节决定成败！"。

2. 编写一个扩展名为 jsp 的动态页面，在该页面输出"知识改变命运，细节决定成败！"。

3. 编写一个扩展名为 html 的静态页面，实现简单的注册功能。

第 2 章　JSP 常用开发环境介绍

学习目的与要求

本章学习的主要目的是运用多种工具和技术开发 Java Web 应用程序。要求能够熟练使用 NetBeans、Eclipse、MyEclipse 等集成开发平台,熟悉 Tomcat 服务器。

本章主要内容

(1) JSP 开发对操作系统的要求。

(2) JDK 安装与配置。

(3) NetBeans 开发环境。

(4) Eclipse 开发环境。

(5) MyEclipse 开发环境。

(6) Tomcat 服务器。

2.1　JSP 环境介绍

开发、运行 JSP 应用程序的相关软件对系统硬件的最低要求是处理器 Intel Pentium Ⅲ,500MHz;512MB 内存;1GB 磁盘空间。软件环境包括操作系统和常用开发软件两方面。

2.1.1　对操作系统的基本要求

支持 JSP 运行的操作系统包括:

Windows 9x;

Windows NT/2000;

Windows 2000 Server/Server 2003;

Windows XP;

Windows Vista 或者 Windows 7 及以上版本等;

UNIX;

Linux 等。

可以根据自己的需要选择相应的操作系统。

2.1.2　对常用开发软件的基本要求

本书中开发 JSP 程序涉及的软件及其版本要求如下:

JDK 1.4 以上版本;

NetBeans 5.0 以上版本;

Eclipse 3.0 以上版本;

MyEclipse 6.0 以上版本;

Tomcat 5.0 以上版本。

本书选择使用的软件是 JDK 8、NetBeans 8、Eclipse neon. 3、MyEclipse 2017、Tomcat 8。

2.2　JDK 安装与配置介绍

JDK 是开发 Java 应用程序的工具,安装 JDK 后方可进行 Java Web 应用程序的开发。

2.2.1　JDK 简介与下载

JDK 是一个可以编译、调试、运行 Java 应用程序或者 Applet 程序的开发环境。它包括一个处于操作系统层之上的运行环境以及开发者编译、调试和运行 Java 程序的工具包。自从 Java 推出以来,JDK 已经成为使用最广泛的 Java SDK。JDK 是整个 Java 的核心,包括 Java 运行环境、Java 工具和 Java 基础类库。无论什么 Java 应用服务器其实质都是内置了某个版本的 JDK。最主流的 JDK 是 Sun 公司发布的 JDK,除了 Sun 公司之外,还有很多公司和组织都开发了自己的 JDK,例如,IBM 公司开发的 JDK。

从 JDK 5.0 开始,提供了简化的 for 语句、泛型等非常实用的功能,其版本不再延续以前的 1.2、1.3、1.4,而是变成了 5.0、6.0。从 6.0 开始,JDK 的运行效率得到显著提高,尤其是在桌面应用方面。

1999 年,Sun 公司推出 JDK 1.3 后,将 Java 平台划分为 J2ME、J2SE 和 J2EE,使 Java 技术获得了最广泛的应用。

1. J2ME(嵌入式平台)

J2ME(Java 2 Micro Edition)是适用于小型设备和智能卡的 Java 2 嵌入式平台,用于智能卡业务、移动通信、电视机顶盒等。

2. J2SE(标准平台)

J2SE(Java 2 Standard Edition)是适用于桌面系统的 Java 2 标准平台。J2SE SDK 也简称 JDK,它包含 Java 编译器、Java 类库、Java 运行时环境和 Java 命令行工具。

3. J2EE(企业级平台)

J2EE(Java 2 Enterprise Edition)是 Java 2 的企业级应用平台,提供分布式企业级软件组件架构的规范,具有 Web 的性能,具有更高的特性、灵活性、简化的集成性、便捷性。

从 JDK 5.0 后,一般把这三个平台称为 Java ME、Java SE、Java EE。

本书使用的是支持 Windows 操作系统的 Java SE。使用 JDK 8 版本,其官方网站下载地址为 http://www. oracle. com/technetwork/java/javase/downloads/index. html。在该页面中可以下载 JDK 8u161 版本,也可下载 NetBeans With JDK 8 的集成版本,如图 2-1 所示。

2.2.2　JDK 安装与配置

1. JDK 的安装

在下载文件夹中双击文件 jdk-8u161-windows-x64. exe 即开始安装,安装步骤如下所示。

(1) 双击 jdk-8u161-windows-x64. exe 文件,弹出"安装程序"对话框,如图 2-2 所示。

(2) 单击图 2-2 所示对话框中的"下一步"按钮,弹出如图 2-3 所示的"定制安装"对话框,单击"更改"按钮可以选择 JDK 的安装路径,也可以使用默认安装路径。

图 2-1　JDK 下载页面

图 2-2　"安装程序"对话框

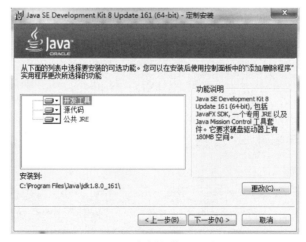

图 2-3　"定制安装"对话框

（3）单击图 2-3 所示对话框中的"下一步"按钮开始安装，安装后弹出如图 2-4 所示的"目标文件夹"对话框，单击其中的"更改"按钮可以选择 JRE 的安装路径，也可以使用默认安装路径。单击"下一步"按钮继续安装，安装完成后弹出如图 2-5 所示的"完成"对话框。

图 2-4 "目标文件夹"对话框

图 2-5 "完成"对话框

2. JDK 的配置

JDK 安装完成后，需要设置环境变量并测试 JDK 配置是否成功，具体步骤如下。

（1）右击"我的电脑"，选择"属性"菜单项。在弹出的"系统属性"对话框中选择"高级"选项卡，单击"环境变量"按钮，将弹出"环境变量"对话框，如图 2-6 所示。

（2）在"环境变量"对话框中的系统变量区域内，查看并编辑 Path 变量，在其值前添加"C:\Program Files\Java\jdk1.8.0_161\bin;"，如图 2-7 所示。最后单击"确定"按钮返回。其中"C:\Program Files\Java\"是 JDK 安装的路径，也是默认安装路径。Java 平台提供的可执行文件都放在 bin 包内。配置好 Path 变量后，系统在操作 Java 应用程序时，如使用 javac、java 等命令编译或者执行 Java 应用程序时，就能够直接找到所需的可执行文件。

图 2-6 "环境变量"对话框

图 2-7 编辑 Path 变量

（3）在"环境变量"对话框中，单击"系统变量"区域中的"新建"按钮，将弹出"新建系统变量"对话框。在"变量名"文本框中输入 ClassPath，在"变量值"文本框中输入".；C:\Program Files\Java\jdk1.8.0_161\lib"，最后单击"确定"按钮完成 ClassPath 的创建，如图 2-8 所示。其中"."代表当前路径，lib 是 JDK 类库的路径。JDK 提供庞大的类库供开发人员使用，当需要使用 JDK 提供的类库时，就需设置 ClassPath。

（4）新建一个系统变量，在"变量名"文本框中输入 JAVA_HOME，在"变量值"文本框中输入"C:\Program Files\Java\jdk1.8.0_161"，如图 2-9 所示。设置 JAVA_HOME 是为了方便引用路径。例如，JDK 安装在"C:\Program Files\Java\jdk1.8.0_161"目录里，则设置 JAVA_HOME 为该目录路径，那么以后要使用这个路径的时候，只需输入％JAVA_HOME％即可，避免每次引用都输入很长的路径串。

图 2-8 设置 ClassPath

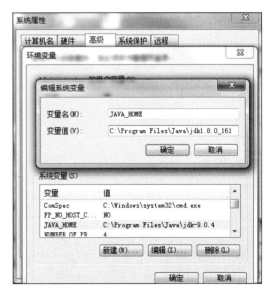

图 2-9 设置 JAVA_HOME

（5）测试 JDK 配置是否成功。单击"开始"菜单中的"运行"菜单项，在弹出的"运行"对话框中输入 cmd 命令，进入 MS-DOS 命令窗口。假如进入 D 盘目录后输入 javac 命令，按 Enter 键，系统会输出 javac 命令的使用帮助信息，如图 2-10 所示。这说明 JDK 配置成功，否则应检查以上步骤是否有误。

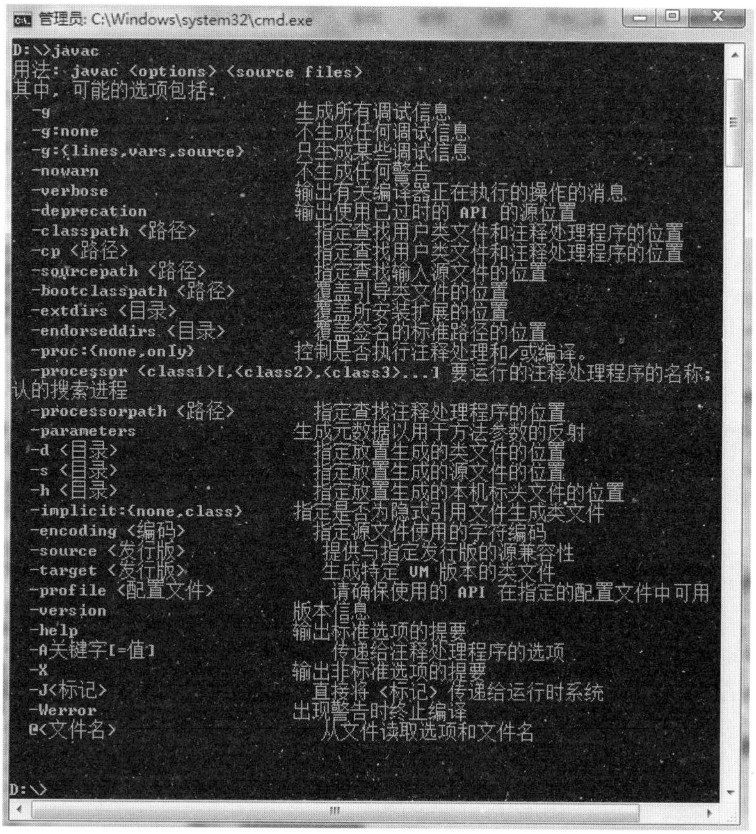

图 2-10　javac 命令提供的功能

2.3　NetBeans 开发工具

NetBeans 是一个为软件开发者设计的自由、开放的 IDE（集成开发环境），可以在这里获得许多需要的工具，如建立桌面应用、企业级应用、Java Web 开发和 Java 移动应用程序开发、C/C++ 开发等。

2.3.1　NetBeans 简介与下载

NetBeans 是一个始于 1997 年的捷克布拉格查理大学数学及物理学院学生的开发计划。此计划延伸并成立了一家公司进而发展了商用版本的 NetBeans IDE，直到 1999 年 Sun 公司收购此公司。Sun 公司 2000 年 6 月将 NetBeans IDE 开放为公开源码，直到现在 NetBeans 的社群依然持续增长，而且很多个人及企业把 NetBeans 作为程序开发的工具。NetBeans 是开源社区以及开发人员和客户社区的家园，旨在构建世界级的 Java IDE。当前

NetBeans 可以在 Solaris、Windows、Linux 平台上进行开发,并在 SPL(Sun 公用许可)范围内使用。网站 http://www.netbeans.org 已经获得业界广泛认可,并支持 NetBeans 扩展模块中的大约 100 多个模块。

作为一个全功能的开放源码 Java IDE,NetBeans 可以帮助开发人员编写、编译、调试和部署 Java 应用,并将版本控制和 XML 编辑融入其众多功能之中。NetBeans 可支持 Java 2 平台标准版(J2SE)应用的创建、采用 JSP 和 Servlet 的两层 Web 应用的创建,以及用于两层 Web 应用的 API 及软件的核心组件的创建。此外,NetBeans 最新版本还预装了多个 Web 服务器,即 Tomcat 和 GlassFish 等,从而免除了烦琐的配置和安装过程。所有这些都为 Java 开发人员创造了一个可扩展的开放源代码的、多平台的 Java IDE,以支持他们在各自所选择的环境中从事开发工作。

NetBeans 官方网站下载地址之一是 http://www.netbeans.org,下载页面如图 2-11 所示。可根据需要下载相应的 NetBeans 版本。本书使用的是 NetBeans 8.2。

图 2-11　NetBeans 下载页面

2.3.2　NetBeans 安装与使用

1. NetBeans 的安装

在下载文件夹中双击文件 netbeans-8.2-windows.exe 即开始安装,安装步骤如下所示。

(1) 双击 netbeans-8.2-windows.exe 文件,进行参数传送后,弹出如图 2-12 所示的对话框,单击"定制"按钮,根据业务需要选定所需的组件功能,然后单击"下一步"按钮弹出如图 2-13 所示的对话框。

(2) 选定图 2-13 所示对话框中的"我接受许可证协议中的条款"复选框后,单击"下一步"按钮,弹出如图 2-14 所示的对话框,单击"浏览"按钮选择 NetBeans 安装路径,也可以使用默认路径。如果系统中已安装多个 JDK,单击"用于 NetBeans IDE 的 JDK"后面的"浏览"按钮选择要使用的 JDK。单击图 2-14 所示对话框中的"下一步"按钮,弹出如图 2-15 所示的"Apache Tomcat 8.0.27 安装"对话框,在"将 Apache Tomcat 安装到"文本框中输入服务器安装路径,也可以使用默认路径。

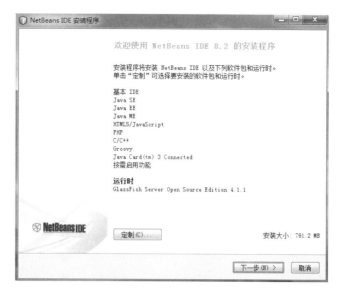

图 2-12 "定制"对话框

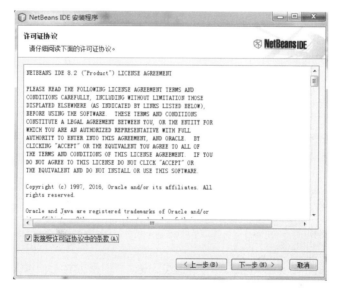

图 2-13 "许可证协议"对话框

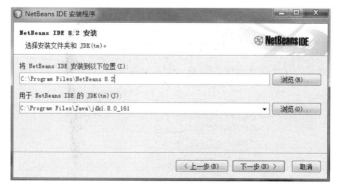

图 2-14 选择安装文件和 JDK

（3）单击图 2-15 所示对话框中的"下一步"按钮，弹出如图 2-16 所示的"概要"对话框，单击"安装"按钮后，经过数分钟的安装会弹出如图 2-17 所示的对话框，单击"完成"按钮完成 NetBeans 的安装。

图 2-15　"Apache Tomcat 8.0.27 安装"对话框

图 2-16　"概要"对话框

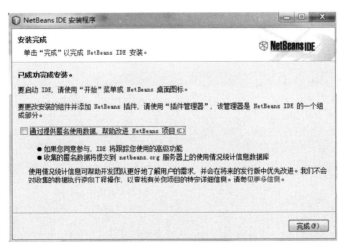

图 2-17　"安装完成"对话框

2. NetBeans 的使用

安装 NetBeans 后，双击打开，出现如图 2-18 所示的 NetBeans 主界面。可以使用菜单项进行设置并使用 NetBeans。

图 2-18　NetBeans 主界面

（1）单击图 2-18 所示界面中菜单"文件"→"新建项目"，弹出如图 2-19 所示的对话框，在"选择项目"中的"类别"框中选择 Java Web，"项目"框中选择"Web 应用程序"，单击"下一步"按钮弹出如图 2-20 所示的对话框。

图 2-19　"选择项目"对话框

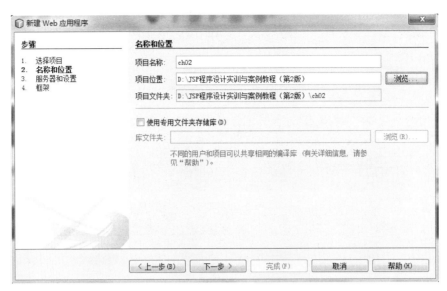

图 2-20 "名称和位置"对话框

(2) 在图 2-20 所示的对话框中,可以对项目的名称和路径进行设置。在"项目名称"文本框中为 Java Web 项目命名,可以使用项目默认名字,也可以根据自己项目的需要命名;在"项目位置"文本框中对项目位置进行选择,可以使用默认路径,也可以自己选定路径;单击"下一步"按钮弹出如图 2-21 所示的对话框。

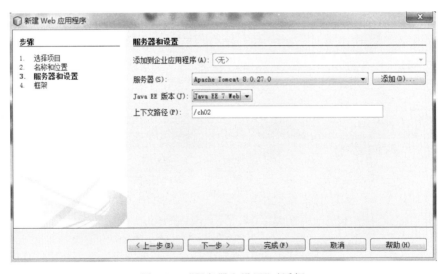

图 2-21 "服务器和设置"对话框

(3) 参见图 2-21,可以在"服务器和设置"的"服务器"下拉列表框中,选择 Web 程序运行时使用的服务器。下拉列表框中有两种 IDE 自带的服务器,可以使用默认的服务器,也可以单击"添加"按钮选择其他服务器;在"Java EE 版本"下拉列表框中,选择需要的 Java EE 版本;在"上下文路径"后的文本框中设定项目路径。设置好后单击"下一步"按钮或者"完成"按钮完成项目创建,弹出如图 2-22 所示的界面。

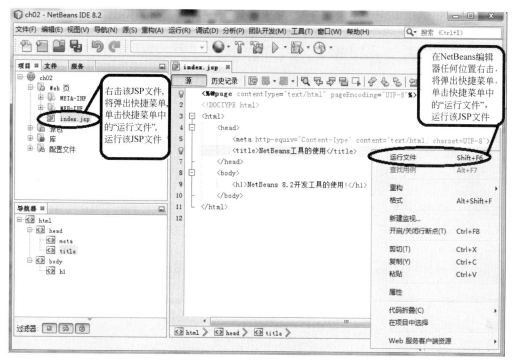

图 2-22 项目开发主界面以及程序

（4）在图 2-22 中所示的 NetBeans 编辑器中，替换＜title＞标签中的内容为"＜title＞NetBeans 工具的使用＜/title＞"；替换＜h1＞标签中的内容为"＜h1＞NetBeans 8.2 开发工具的使用！＜/h1＞"；保存后运行 JSP 页面，运行的方法参考图 2-22，运行效果如图 2-23 所示。

图 2-23 页面运行效果

2.4 Eclipse 开发工具

Eclipse 平台是 IBM 公司向开源社区捐赠的开发框架，它是一个成熟的、精心设计的、可扩展的体系结构。

2.4.1 Eclipse 简介与下载

1998 年，IBM 公司开始了下一代开发工具技术探索之路，成立了一个项目开发小组。经过两年的发展，2000 年，IBM 公司决定给这个新一代开发工具项目命名为 Eclipse。Eclipse 当时只是内部使用的名称。这时候的商业目标就是希望 Eclipse 项目能够吸引更多开发人员，发展起一个强大而又充满活力的商业合作伙伴。同时 IBM 公司意识到需要用它来"对抗"Microsoft Visual Studio 的发展，因此从商业目标考虑，通过开源的方式 IBM 公司最有机会达到目的。

2001 年 12 月，IBM 公司向世界宣布了两件事：第一件事是创建开源项目，即 IBM 公司捐赠价值 4 千万美元的源码给开源社区；另外一件事是成立 Eclipse 协会，这个协会由一些成员公司组成，主要任务是支持并促进 Eclipse 开源项目。

Eclipse 经过了 2.0 到 2.1 的发展，不断收到来自社区的建议和反馈，终于到了一个通用化的阶段。在 3.0 版本发行时，IBM 公司觉得时机成熟，于是正式声明将 Eclipse 作为通用的富客户端(RCP)和 IDE。

从 Eclipse 3.0 到 3.1，再到 3.5，富客户端平台应用快速增长，越来越多的反馈帮助 Eclipse 完善提高。

Eclipse 是一个开放源代码的、基于 Java 的可扩展开发平台。Eclipse 是一个框架和一组服务，用于通过插件组件构建开发环境。Eclipse 附带了一个标准的插件集，包括 Java 开发工具（Java Development Tools，JDT）。Eclipse 还包括插件开发环境（Plug-in Development Environment，PDE），这个组件主要针对希望扩展 Eclipse 的软件开发人员，因为它允许构建与 Eclipse 环境无缝集成的工具。由于 Eclipse 中的每样东西都是插件，对于给 Eclipse 提供插件，以及给用户提供一致和统一的集成开发环境而言，所有工具开发人员都具有同等的发挥场所。

Eclipse 是使用 Java 语言开发的，但它的用途并不限于 Java 语言，如 Eclipse 也支持诸如 C/C++、COBOL 和 Eiffel 等编程语言的插件。

2005 年美国国家航空航天管理局(NASA)在加利福尼亚州实验室负责火星探测计划的管理用户界面就是一个 Eclipse RCP 应用，通过这个应用，加利福尼亚州的工作人员就可以控制在火星上运行的火星车。在演示过程中，有人问为什么使用 Eclipse，回答是：使用 Eclipse 这门技术，他们不用担心，而且还节省了不少纳税人的钱，因为他们只需要集中资源开发控制火星车的应用程序就可以了。

Eclipse 官方网站的下载地址是 http://www.eclipse.org/，官方网站如图 2-24 所示，可根据需要下载适用的 Eclipse 版本。本书使用的是 neon.3。

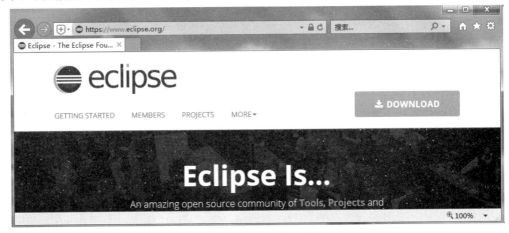

图 2-24　Eclipse 官方网站

2.4.2 Eclipse 的使用

Eclipse 是免安装的 IDE,在下载文件夹中双击文件 eclipse-jee-neon-3-win32-x86_64. zip 解压缩,解压后双击文件 eclipse. exe 即可运行,运行界面如图 2-25 所示。

图 2-25　Eclipse 启动界面

Eclipse 启动后出现图 2-26 所示界面,要求选择工作区路径,可以选择默认的工作区路径,也可以把工作区保存到别的路径上。

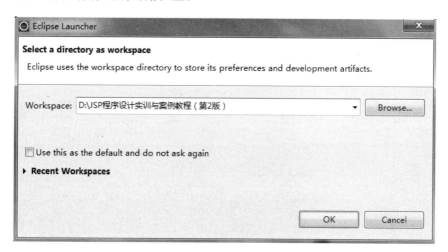

图 2-26　项目工作区的选择

选定好工作区路径后,单击 OK 按钮,出现如图 2-27 所示的主界面,可以使用菜单项进一步设置并使用 Eclipse。

(1)单击图 2-27 中所示菜单 File→New→Project,弹出如图 2-28 所示的对话框。在 Wizards 框的 Web 中选择项目类别,如果要开发动态 JSP 网页就选择 Dynamic Web Project,要开发静态 HTML 页面则选择 Static Web Project。单击 Next 按钮后弹出如图 2-29 所示的对话框。

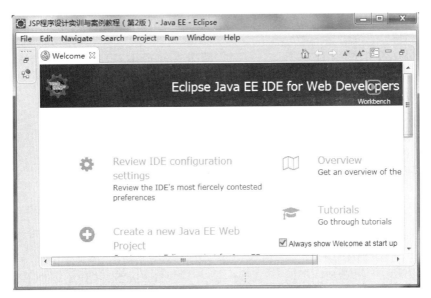

图 2-27　Eclipse IDE 主界面

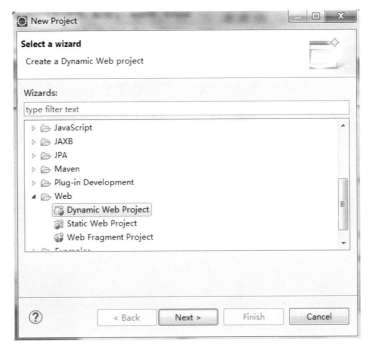

图 2-28　"选择项目类别"对话框

（2）在图 2-29 所示对话框中为项目命名后，单击 Finish 按钮将出现如图 2-30 所示的项目界面，右击 WebContent，选择 New→JSP 或者单击菜单 File→New→other→Web→JSP 会弹出如图 2-31 所示的对话框，选定项目并对 JSP 文件命名后，单击 Finish 按钮将进入 Eclipse 项目开发主界面，如图 2-32 所示。

（3）在开发界面中把代码修改为"＜％@ page language＝"java" contentType＝"text/

图 2-29　"项目命名和设置"对话框

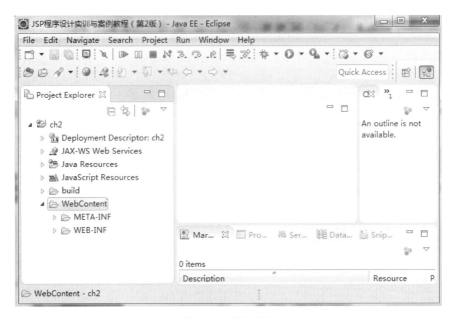

图 2-30　项目界面

html；charset＝UTF-8" pageEncoding＝"UTF-8"％＞"以及"＜meta http-equiv＝
"Content-Type" content＝"text/html；charset＝UTF-8"＞"，替换＜title＞标签中的内容
为"＜title＞Eclipse 开发工具的使用＜/title＞"，在＜body＞标签中添加"＜h1＞Eclipse
开发工具的使用！＜/h1＞"。保存后进行部署和运行，将会看到如图 2-33 所示的 JSP
页面。

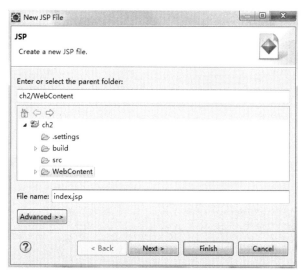

图 2-31 "新建 JSP"对话框

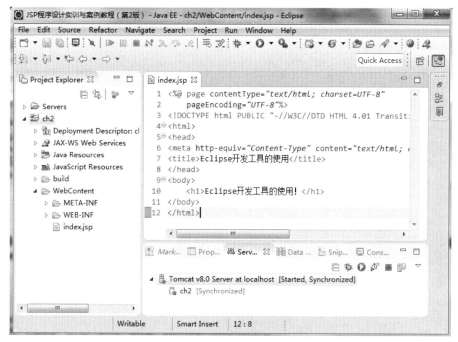

图 2-32 Eclipse 开发主界面

图 2-33 页面运行效果

2.5 MyEclipse 开发工具

MyEclipse 企业级工作平台(MyEclipse Enterprise Workbench,简称 MyEclipse)是对 Eclipse IDE 的扩展,利用它可以在数据库和 Java EE 的开发、发布,以及应用程序服务器的整合方面极大地提高工作效率。它是功能丰富的 Java EE 集成开发环境,包括完备的编码、调试、测试和发布功能,完整支持 HTML、UML、Web Tools、JSF、CSS、JavaScript、SQL、Struts、Hibernate、Spring 等技术。MyEclipse 可以简化 Web 应用开发,并对 Struts、Hibernate、Spring 等开发框架的广泛应用起到非常好的促进作用。

2.5.1 MyEclipse 简介与下载

MyEclipse 是一个专门为 Eclipse 设计的商业插件和开源插件的完美集合。MyEclipse 为 Eclipse 提供了一个大量私有和开源的 Java 工具的集合,很大程度上解决了各种开源工具不一致的问题,并大大提高 Java 和 JSP 应用开发的效率。

MyEclipse 还包含大量由其他组织开发的开源插件,Genuitec(MyEclipse 的开发者)增强了这些插件的功能并且撰写了很多实用文档便于开发者学习。

MyEclipse 插件对加速 Eclipse 的流行起到很重要的作用,并大大简化了复杂 Java 和 JSP 应用程序的开发。

Genuitec 开发的 MyEclipse 企业版插件提供更多功能,年费需要几十到几百美元。

MyEclipse 的下载地址是 http://www.myeclipseide.com。可根据需要购买或者使用试用版的 MyEclipse 版本。本书使用的是 MyEclipse 2017 版本。

2.5.2 MyEclipse 安装与使用

1. MyEclipse 的安装

在下载文件夹中双击文件 myeclipse_2017.exe 即开始安装。具体安装步骤如下。

(1) 双击 myeclipse_2017.exe 文件,进行参数传送后,弹出图 2-34,单击 Next 按钮,进行数据传输后,弹出图 2-35。

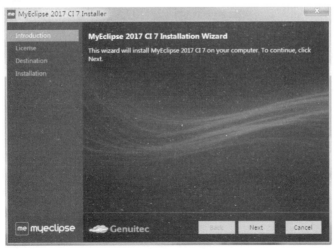

图 2-34　安装向导

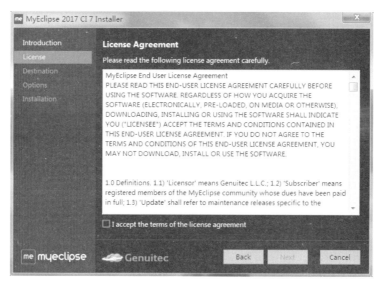

图 2-35　选择协议

（2）选定图 2-35 中的"I accept the terms of the license agreement"复选框后，单击 Next 按钮，弹出图 2-36，可以选择 MyEclipse 的安装路径，也可以使用默认路径。

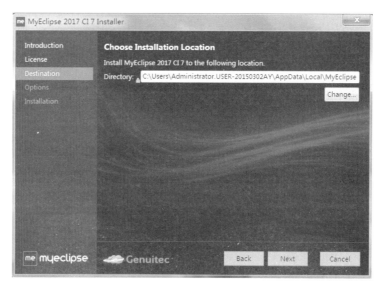

图 2-36　选择安装路径

（3）单击图 2-36 中的 Next 按钮后，开始安装，经过几分钟安装后弹出图 2-37，单击 Finish 按钮后，弹出图 2-38，可以使用默认值，选择后单击 OK 按钮，弹出如图 2-39 所示的 MyEclipse 主界面。

2. MyEclipse 的使用

在 MyEclipse 主界面上可以利用菜单项设置与使用该开发环境。

（1）单击图 2-39 中菜单 File→New→Web Project，命名项目为 c2，如图 2-40 所示。

图 2-37　安装完成

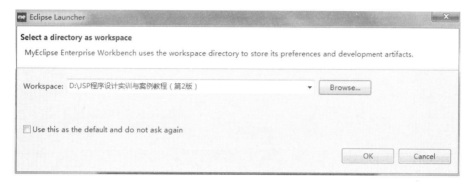

图 2-38　选择工作区路径

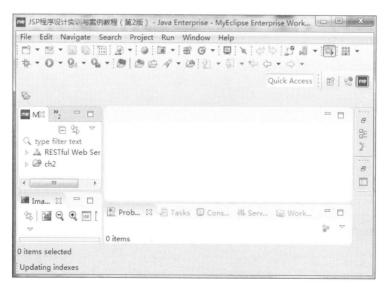

图 2-39　MyEclipse 主界面

（2）在图 2-40 中，单击 Finish 按钮，项目建成，如图 2-41 所示。

（3）在图 2-41 中所示的 MyEclipse 编辑器中进行编程，方法与 Eclipse 相似，这里不再详述。

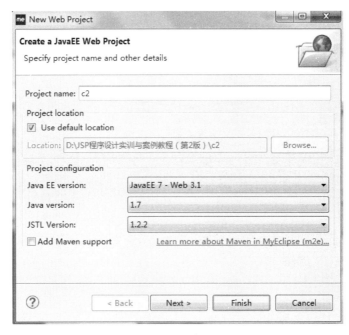

图 2-40　新建项目

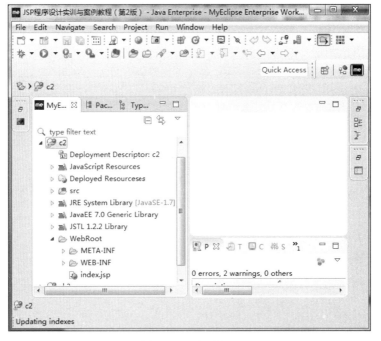

图 2-41　项目界面

2.6　Tomcat 服务器

Tomcat 服务器是开放源代码的 Web 应用服务器,是目前比较流行的 Web 应用服务器之一。

2.6.1　Tomcat 简介与下载

Tomcat 是 Apache Jakarta 的子项目之一,作为一个优秀的开源 Web 应用服务器,全面支持 JSP 2.0 以及 Servlet 2.4 规范。因其运行时占用的系统资源小,扩展性好,支持负载平衡、邮件服务,性能稳定,而且免费,所以深受 Java 爱好者的喜爱并得到了大部分软件开发商的认可。其被 JavaWorld 杂志的编辑推选为 2001 年度最具创新的 Java 产品,同时又是 Sun 公司官方推荐的 Servlet 和 JSP 容器,所以受到越来越多软件公司和软件开发人员的喜爱。

Tomcat 是一个小型的轻量级应用服务器,在中小型系统和并发访问用户少的场合下被普遍使用,是开发和调试 JSP 程序的首选。

可以直接从 Tomcat 的官方网站下载需要的 Tomcat 版本,地址是 http://tomcat.apache.org/。本书使用的是 Tomcat 8 版本。进入网站后,单击 Download 的 Tomcat 8 的链接即可下载,如图 2-42 所示。

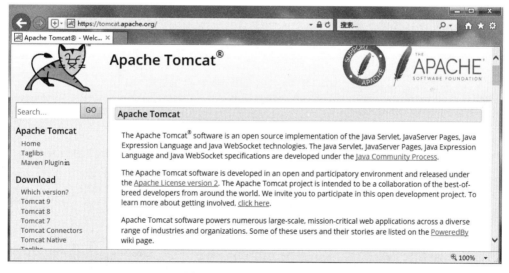

图 2-42　Tomcat 8 下载网页

2.6.2　Tomcat 的使用

下载的 Tomcat 安装包解压后,如图 2-43 所示,其目录下包含 bin、conf、lib、logs、temp、webapps、work 等子目录。

各子目录如下所示。

(1) bin 目录:主要存放 Tomcat 的命令文件。

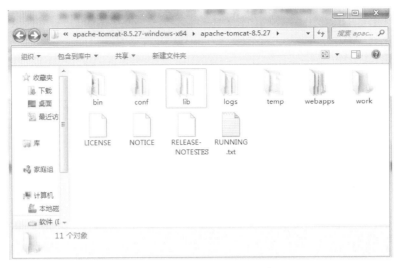

图 2-43 解压后的文件夹内容

（2）conf 目录：包含 Tomcat 的配置文件，例如 server. xml 和 tomcat-users. xml。
server. xml 是 Tomcat 的主要配置文件，其中包含 Tomcat 的各种配置信息，如监听端口号、
日志配置等；tomcat-users. xml 中定义了 Tomcat 的用户。对于 Tomcat 的配置及管理有专
门的应用程序，所以不推荐直接修改这些配置文件。

（3）lib 目录：主要存放 Tomcat 的类库。

（4）logs 目录：存放日志文件。

（5）temp 目录：主要存放 Tomcat 的临时文件。

（6）webapps 目录：存放应用程序实例。待部署的应用程序保存在此目录。

（7）work 目录：存放 JSP 编译后产生的 class 文件。

1. 启动 Tomcat 服务器

双击图 2-43 中 bin 文件夹下的 startup. bat 文件，就启动 Tomcat，如图 2-44 所示。

图 2-44 Tomcat 服务器启动后的界面

备注：如果在 Tomcat 启动的时候一闪就关闭，主要原因是没有配置环境变量或者环境变量配置不正确。

2. 配置 Tomcat 服务器

在 IE 浏览器中输入 http://localhost:8080，按 Enter 键后会出现如图 2-45 所示的页面。该页面是 Tomcat 服务器的配置页面。

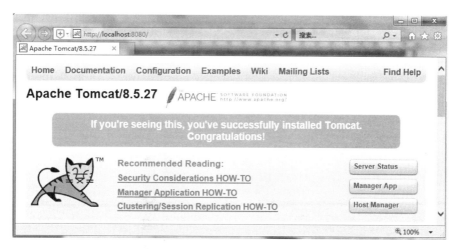

图 2-45　Tomcat 服务器的配置页面

3. 部署 Tomcat 服务器

Web 应用程序能以项目形式存在或打包为 war 文件。不管哪一种形式，都可以通过将其复制到 webapps 目录下进行部署。例如，有一个 Web 应用程序名为 ch2 的 Web 项目，将该 Web 应用程序文件夹复制到 webapps 下，启动 Tomcat 后，通过 URL 就可以进行访问 http://localhost:8080/ch2/index.jsp，其中 index.jsp 为项目下的 JSP 文件。

4. 关闭 Tomcat 服务器

双击图 2-43 中 bin 文件夹下的 shutdown.bat 文件，就可关闭 Tomcat。

2.7　项目实训

2.7.1　项目描述

本项目实现一个注册页面，文件名为 register.html，页面运行效果如图 2-46 所示。使用 NetBeans 开发的项目名称为 ch02，项目文件结构如图 2-47 所示。使用 Eclipse 开发的项目名称为 ch2，项目文件结构如图 2-48 所示。

2.7.2　学习目标

本实训的主要学习目标是熟练使用 NetBeans 和 Eclipse 工具。完成本实训需要参考第 3 章内容。通过本实训进一步激发学生的自学兴趣，通过自学第 3 章的知识达到巩固已学知识以及预习的目的。

图 2-46 注册页面的运行效果

图 2-47 使用 NetBeans 的文件结构

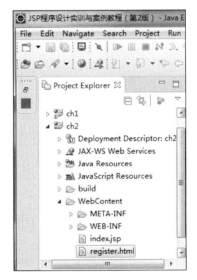

图 2-48 使用 Eclipse 的文件结构

2.7.3 项目需求说明

实现一个静态的注册页面，用户可以执行简单的注册功能。

2.7.4 项目实现

【例 2-1】 注册功能的页面（register. html）。

```
<html>
    <head>
        <title>用户注册</title>
        <meta http-equiv="Content-Type" content="text/html; charset=UTF-8">
    </head>
```

```html
<body>
    <form action="" method="post">
        <table border="1" align="center">
            <tr>
                <td colspan="2" align="center">注 册 页 面</td>
            </tr>
            <tr>
                <td>用 户 名：</td>
                <td><input type="text" name="userName"/></td>
            </tr>
            <tr>
                <td>密      码：</td>
                <td><input type="password" name="password1"/></td>
            </tr>
            <tr>
                <td>确认密码：</td>
                <td><input type="password" name="password2"/></td>
            </tr>
            <tr>
                <td>个人爱好：</td>
                <td>
                    <input type="checkbox" name="checkbox1"/>足球
                    <input type="checkbox" name="checkbox2"/>篮球
                    <input type="checkbox" name="checkbox3" />排球
                </td>
            </tr>
            <tr>
                <td>个人职业：</td>
                <td>
                    <select name="select" size="1">
                        <option value="学生">学生</option>
                        <option value="员工">员工</option>
                        <option value="其他">其他</option>
                    </select>
                </td>
            </tr>
            <tr>
                <td>性      别：</td>
                <td>
                    <input type="radio" name="radiobutton"/>男
                    <input type="radio" name="radiobutton" />女
                </td>
            </tr>
            <tr>
```

```html
<td>邮    箱：</td>
<td><input type="text" name="email" /></td>
</tr>
<tr>
    <td>生 日：</td>
    <td>
        <select name="select1">
            <option value="1978">1978</option>
            <option value="1979">1979</option>
            <option value="1980">1980</option>
            <option value="1981">1981</option>
            <option value="1982">1982</option>
            <option value="1983">1983</option>
            <option value="1984">1984</option>
            <option value="1985">1985</option>
            <option value="1986">1986</option>
            <option value="1987">1987</option>
            <option value="1988">1988</option>
            <option value="1989">1989</option>
            <option value="1990">1990</option>
            <option value="1991">1991</option>
            <option value="1992">1992</option>
            <option value="1993">1993</option>
            <option value="1994">1994</option>
            <option value="1995">1995</option>
            <option value="1996">1996</option>
            <option value="1997">1997</option>
        </select>年
        <select name="select2">
            <option value="1">1</option>
            <option value="2">2</option>
            <option value="3">3</option>
            <option value="4">4</option>
            <option value="5">5</option>
            <option value="6">6</option>
            <option value="7">7</option>
            <option value="8">8</option>
            <option value="9">9</option>
            <option value="10">10</option>
            <option value="11">11</option>
            <option value="12">12</option>
        </select>月
        <select name="select3">
            <option value="1">1</option>
```

```
                <option value="2">2</option>
                <option value="3">3</option>
                <option value="4">4</option>
                <option value="5">5</option>
                <option value="6">6</option>
                <option value="7">7</option>
                <option value="8">8</option>
                <option value="9">9</option>
                <option value="10">10</option>
                <option value="11">11</option>
                <option value="12">12</option>
                <option value="13">13</option>
                <option value="14">14</option>
                <option value="15">15</option>
                <option value="16">16</option>
                <option value="17">17</option>
                <option value="18">18</option>
                <option value="19">19</option>
                <option value="20">20</option>
                <option value="21">21</option>
                <option value="22">22</option>
                <option value="23">23</option>
                <option value="24">24</option>
                <option value="25">25</option>
                <option value="26">26</option>
                <option value="27">27</option>
                <option value="28">28</option>
                <option value="29">29</option>
                <option value="30">30</option>
                <option value="31">31</option>
            </select>日
        </td>
    </tr>
    <tr>
        <td>你所在地：</td>
        <td>
            <select name="select4" size="1">
                <option value="1" selected>北京</option>
                <option value="2">天津</option>
                <option value="3">河北</option>
                <option value="4">上海</option>
                <option value="5">河南</option>
                <option value="6">吉林</option>
                <option value="7">黑龙江</option>
```

```
                        <option value="8">内蒙古</option>
                        <option value="9">山东</option>
                        <option value="10">山西</option>
                        <option value="11">陕西</option>
                        <option value="12">甘肃</option>
                        <option value="13">宁夏</option>
                        <option value="14">青海</option>
                        <option value="15">新疆</option>
                        <option value="16">辽宁</option>
                        <option value="17">江苏</option>
                        <option value="18">浙江</option>
                        <option value="19">安徽</option>
                        <option value="20">广东</option>
                        <option value="21">海南</option>
                        <option value="22">广西</option>
                        <option value="23">云南</option>
                        <option value="24">贵州</option>
                        <option value="25">四川</option>
                        <option value="26">重庆</option>
                        <option value="27">西藏</option>
                        <option value="28">香港</option>
                        <option value="29">澳门</option>
                        <option value="30">福建</option>
                        <option value="31">江西</option>
                        <option value="32">湖南</option>
                        <option value="33">湖北</option>
                        <option value="34">台湾</option>
                        <option value="35">其他</option>
                    </select>省
                </td>
            </tr>
            <tr>
                <td><input type="submit" name="Submit" value="提交"/></td>
                <td><input type="reset" name="Submit2" value="重置"/></td>
            </tr>
        </table>
    </form>
  </body>
</html>
```

2.7.5　项目实现过程中注意的问题

本项目实现过程中除了要注意 1.5.5 节中提及的问题外，在使用 NetBeans 和 Eclipse 工具时也要注意熟悉其菜单功能以及常用的操作方式。

2.7.6 常见问题及解决方案

在项目的开发过程中,除了1.5.6节介绍的常见问题外,使用NetBeans和Eclipse工具时也可能会遇到以下问题。

1. 卸载NetBeans时出现无法卸载异常

解决方案:如果系统已安装了NetBeans,现在想重新安装或者安装其他版本的NetBeans,卸载的时候可能提示"安装JDK"等相关信息,主要原因是在卸载NetBeans以前先卸载了JDK。解决方法是先装JDK后卸载NetBeans,所以在卸载JDK以前先卸载NetBeans。在安装NetBeans以前也要先安装JDK。

2. 在安装的NetBeans工具中使用其自带的Tomcat发生异常

解决方案:在NetBeans工具的使用过程中,有可能要求输入Tomcat的管理员账号和密码,这可能是因为安装的NetBeans发生异常。如果能够解决就解决,如果确实解决不了可以卸载NetBeans并重新安装。卸载完NetBeans工具后要删除"C:\Documents and Settings\Administrator\"文件夹中的.netbeans文件夹,否则重新安装后也会发生同样的异常。

图2-49 无法访问URL异常

3. 如图2-49所示的页面异常

解决方案:出现这种异常主要是因为浏览器不支持,可以重新设置浏览器,单击NetBeans菜单"工具"中的"选择"将弹出如图2-50所示的对话框,在该对话框中"Web浏览器:"后选择支持的浏览器。

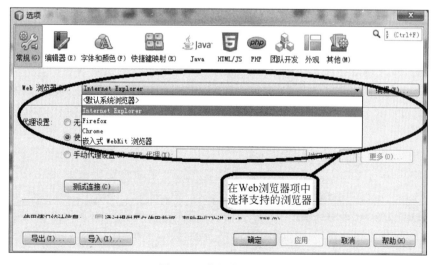

图2-50 "选项"对话框

2.7.7 拓展与提高

首先,请学会熟练使用NetBeans、Eclipse、MyEclipse;然后,尝试增加本实训项目的功能,如图2-51所示。

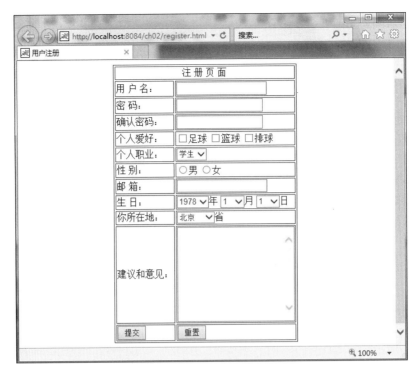

图 2-51　功能扩展后的注册页面

2.8　课外阅读(蓝色巨人 IBM 公司发展史)

新加坡一位资深计算机专栏作家曾经写道:"谈计算机,不能不谈 IBM。"另一位日本计算机专家则更明确地断言:"计算机的历史,就是 IBM 的历史。"他们的这些议论,虽然有失偏颇,但也有几分道理。IBM 公司过去和现在都是世界上最大的计算机硬件和计算机软件公司之一,它的历史的确包含着整个前半部计算机史,是现代计算机工业发展的缩影和化身。以电子器件划分的四代计算机,前三代计算机都是以 IBM 公司的计算机作为标准指定的。

美国《时代周刊》称:"IBM 公司的企业精神是人类有史以来无人堪与匹敌的,没有任何企业会像 IBM 公司这样给世界产业和人类生活方式带来和将要带来如此巨大的影响。"就连比尔·盖茨也不得不承认:"IBM 公司才是计算机行业的真正霸主,毕竟是它一手栽培了我。"IBM 公司从 20 世纪初一个仅 1300 员工、负债 400 万美元的小企业起步,多次称霸,又多次"遇险";它的成功取决于关键时刻敢于锐意创新,它的失误往往给计算机业界以最深刻的反思。

在 IBM 网站里,他们自己认为,IBM 公司的历史应该从 CTR 公司创立那天算起,但也可以追溯到霍列瑞斯制表机公司。众所周知,美国统计学家霍列瑞斯发明了第一台自动制表机,1890 年在人口普查中获得巨大成功,被誉为"数据处理之父"。1896 年,他"下海"创办了制表机公司,但很快便因资金周转不灵陷入困境。

1911 年 6 月 15 日,美国华尔街颇具冒险精神的金融投资家弗林特斥资收购了制表机公司和其他两家企业——国际计时公司和美国计算尺公司,拼凑成一个名叫CTR的公司,C代表计算,T代表制表,R代表计时。然而,弗林特本人并非经营企业的行家,CTR被他弄得欠下一屁股债务,几乎要濒临倒闭。弗林特想到要"捕获"一个新的经理帮他渡过难关。

1914年,四处网罗人才的弗林特把刚被美国现金出纳机公司解雇的主管经理——托马斯·沃森招聘到公司主持业务。出生于贫寒农民家庭的沃森年方40岁,思维敏捷,精明强干。他从17岁开始就挨家挨户帮人推销缝纫机等产品,30多岁时才被NCR老板帕特森收留,慢慢爬到该公司第二把手的位置。帕特森是美国商业史里公认的"现代销售之父",沃森在他身边一干就是18年,学会了经营销售全套策略,后终因"功高盖主",被老板一脚端出了大门。沃森走马上任,手下尽是些口嚼烟叶、只会叫卖肉铺磅秤和咖啡碾磨机一类的人物。他用思考的口号激励员工,培养企业团队精神,头4年便使公司收入达到200万美元,业务扩大到欧洲、南美和亚洲。沃森打心眼里讨厌CTR这个"大杂烩"式的名字,几经周折,终于在1924年,把公司更名为一个很宏伟的字号——国际商用机器公司,英文缩写为IBM。

第二次世界大战的爆发不仅让IBM公司度过了美国"大萧条"时代的不景气,而且让这家公司得以高速扩张。战争期间,沃森与美国国防部签署合同,大量制造机枪、瞄准器、发动机等军火,公司新属工厂的2/3全部投入军需品生产,生产量扩大了3倍。1945年,公司员工达2万人,销售额猛增至1.4亿美元。同时,战争也使IBM公司第一次进入到计算机领域。

1944年,沃森出资100万美元,并派出4名工程师,协助海军军械局霍德华·艾肯博士,在哈佛大学研制成功著名的Mark Ⅰ计算机。Mark Ⅰ属于电磁式计算机,又称"自动序列受控计算机",由3000多个继电器构成。该机器长约15m,高约2.4m,自重达到31.5T,运算速度为每秒钟做1次加法。然而,这台机器刚出世不久便成为"明日黄花",用电子管组装的ENIAC和UNIVAC等第一代计算机产品相继问世,使IBM面临着丧失传统制表机业务的重大危机。

沃森下令迅速研制IBM自己的"最好、最新、最大的超级计算机"。1947年,在同样花了100万美元后,IBM公司推出"选择顺序控制计算机"。然而,这台机器属于传统与创新的"大杂烩",12 500只电子管和21 400只继电器不协调地组装在一起,全长足有120英尺。它虽然代表着IBM公司从制表机行业迈向计算机领域,但业界却称它是"巨大的科技恐龙",它甚至不是储存程序的计算机。

70多岁高龄的老沃森声望太高,以至于在《美国名人录》里创下所占篇幅最大、词条长达16英寸半的纪录。他不愿正视IBM公司掉队的事实,反而故作镇静地把IBM制表机标榜为"穷人的ENIAC";而IBM工程师几乎没有一人懂得电子技术,连总设计师也弄不懂如何安装电子管。即便如此,老沃森仍然认为:IBM公司在计算机这种新鲜玩意上走到这一步已经可以了,他甚至断言说:"世界市场对计算机需求大约只有5部。"

20世纪50年代初,老沃森的长子小托马斯·沃森临危受命,在公司发展方向上实施根本性的改革,IBM公司开始跨越传统。孩提时代的小沃森曾是纨绔子弟,但在第二次世界大战的5年里,他参军驾驶轰炸机飞行长达2500小时,官至空军中校。战争使他学会了勇往直前和运筹帷幄,学会了如何组织和团结部属。

小沃森首先提拔公司仅有的一位麻省理工学院毕业生沃利·麦克道尔任研究主管,聘请冯·诺依曼担任公司顾问,招聘到4000余名朝气蓬勃的青年工程师和技师。当时,美国空军正在准备实施半自动地面防空工程计划,小沃森不失时机为 IBM 公司争取到项目,建立自动化工厂,训练了数千名制造和装配工人。在此基础上,IBM 公司着手研制一种能应用在国防里的全用途电子计算机。

这是 IBM 公司首次冒险行为,仅设计和制造样机就需要 300 万美元,整个计划费用是这个数目的三四倍。小沃森为这台机器取名"国防计算机",也就是后来改称 IBM701 的大型机,他们放弃了穿孔卡,代以自己过去不熟悉的东西——电子管逻辑电路、磁芯存储器和磁带处理机,使机器运算速度达到每秒执行 17 000 次指令。

1953 年 4 月 7 日,IBM 公司的历史揭开新的一页:以"原子弹之父"奥本海默为首的 150 位嘉宾莅临 IBM701 揭幕仪式,称赞这台计算机是"对人类极端智慧的贡献"。此后,IBM 公司仰仗雄厚的人才实力,开足马力以每年 12 台的速度组织生产,一举扭转了被动局面。

701 大型机的成功,把 IBM 公司推上了研制计算机的快车道:1954 年,推出适用于会计系统的 IBM702 大型计算机,不仅能高速运算,而且能进行字符处理,销售 14 台。紧接着,适应不同需要的 IBM704、IBM705 型计算机相继面世,销售数达到 250 多台。当其他公司还在大型机领域竞争时,小沃森又果断决定开发中型计算机。1954 年,IBM650 中型商业计算机上市,以优越的性能和便宜的价格,再次赢得了用户的青睐。这型机器的销售量竟超过千台。

1956 年美国再次大选,IBM 计算机一举取代 UNIVAC 计算机的地位,在电视上独领风骚。此时,IBM 公司已经占领了约 70% 的市场,美国本土只留下以雷明顿・兰德公司为首的七家公司,新闻传媒戏称美国计算机业是"IBM 和七个小矮人"。

1956 年 6 月 19 日,82 岁的老沃森离开人世。在此之前仅 6 星期,小沃森正式接任 IBM 公司总裁。1958 年 11 月,小沃森为大型计算机 IBM709 隆重剪彩,这是当时用于科学计算的性能最优秀的一种计算机,也是 IBM 公司生产的最后一款电子管计算机。

小沃森迅速将 IBM 公司的事业扩展到美国西海岸,下令在加利福尼亚圣何塞附近新建实验室和工厂,委派自己信任的工程师雷诺・约翰逊前往主理。中学教师出身的约翰逊是自学成才的发明家,他带领 30 多名青年工程师,在不到三年时间内,为 IBM 公司创造了引人注目的技术成果——磁盘存储器。1957 年,约翰逊在新开发的 IBM 305 RAMAC(会计和控制随机存取计算机)计算机上,首次配置了这种磁盘装置。大约 50 张 24 英寸的磁盘被装配一起,构成一台前所未有的超级存储装置——硬盘,容量大约 500 万字节,造价超过100 万美元,存取数据的速度则比过去常用磁带机快 200 倍。1958 年布鲁塞尔世界博览会上,RAMAC 以 10 种语言为参观者回答问题,大出风头。

同年,IBM 公司还推出了世界上第一个高级语言——FORTRAN,西屋电气公司幸运地成为 FORTRAN 的第一个商业用户。该语言是程序师约翰・巴科斯的创造,他带领一个13 人小组,包括有经验的程序员和刚从学校毕业的青年人,在 IBM704 计算机上设计编译器软件,于 1954 年完成。60 多年过去后,FORTRAN 仍是科学计算选用的语言之一。

还在小沃森正式担任董事长的时候,他就满腔热情策划 IBM 计算机向以晶体管为元件的方向转变,向各地工厂和实验室发出指令说:"从 1956 年 10 月 1 日起,我们将不再设计使用电子管的机器,所有的计算机和打卡机都要实现晶体管化。"三年后,IBM 公司推出IBM7090 型全晶体管大型机,运算速度达到每秒 229 000 次,成为第二代计算机的标志产品。美洲航空公司为它的订票系统购买了两台主机,远程连接 65 座城市。这是 IBM 公司的黄金季节,它登上了美国《幸福》杂志 500 家大企业排行榜的榜首;它创造出年销售额数十亿美元的天文数字;在美国运转的 64 台计算机中,44 台是由 IBM 公司生产;它的企业标志和商品标志 IBM 三个大写字母,每个字都由八根蓝条拼成;它的销售人员,一律着深蓝色的西装,以代表公司形象。人们开始把 IBM 公司称为"蓝色巨人"。

20 世纪 50 年代末,核能研究、导弹设计和飞机制造等技术的发展对计算机提出了更高的要求。美国原子能委员会提出需要一种高速计算机,速度比当时最好的计算机高两个数量级,洛斯阿拉莫斯核武器实验室选中了 IBM 公司。

小沃森董事长把设计任务交给天才工程师史蒂芬·唐威尔主持,并把这款计算机取名为 Stretch,意为"扩展"新技术的机器。Stretch 实际上是一种巨型机,小沃森保证说:"扩展"的速度一定会比 IBM 公司现有的机器快 100 倍。

IBM 公司的设计师为此绞尽脑汁,急中生智:元件的速度不够,就在计算机内部结构上打主意,他们创造了一系列新方法,如先行控制、交叉存取、同时操作、自动纠错等,使 Stretch 可以同时在几条流水线上并行工作,大大提高了机器的效率。然而,1961 年,当第一台 Stretch 巨型机运抵洛斯阿拉莫斯时,它没能达到设计要求,速度只有原设想每秒 100 万次的 60%。IBM 公司只得把 Stretch 的价格从 1350 万美元降低到 800 万美元,刚够收回成本。Stretch 共生产了 5 台,又造成 2000 多万美元亏损。

几乎在同一时期,一家规模很小的控制数据(CDC)公司,却出人意料地宣布研制成功 CDC6600 巨型机。在西蒙·克雷博士的主持下,CDC6600 的研制费只用了 700 万美元,功能却比 IBM 公司的 Stretch 计算机强大三倍,运算速度达每秒 300 万次。IBM 公司上下一片震惊。小沃森在备忘录里激动地写道:"我们是一个资金、人员十分雄厚的大企业,我实在难以理解,IBM 公司为什么不能在超级计算机中领先一步? 要知道,控制数据公司的研制班子,总共才 34 人,还包括一位看门人。"这份后来被人加上《看门人备忘录》标题的资料,一语道破了 IBM 公司的沮丧心境。蓝色巨人初次涉足巨型机遭受重挫,不久便退出了这一领域。

1963 年,IBM 公司的发展一度呈现相对停滞,股票下降 33%,增长率也只有百分之几,是第二次世界大战以来的最低点。当时,小沃森已接近 50 岁,驾驶 IBM 公司这艘巨大的航船,使命感沉重地压在他的心头。经过连续几个星期的思考后,他抓住集成电路闪亮登场的良机,立即上马新的研制项目。在他的心目中,文森特·利尔森是执行该计划的最佳人选。

公司首席副总裁利尔森哈佛大学毕业,1935 年就加盟 IBM 公司,不屈不挠的性格,使他从一名推销员逐步跻身于 IBM 公司领导层。在失败阴影的笼罩下,公司许多人并不支持更新换代的决策。但文森特·利尔森坚定地说:"要干! 无论如何我们都要干!"他组建了一个工程师委员会研究新机器的方案,这个小组的名称是"研究、生产、发展系统工程委员会",由于难以取得共识,两个月过去后,方案还没有理出头绪。利尔森对委员们发火了,他派车把工程师们送进一家汽车旅店,终于在 1961 年 12 月 28 日完成了一份长达 8 页纸的报告《IBM360 系统电子计算机》。新计算机系统用 360 为名,表示一圈 360°。既代表着 360 计算机从工商业到科学界的全方位应用,也表示 IBM 公司的宗旨:为用户全方位服务。利尔森估算的费用:研制经费 5 亿美元,生产设备投资 10 亿美元,推销和租赁垫支 35 亿美元——360 计划总共需要投资 50 亿美元,是美国研制第一颗原子弹的"曼哈顿工程"的 2.5 倍!

360 计算机是否能够研制成功，决定着这家老牌公司的前途命运。《福布斯》杂志惊呼："IBM 的 50 亿元大赌博！"小沃森自己也承认，这是他一生中所做的"一项最大、最富冒险的决策"。

利尔森为 360 计算机物色的工程设计总管是布鲁克斯，负责协调 4 个小组的工作。其中，有 3 个小组都由吉恩·阿姆达尔博士领导。40 岁的阿姆达尔曾担任 IBM709、IBM7030 的设计师，他为 360 计算机首创了"兼容性"的概念，后来被人尊敬地称为"IBM360 之父"。

1964 年 4 月 7 日，就在老沃森创建公司的 50 周年之际，50 亿元的"大赌博"为 IBM 公司赢得了 360 系列计算机，共有 6 个型号的大、中、小型计算机和 44 种新式的配套设备，从功能较弱的 360/51 型小型机，到功能超过 51 型 500 倍的 360/91 型大型机，都是清一色的"兼容机"。

IBM360 标志着第三代计算机正式登上了历史舞台。为庆祝它的诞生，IBM 公司分别在美国 63 个城市和 14 个国家举行记者招待会，近万人莅临盛会。在纽约，小沃森亲自租用一辆专列火车，率领着 200 多名记者，浩浩荡荡开往波基普西实验室。他向全世界庄重宣布："这是本公司自成立以来最重要的划时代产品。"5 年之内，IBM360 共售出 32 300 台，创造了计算机销售中的奇迹，成为人们最喜爱的计算机。不久后，与 360 计算机兼容的 IBM370 机接踵而至，其中最高档的 370/168 机型，运算速度已达到每秒 250 万次。

1966 年年底，IBM 公司年收入超过 40 亿美元，纯利润高达 10 亿美元，跃升到美国十大公司行列，从而确立了自己在世界计算机市场的统治地位。1971 年，因心脏病发作，小沃森向董事会递交了辞呈，他逝世于 1993 年，终年 79 岁。

那一年，58 岁的利尔森接任 IBM 公司董事长职位。1973 年，他带头制定出公司领导退休制度，并且在 18 个月任期后主动辞职，把权柄交给弗兰克·卡利。

弗兰克·卡利是斯坦福大学企业管理硕士出身，与 IBM 公司历任董事长一样没有技术背景，他曾开玩笑说，高中物理是自己学过的最高科技课程。在整个任期，他花了大量时间来应付美国司法部提出的反托拉斯诉讼。据说，司法部从 IBM 公司收集了 7.6 亿份文件，指责 IBM 垄断计算机行业，要求肢解、剥夺和重组这家公司。这个案件整整拖了 12 年，让 IBM 公司大伤元气。即便如此，卡利还是为 IBM 公司确立了备受赞赏的管理模式。然而，随着公司规模日益扩展，官僚体系也严重地束缚了它的手脚。IBM 公司的成功主要是大型机，20 世纪 70 年代初面对小型机的崛起，它就不能快速应变，无可奈何地看着 DEC 公司成为小型机霸主。

IBM 公司改变传统走出最关键的一步，主要迫于外部的压力。20 世纪 70 年代末，以苹果公司为代表的"车库"公司，短短几年就把微型计算机演成了大气候。事实证明，个人计算机市场是真实存在的，而"蓝色巨人"在计算机革命浪潮中步子慢了半拍，其庞大机构又无法迅速做出反应，已经陷入十分尴尬的处境。

经过几年的观望和徘徊，就在卡利向约翰·欧佩尔移交董事长职务的过渡阶段，IBM 公司于 1980 年 4 月召开了一次高层秘密会议。据一本描述这段历史内幕的书披露，博卡雷顿实验室主任洛威提议向雅达利公司购买微型计算机，令卡利大发雷霆。卡利认为，这是他有生以来听到过的最荒唐的建议。为了让 IBM 公司也拥有"苹果计算机"，他下令在博卡雷顿建立一个精干的小组，不受公司传统的约束，一年内开发出自己的机器。卡利强调说："今后，若有人问到如何让大象跳踢踏舞，我们的回答就是'国际象棋'。"

"国际象棋"(Chess)是 IBM 公司个人计算机研制项目的秘密代号。他们挑选出 13 名思想活跃的精干员工组成设计小组,技术负责人是唐·埃斯特奇。埃斯特奇小组首先研究了苹果公司成长的奇迹。研究结果使他们认识到,要在一年内开发出能迅速普及的微型计算机,IBM 公司必须实行"开放"政策,借助其他企业的科技成果,形成"市场合力"。因此,他们决定采用 Intel 公司 8088 微处理器作为该计算机的中枢,使其"思考的速度远远快于它可以通信的速度"。同时,IBM 公司必须委托独立软件公司为它配置各种软件,于是才有了与 Microsoft 公司签署开发 DOS 的保密协定。经反复斟酌,IBM 公司决定把新机器命名为"个人计算机",即 IBM PC。

在整整一年时间里,埃斯特奇领导"国际象棋"13 人小组奋力攻关。Intel 华裔副总裁虞有澄说:"当时很少有人体会到,这一小组人即将改写全世界的历史。"IBM 公司后来围绕 PC 的各项开发,投入的力量逐步达到 450 人。由于埃斯特奇为个人计算机建立的丰功伟绩,IBM 公司内部的人都尊敬地称他是"PC 之父",不幸的是,PC 之父 4 年后因飞机失事英年早逝,没能亲眼看见他培育出的巨大奇迹。

1981 年,约翰·欧佩尔正式接任 IBM 公司第五任董事长。1981 年 8 月 12 日,IBM 公司在纽约宣布 PC 横空出世,个人计算机以前所未有的广度和速度,向着办公室、学校、商店和家庭进军。埃斯特奇代表设计部门宣布,他们将把技术文件全部公开,热诚欢迎同行加入个人计算机的发展行列。对于 IBM 公司来说,迈出这一步非同小可,这家世界上最传统的巨人集团,公开宣布放弃独自制造所有硬软件的策略,不仅使广大用户认可了个人计算机,而且促使全世界各地的电子计算机厂商争相转产 PC,仿造出来的产品就是 IBM PC 兼容机。

《华尔街日报》评论说:IBM 公司大踏步地进入微型计算机市场,可望在两年内夺得这一新兴市场的领导权。果然,就在 1982 年内,IBM PC 卖出了 25 万台。第二年 5 月 8 日,IBM 公司再次推出改进型 IBM PC/XT 个人计算机,增加了硬盘装置,当年就使市场占有率超过 76%。1984 年 8 月 14 日,IBM 公司乘胜又把一种"先进技术"的 IBM PC/AT 机投向用户的怀抱,率先采用 80286 微处理器芯片,能管理多达 16MB 的内存,可以同时执行多个任务。从此,IBM PC 成为个人计算机的代名词,它甚至被《时代周刊》评选为"年度风云人物",它是 IBM 公司 21 世纪最伟大的产品。

1984 年,IBM 公司的规模已经比小沃森接手时扩大了 40 倍,年销售额达到 260 亿美元,连续多年被《幸福》杂志评为全美 500 家最大公司中最受好评的公司之一。1987 年,该公司股票总面值达 1060 亿美元,超过福特汽车公司。IBM 公司在三代计算机的潮起潮落中,不断遇险,又不断重新奋起。应该说,小沃森所倡导的"企业精神",其最重要的因素就是敢于革新、拼搏和冒险。可惜,约翰·欧佩尔董事长沉溺在巨大的成功里,进而强化公司的"规矩",反而促使 IBM 公司的这种"企业精神"渐渐滑向保守、僵化和作茧自缚。

1985 年,约翰·埃克斯接替欧佩尔担任 IBM 公司总裁,第二年,他成为公司第六任董事长。海军飞行员出身的埃克斯,上任两年内不仅业绩平平,而且遇到了各种麻烦事,其中最头痛的就是个人计算机兼容机。市场开放政策像一柄锋利的"双刃剑",一面把 IBM PC 送上了成功的巅峰,一面又造就了众多的仿造者。几年之后,被 IBM 公司扶植起来的兼容机厂商已经占领了 55% 全球市场,超过了 IBM 公司本身。

1987 年 4 月,IBM 公司出人意料地走出一步"臭棋",推出所谓"微通道结构"总线技术,新研制的 IBM PS/2 计算机不与原来的 ISA 总线兼容。IBM 公司采用新的总线结构,原本是想防止兼容机仿造,却使自己的 PS/2 无法被用户广泛接受。兼容机厂商自然不愿继续唯 IBM 公司马首是瞻,就在 PS/2 计算机推出的同一天,以康柏公司为首的九大兼容机厂商,共同宣布采用与原总线兼容的新标准,极大地削弱了 IBM 公司的市场地位。这样,以 PC 开放策略大获其利的"蓝色巨人"重重地关上了开放的大门,从而丧失了单枪匹马指挥这个产业的资格。

当历史跨进 20 世纪 90 年代后,IBM 公司的主要财源大型主机业务也遭到接连不断的打击,由于个人计算机和工作站的功能越来越强大,大型主机需求量剧减,IBM 公司终于走进泥潭,遭遇到"地雷阵"。IBM 公司的状况迅速变得惨不忍睹:从 1990 年到 1993 年连年亏损,连续亏损额达到 168 亿美元,创下美国企业史上第二高的亏损纪录;公司股票狂跌到史无前例的每股 40 美元;IBM PC 被挤出国际市场前三名,大型机产品大量积压,无人问津。事实上,已经没有人认为这家巨型公司还有挽救的可能性,它的失败正如它的成功一样,甚至被商学院写进了教科书;埃克斯一度打算把它分为 13 个部分,重蹈 AT&T(美国电报电话公司)的覆辙。

1993 年 1 月,无计可施的埃克斯向董事会递交了辞呈。在历任董事长中,埃克斯创下了空前差劲的纪录,主导了世界上最大、最老、曾经最成功的跨国计算机公司的土崩瓦解。10 年前,IBM 公司的董事长曾经是世界上最抢手的职位,可 10 年后董事会竟然派出一个"寻人委员会",满世界为公司找头头,谁也不愿接收这个烂摊子。

1993 年 4 月 1 日,IBM 公司在纽约希尔顿饭店召开的一次非同寻常的记者招待会,宣布由路易斯·郭士纳接任董事长兼首席执行总裁。这是 IBM 董事会为挽救败局实行的"跨行业拜帅"——郭士纳是著名的"食品大王",原任职于美国最大的 RJR 食品烟草公司,只有启用这样的人才能革除陈规陋习,带来与传统彻底决裂的契机。

郭士纳四兄弟都在企业界声名远扬,他本人更是出类拔萃。先在达特默斯大学攻读工程学位,再拿到哈佛大学的 MBA,然后进入麦金西管理咨询公司,28 岁成为合伙人,33 岁升任总监,继而就任过数家大公司的总裁,充分显示了管理才能和铁的手腕。

受命于危难之中的郭士纳,头顶着沉重的压力走马上任,他要动真格地重组 IBM 公司。郭士纳一反公司传统,半年之内果断裁员 4.5 万人。他彻底摧毁了旧的生产模式,下令停止了几乎所有的大型计算机生产线,打烂一切不必要的坛坛罐罐。同时,在公司如此困难之际,他还调动资金新建了北卡罗那州的 PC 生产工厂,发誓要让 IBM 在 PC 市场上重振雄威。他对技术部门说:"IBM 过去在封闭和专有的舞台上扮演过角色,今天,只有傻瓜才会这样干。"他甚至下令取消穿着蓝色西装的限制,"蓝色巨人"将一改过去单色调,呈现出缤纷的色彩,不再允许老态龙钟的慢节奏。

通过大刀阔斧的改革,1994 年,IBM 公司获得了自 20 世纪 90 年代以来第一次盈利 30 亿美元。初步扭转亏损局面后,郭士纳把发展目标定位于互联网络。1995 年,郭士纳首次提出"以网络为中心的计算",他认为网络时代是 IBM 公司重新崛起的最好契机。1995 年 6 月 5 日,郭士纳以一项大胆的举措把计算机业界惊出一身冷汗:IBM 公司斥巨资 35 亿美元强行收购了莲花(Lotus)软件公司,他看中的是网络软件 Notes。郭士纳说:"莲花 Notes 将是 IBM 发展战略关键的组成部分。"他通过调查得知,莲花公司凭借 Notes 控制了 34% 以上的企业网络市场,IBM 公司收购到 Notes,将以最短的时间,从最快的捷径突进网络,世界再也不敢轻视这家正在转型的老牌公司。

　　IBM 公司向网络战场的两个侧翼同时发动攻势:高端大型服务器和低端 PC 台式终端机、笔记本电脑;正面战场则以工作站为主攻方向,RS/6000 工作站计算机一炮打响——它的另一名称叫作"深蓝",击败棋王卡斯帕洛夫的传奇故事,使它成为网络时代最伟大的英雄。1995 年,"蓝色巨人"重新焕发出昔日的风采,营业额首次突破了 700 亿美元,这个数字是微软公司的 7 倍,过去不景气的 PC 销售额也上升了 25%。

　　1997 年 1 月,郭士纳总结说:"现在是我们结账的时候了——1994 年我们明白自己能够生存;1995 年是我们稳住阵脚的一年;1996 年显示我们能够增长;1997 年我们将向世人表明,我们将再次成为领袖,我们不再需要任何借口。"IBM 这年营业收入达到 785 亿美元,犹如一头惊醒的睡狮,向全世界发出昔日般响亮的吼声。

　　郭士纳指出:"本行业一个最重要的事情,是每隔 10 年左右,你就有机会重新划分竞争领地。我们眼下就正处于重新划分的阶段,未来的赢家和输家都产生于此。"他代表 IBM 公司向世界宣布:"蓝色巨人"渴望最终打赢这场他们曾经输掉的战争。

2.9　本章小结

　　本章主要介绍了常见的 JSP 开发环境的安装、配置和使用。通过本章的学习,应该了解掌握常用开发工具的安装、配置和使用,为后续的开发奠定良好基础。本书选择介绍比较典型的几种软件,如需了解其他工具可以参考相关书籍或资料。

2.10　习　　题

　　使用 NetBeans 8、Eclipse 和 MyEclipse 2017 开发简单的 HTML 或者 JSP 页面。

第3章　HTML 与 CSS

学习目的与要求

学习本章的主要目的是设计出布局合理、赏心悦目的网页,要求能够使用 HTML 和 CSS 设计网页,并能将它们和 JSP 结合起来开发出美观且功能强大的动态网页。

本章主要内容

(1) HTML。

(2) CSS。

3.1　HTML 页面的基本构成

超文本标记语言或超文本链接语言(HyperText Markup Language,HTML)是目前网络上应用最为广泛的标记语言,也是构成网页文档的主要语言,是一种用来制作超文本文档的简单标记语言,它不是一种真正的编程语言,只是一种标记符。通过一些约定的标签符号对文件的内容进行标注,指出内容的输出格式,如字体大小及颜色、背景颜色、表格形式、各部分之间的逻辑关系等。当用户浏览 WWW 信息时,浏览器会自动解释这些标签的含义,并按照一定的格式在屏幕上显示这些被标记的信息。

用 HTML 编写的超文本文档称为 HTML 文档,HTML 文档是一个放置了标签的文本文件,通常它带有 html 或 htm 的文件扩展名,是能独立于各种操作系统平台的、可供浏览器解释浏览的网页文件。

下面通过使用 NetBeans 8.2 新建一个 HTML 页面来了解 HTML 页面的基本构成。页面运行效果如图 3-1 所示,代码如例 3-1 所示。

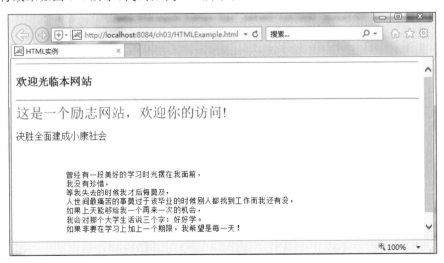

图 3-1　使用 NetBeans 8.2 创建 HTML 页面实例运行效果

【例 3-1】　HTML 页面实例(HTMLExample. html)。

```
<html>
    <head>
        <title>HTML 实例</title>
        <meta http-equiv="Content-Type" content="text/html; charset=UTF-8">
    </head>
    <body>
        <hr>
        <h3>欢迎光临本网站</h3>
        <hr>
        <font face="楷体_GB3212" size="2" color="blue">
            这是一个励志网站,欢迎你的访问!
        </font>
        <p>决胜全面建成小康社会!</p>
        <br>
        <pre>
            曾经有一段美好的学习时光摆在我面前,
            我没有珍惜,
            等我失去的时候我才后悔莫及,
            人世间最痛苦的事莫过于该毕业的时候别人都找到工作而我还没有,
            如果上天能够给我一个再来一次的机会,
            我会对那个大学生活说三个字:好好学。
            如果非要在学习上加上一个期限,我希望是每一天!
        </pre>
        <!--
            儿时或者少年时代,每当我们不好好学习的时候,家里人或者初中、高中老师总会安慰
            我们说,"好好学,等考上大学就可以好好玩了。"其实大学是最应该好好学习的时代,
            因为大学毕业就要面临工作,工作当中需要你有扎实的理论知识和较强的实践能力,
            所以大学是最应该学习的时期。请行动起来,"喊破嗓子不如甩开膀子"!
        -->
    </body>
</html>
```

在上面这段代码中,一些字母或单词被<>括起来,如<html>、<head>等,这些称为 "标签"。标签用来分隔和标记网页中的元素,以形成网页的布局、格式等,通过标签可以在 网页中加入文本、图片、声音、动画、影视等多媒体信息,还可以实现页面之间的跳转等。每 种标签的作用均不同,当用户需要对网页某处进行修改时,就把标签放置在该处前面,浏览 器就会知道用户希望下面的内容应如何显示。

标签分为单标签和双标签。单标签只需单独使用就能完整地表达意思,控制网页效果, 如<meta>、
、<hr>。双标签成对使用,由一个开始标签和一个结束标签构成。开 始标签告诉 Web 浏览器从此处开始执行该标签所代表的功能,而结束标签告诉 Web 浏览 器在这里结束该功能,结束标签的形式是在开始标签前加上一个斜杠,如<body>和 </body>就是一对双标签。在单标签和双标签的开始标签里,还可以包含一些属性,以达

到个性化的效果，如<标签 属性 1 属性 2 属性 3…>，各属性之间无先后次序，属性也可省略（即取默认值）。

HTML 语言不区分大小写，如
和
都表示换行。另外，使用 HTML 标签时不可以交错，即标签需正确进行嵌套，如<body><form></body></form>，应改为<body><form></form></body>。

HTML 标签有多种，下面先了解基本标签。

1. 页面结构标签

通过上面的例子可以看出，HTML 文档分为文档头和文档体两部分。在文档头中，对这个文档进行了一些必要的定义，文档体中才是要显示在网页中的各种正文信息。通常由 3 对标签来构成一个 HTML 文档的框架。

1）<html></html>

这个标签对告诉浏览器这个文件是 HTML 文档。<html>放在 HTML 文档的最前边，用来标识 HTML 文档的开始，</html>放在 HTML 文档的最后边，用来标识 HTML 文档的结束。

2）<head></head>

这个标签对中的内容是文档的头部信息，说明一些文档的基本情况，如文档的标题等，其内容不会显示在网页中。在此标签之间可使用<title></title>、<meta>、<script></script>等描述 HTML 文档相关信息的标签对。

<meta>标签用来描述 HTML 网页文档的属性，如日期和时间、网页描述、关键词、页面刷新等。

例如：

```
<meta http-equiv="Content-Type" content="text/html; charset=UTF-8">
```

属性 http-equiv 用于向浏览器提供一些说明信息，从而可以根据这些说明做出相应处理。http-equiv 其实并不仅仅只有说明网页的字符编码这一个作用，常用的 http-equiv 类型还包括网页到期时间、默认的脚本语言、网页自动刷新时间等。

属性 charset，其作用是指定当前文档所使用的字符编码为 UTF-8，也就是支持中文简体字符。根据这一行代码，浏览器就可以识别出网页中的中文字符。

3）<body></body>

这个标签对中的内容是 HTML 文档的主体部分，可包含<p></p>、<h1></h1>、
、<hr>等标签，它们所定义的文本、图像等将会在网页中显示出来。

2. 页头标签

<title></title>标签对用来设定网页标题，浏览器通常会将标题显示在浏览器窗口的标题栏左边。<title></title>标签对放在<head></head>标签对之间。

3. 标题标签

在 HTML 文档中，<hn></hn>标签对可以定义不同显示效果的标题，n 表示标题的级数，取值范围为 1～6，n 越小，标题字号越大。

<hn>可以使用属性 align，用于设置标题文字的对齐方式，其取值如下。

（1）left：左对齐。

（2）right：右对齐。

（3）center：居中对齐。

未设置该属性时，默认为左对齐。

【例 3-2】 标题标签实例（titleTag. html）。

```
<html>
    <head>
        <title>标题标签实例</title>
        <meta http-equiv="Content-Type" content="text/html; charset=UTF-8">
    </head>
    <body>
        <hr>
        <h1 align ="center">一级标题的效果</h1>
        <h2>二级标题的效果</h2>
        <h3>三级标题的效果</h3>
        <h4>四级标题的效果</h4>
        <h5>五级标题的效果</h5>
        <h6 align ="center">六级标题的效果</h6>
        <hr>
    </body>
</html>
```

运行效果如图 3-2 所示。

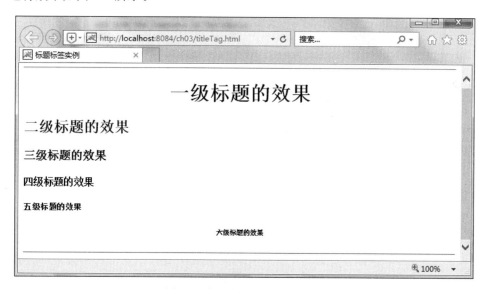

图 3-2 标题标签实例运行效果

4. 格式排版标签

1）

该标签强制文本换行，但不会在行与行之间留下空行。如果把
加在<p></p>标签对的外边，将创建一个大的回车换行，即
前边和后边的文本的行与行之间的距离比较大；如果把
放在<p></p>的里边，则
前边和后边的文本的行与行之间的距离将比较小。

2）<hr>

该标签在网页中加入一条横跨网页的水平线，具有多种属性，这些属性用于设置水平线的宽度、长度及显示效果等。

（1）size 属性：设置水平线的粗细，默认单位是像素。

（2）width 属性：设置水平线的宽度，默认单位是像素，也可以使用相对屏幕的百分比表示。

（3）noshade 属性：该属性不用赋值，直接加入标签即可使用，用来取消水平线的阴影（不加入此属性水平线默认有阴影）。

（4）align 属性：设置水平线的对齐方式。

（5）color 属性：设置水平线的颜色。

例如：

```
<hr align="center" width ="600" size ="9" color ="blue">
```

5．文字格式标签

<font></font>标签对通过设置<font>属性来控制文字的字体、大小、样式和颜色，属性功能如下。

（1）face 属性：设置字体样式。

（2）size 属性：设置字体大小，值为整数，分为 7 个级别，默认字体大小为 3。

（3）color 属性：设置字体颜色。

6．段落标签

<p></p>标签对用来创建一个新的段落，在此标签对之间加入的文本将按照段落的格式显示在浏览器上。<p>表示一个段落的开始，结尾标记</p>可以省略。<p>标签可以有多种属性，如 align 属性控制其内容的对齐方式；clear 属性控制图文混排方式，其取值如下。

（1）left：下一段显示在左边界处的空白区域。

（2）right：下一段显示在右边界处的空白区域。

（3）center：下一段的左右两边都不许有其他内容。

为了防止文档出错，尽量不要省略结尾标记</p>。

7．预定格式标签

在编辑文档时，如果希望将来浏览网页时仍能保留在编辑工具中已经排好的形式显示内容，可以使用<pre></pre>标签对。使用该标签对时，默认字体为 10 磅。

8．注释标签

在编写 HTML 文件时，为提高文件的可读性，可以使用<!－－和－－>标签注释文字，其语法如下：

```
<!--注释语句-->
```

注释内容不会在浏览器中显示。

3.2　HTML 常用标签

HTML 常用标签是设计 HTML 页面的主要标签。下面分别介绍常用的 HTML 标签。

3.2.1　列表标签

列表是一种规定格式的文字排列方式,用于列举内容。常用的列表分为有序列表、无序列表和自定义列表。

1. 有序列表

有序列表是指各列表项按一定的编号顺序显示,列表用<ol>开始,以</ol>结束,每一个列表项用<li></li>标签对定义,其语法如下:

```
<ol>
    <li>列表项 1</li>
    <li>列表项 2</li>
    ⋮
</ol>
```

在<ol>中可以使用 type、start 属性。其中,type 属性用于设置编号的种类,其取值如下。

(1) l:编号为数字,默认值,如 1、2、3……

(2) A:编号为大写英文字母,如 A、B、C……

(3) a:编号为小写英文字母,如 a、b、c……

(4) I:编号为大写罗马字符,如Ⅰ、Ⅱ、Ⅲ……

(5) i:编号为小写罗马字符,如ⅰ、ⅱ、ⅲ……

start 属性用于设置编号的起始序号,无论 type 取值是什么,start 的取值只能是 1、2、3 等整数,默认值为 1。

在<li>中可以使用 type、value 属性。其中,type 属性的作用与<ol>中一致;value 属性用来设定该项的编号,其后各项将以此作为起始编号而递增,其值只能是 1、2、3 等整数,没有默认值。

【例 3-3】　有序列表实例(olTag.html)。

```
<html>
    <head>
        <title>有序列表实例</title>
        <meta http-equiv="Content-Type" content="text/html; charset=UTF-8">
    </head>
    <body>
        Java 工程师必备的技能:
        <hr>
        <ol type ="1">
            <li>Java 程序设计</li>
```

```
        <li>JSP 程序设计</li>
        <li>Java Web 框架技术(Struts、Spring、Hibernate)</li>
        <li>Ajax</li>
        <li>Web 服务器</li>
        <li>数据库技术</li>
        <li>项目开发经验</li>
    </ol>
    <hr>
  </body>
</html>
```

运行效果如图 3-3 所示。

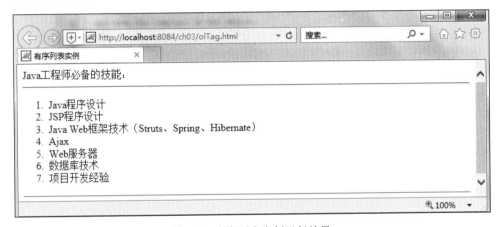

图 3-3　有序列表实例运行效果

2. 无序列表

无序列表指各列表项之间没有顺序关系,列表项显示时前面有一个项目符号。无序列表用<ul>开始,以</ul>结束,每一个列表项同样也用<li></li>标签对定义,其语法如下:

```
<ul>
    <li>列表项 1</li>
    <li>列表项 2</li>
    ⁞
</ul>
```

在<ul>、<li>中都可以使用 type 属性,其中,<ul>中的 type 属性用于设置列表中所有列表项前的项目符号类型;<li>中的 type 属性用于设置当前列表项前的项目符号类型。type 属性取值如下。

(1) disc:实心圆点,默认值。

(2) circle:空心圆点。

(3) square:实心正方形。

【例 3-4】　无序列表实例(ulTag.html)。

```
<html>
    <head>
```

```
      <title>无序列表实例</title>
      <meta http-equiv="Content-Type" content="text/html; charset=UTF-8">
  </head>
  <body>
      Java 工程师必备的其他技能:
      <hr>
      <ul type ="disc">
          <li>团队精神</li>
          <li type="circle">协作能力</li>
          <li type="square">创新意识</li>
      </ul>
      <hr>
  </body>
</html>
```

运行效果如图 3-4 所示。

3. 自定义列表

除了上述两种列表外,在实际应用中还可以根据需要自定义列表,实现一种分两层的项目清单,其语法如下:

图 3-4　无序列表实例运行效果

```
<dl>
    <dt>第一个列表项</dt>
    <dd>对第一个列表项的说明</dd>
    <dt>第二个列表项</dt>
    <dd>对第二个列表项的说明</dd>
        ⋮
</dl>
```

自定义列表用<dl>开始,以</dl>结束,给每一个列表项加上了一段说明性文字,说明性文字独立于列表项另起一行显示。其中,<dt></dt>标签对用来定义列表项;<dd></dd>标签对用来对列表项进行说明。

【例 3-5】 自定义列表实例(dlTag.html)。

```
<html>
    <head>
        <title>自定义列表实例</title>
        <meta http-equiv="Content-Type" content="text/html; charset=UTF-8">
    </head>
    <body>
        Java 工程师必备技能要求:
        <hr>
        <dl>
            <dt>Java 程序设计</dt>
            <dd>要求具有…</dd>
            <dt>JSP 程序设计</dt>
```

```
                <dd>要求具有…</dd>
                <dt>Java Web 框架技术（Struts、Spring、Hibernate）</dt>
                <dd>要求具有…</dd>
                <dt>Ajax</dt>
                <dd>要求具有…</dd>
                <dt>Web 服务器</dt>
                <dd>要求具有…</dd>
                <dt>数据库技术</dt>
                <dd>要求具有…</dd>
                <dt>项目开发经验</dt>
                <dd>要求具有…</dd>
            </dl>
            <hr>
        </body>
</html>
```

运行效果如图 3-5 所示。

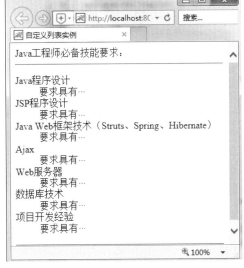

图 3-5   自定义列表实例运行效果

3.2.2   多媒体和超链接标签

多媒体和超链接在网页中起着非常重要的作用。多媒体有图像、视频、背景音乐等多种形式，可以使网页更加丰富多彩，超链接可以使包含不同信息的网页链接在一起。

1. 插入图像

使用<img>标签可以为网页添加.gif、.jpg、.png 等格式的图像，<img>的主要属性如下。

（1）src：指定图像的源文件路径，可以使用相对路径、绝对路径或 URL。

（2）width：指定图像的宽度，单位为像素。

（3）height：指定图像的高度，单位为像素。

（4）hspace：指定图像水平方向的边沿空白，以免文字或其他图片过于贴近，单位为像素。

（5）vspace：指定图像垂直方向的边沿空白，单位为像素。

（6）border：指定图像边框宽度。

（7）align：当文字与图像并排放置时，指定图像与文本行的对齐方式，其属性值可取top（与文本行顶部对齐）、center（水平居中对齐）、middle（垂直居中对齐）、bottom（底部对齐，默认值）、left（图像左对齐）、right（图像右对齐）。

（8）alt：这是用于描述该图像的文字，图像不能显示时将显示该属性值；当鼠标移至图像上时，将该属性值作为提示信息显示。

【例 3-6】 插入图像实例（imgTag.html）。

```
<html>
    <head>
        <title>插入图像实例</title>
        <meta http-equiv="Content-Type" content="text/html; charset=UTF-8">
```

```
    </head>
    <body>
        风景这边独好！
        <hr>
        <img src ="image/scenery.jpg" alt="风景" width ="360" height ="200" >
    </body>
</html>
```

运行效果如图 3-6 所示。

图 3-6　插入图像实例运行效果

备注：src="image/scenery.jpg"中的 image 是文件夹名，即 scenery.jpg 在该文件夹中。

2. 插入背景音乐

使用<bgsound>标签可以在网页中添加.wav、.mid、.mp3 等格式的背景音乐，主要属性如下。

（1）balance：指定音乐的左右均衡。

（2）delay：指定播放延时。

（3）loop：指定音乐循环播放次数。值为－1 或 infinite 时，表示无限次循环播放。

（4）src：指定音乐源文件的路径。

（5）volume：指定音量。

【例 3-7】　插入背景音乐实例（soundTag.html）。

```
<html>
    <head>
        <title>插入背景音乐实例</title>
        <meta http-equiv="Content-Type" content="text/html; charset=UTF-8">
    </head>
    <body>
        <h1 align="center">传奇</h1>
        <hr>
        <img src="image/wf.jpg" width="260" height="300" alt="歌手.王菲"/>
```

```
          <bgsound src="image/传奇.mp3" loop="2"/>
     </body>
</html>
```

运行效果如图 3-7 所示。

图 3-7　插入背景音乐实例运行效果

3. 插入超链接

创建超链接是在当前页面与其他页面间建立链接,使用户可以从一个页面直接跳转到其他页面、图像或服务器。基本格式如下:

```
<a href="资源地址" target="目标窗口">超链接文本及图像</a>
```

其中,<a></a>标签对用来创建超链接,<a>的主要属性有 href 和 target。

(1) href:指定链接地址。若是链接到网站外部,必须为 URL 地址;若是链接到网站内部页面,只需指明该页面的绝对路径或相对路径。

(2) target:指定显示链接目标的窗口,其值可取_blank(浏览器总在一个新打开、未命名的窗口中载入目标文档)、_parent(目标文档载入当前窗口的父窗口中)、_self(默认值,目标文档载入并显示在当前窗口中)、_top(清除当前窗口所有被包含的框架并将目标文档载入整个浏览器窗口)。

例如:

```
<a href="http://www.tup.tsinghua.edu.cn/" target="_blank">清华大学出版社</a>
```

3.2.3　表格标签

表格是一种能够有效地描述信息的组织方式,由行、列、单元格组成,可以很好地控制页面布局,所以在网页中应用非常广泛。许多网站都用多重表格来构建网站的总体布局,固定文本或图像的输出,还可以任意进行背景和前景颜色的设置。

在 HTML 中,使用<table></table>标签对来进行一个完整表格的声明,使用<tr></tr>标签对定义表格中的一行,使用<th></th>标签对定义表格中列标题单元格,使

用＜td＞＜/td＞标签对定义行中的一个单元格。＜tr＞＜/tr＞标签对只能放在＜table＞
＜/table＞标签对之间使用，＜td＞＜/td＞、＜th＞＜/th＞标签对也只有放在＜tr＞＜/tr＞标
签对之间才有效。表格定义基本格式如下：

```
<table>
    <tr>
        <th>表格第一列的标题</th>
        <th>表格第二列的标题</th>
        ⋮
    </tr>
    <tr>
        <td>表格第一行的第一个单元格内容</td>
        <td>表格第一行的第二个单元格内容</td>
        ⋮
    </tr>
    <tr>
        <td>表格第二行的第一个单元格内容</td>
        <td>表格第二行的第二个单元格内容</td>
        ⋮
    </tr>
    ⋮
</table>
```

1. ＜table＞常用属性

（1）border：设置表格边框的宽度，值为非负整数，若为 0 表示边框不可见，单位为
像素。

（2）cellspacing：设置单元格边框到表格边框的距离，单位为像素。

（3）cellpadding：设置单元格内文字到单元格边框的距离，单位为像素。

（4）width：设置表格宽度。其值可为整数，单位为像素，如 100 表示 100 像素；也可以
是相对页面宽度的百分比，如 20％表示表格宽度为整个页面宽度的 20％。

（5）height：设置表格高度，取值方式与 width 一致。

（6）bgcolor：设置表格背景色。其值可以是十六进制代码，也可以是英文字母，如
silver 为银色。

（7）bordercolor：设置表格边框颜色。

（8）align：设置表格在水平方向的对齐方式，其值可为 left、right、center。

（9）valign：设置表格在垂直方向的对齐方式，其值可为 top、middle、baseline。

2. ＜tr＞常用属性

（1）bordercolor：设置该行的外边框颜色。

（2）bgcolor：设置该行单元格的背景颜色。

（3）height：设置该行的高度。

（4）align：设置该行各单元格的内容在水平方向的对齐方式，其值可为 left、right、
center。

（5）valin：设置该行各单元格的内容在垂直方向的对齐方式，其值可为 top、middle、

bottom。

3. ＜td＞常用属性

(1) colspan：设置单元格所占的列数，默认值为 1。

(2) rowspan：设置单元格所占的行数，默认值为 1。

(3) background：设置单元格背景图像。

(4) width：设置单元格宽度。

＜th＞＜/th＞定义的列标题的文字以粗体方式显示，其属性使用方法与＜td＞一致。在表格的定义语法中，也可以不使用＜th＞定义标题单元格。

【例 3-8】 表格实例(tableTag. html)。

```html
<html>
    <head>
        <title>表格实例</title>
        <meta http-equiv="Content-Type" content="text/html; charset=UTF-8">
    </head>
    <body>
        <table border="1" width="90%" bordercolor="red" cellpadding="2">
            <tr height ="50" valign="middle">
                <th width="33%" colspan="2">Java 工程师必备技能</th>
                <th width="36%" colspan="2">测试工程师必备技能</th>
                <th width="36%" colspan="2">.NET 工程师必备技能</th>
            </tr>
            <tr align="center">
                <td width="16%">Java 程序设计</td>
                <td width="16%">JSP 程序设计</td>
                <td width="17%">软件测试理论</td>
                <td width="17%">软件测试工具</td>
                <td width="17%">C#程序设计</td>
                <td width="17%">ASP.NET</td>
            </tr>
            <tr align="center">
                <td width="16%">Java Web 框架技术</td>
                <td width="16%">一年以上工作经验</td>
                <td width="17%">测试方案制定</td>
                <td width="17%">一年以上工作经验</td>
                <td width="17%">.NET Framework 技术</td>
                <td width="17%">一年以上工作经验</td>
            </tr>
        </table>
    </body>
</html>
```

运行效果如图 3-8 所示。

图 3-8　表格实例运行效果

3.2.4　表单标签

表单在网页中用来供用户填写信息,以实现服务器获得用户信息,使网页具有交互功能。一般将表单设计在一个 HTML 文档中,当用户填写完信息执行提交操作后,表单的内容就从客户端浏览器传送到服务器上,经过服务器上的处理程序处理后,再将用户所需信息传送回客户端浏览器上,这样网页就具有交互性。

网页中的可输入项、选择项等实现数据采集功能的控件所组成的就是表单,表单一般由表单标签、表单域、表单按钮组成。表单标签包含了处理表单数据所用 CGI 程序的 URL 以及数据提交到服务器的方法;表单域包含文本框、密码框、隐藏域、多行文本框、复选框、单选框、下拉选择框和文件上传框等用于用户输入和交互的控件;表单按钮包括提交按钮、复位按钮和一般按钮,用于将数据传送给服务器上的 CGI 脚本或者取消输入,还可以用表单按钮来控制其他处理工作。

1. 表单标签

＜form＞＜/form＞标签对用来创建一个表单,即定义表单的开始和结束位置。该标签对属于容器标签,表单里所有实现数据采集功能的控件需要定义在该标签对之间。表单标签的基本语法结构如下:

```
<form action="url" method="get|post" name="value" onsubmit ="function" onreset=
"function" target="window"></form>
```

（1）action 属性:设置服务器上用来处理表单数据的处理程序地址,处理程序可以是 JSP 程序、CGI 程序、ASP. NET 程序等,该属性值可以是 URL 地址,也可以是电子邮件地址。

例如,action＝"http://localhost:8080/ch03/ShopCart.jsp"表示当用户提交表单后,将调用服务器上的 JSP 页面 ShopCart.jsp 来处理用户的输入。

另外,采用电子邮件地址的格式是 action＝"mailto:接收用户输入信息的邮件地址"。

例如,action＝"mailto:youremail@163.com"表示把用户的输入信息发送到电子邮件地址 youremail@163.com。

（2）method 属性:设置处理程序从表单中获得信息的方式,取值可为 get 或 post。

get 方法将表单中的输入信息作为查询字符串附加在 action 指定的地址后(中间用"?"

隔开)传送到服务器。查询字符串使用 key＝"value"的形式定义,如果有多个域,中间用 &
隔开,如 http://localhost:8080/ch03/ShopCart.jsp?flowerid="0169"&count="16",问号
后面的即为查询字符串。get 方法在浏览器的地址栏中以明文形式显示表单中各个表单域
的值,对数据的长度有限制。

post 方法将表单中用户输入的数据进行包装,按照 HTTP 传输协议中的 post 方式传
送到服务器,且对数据的长度基本没有限制,目前大都采用此方式。

（3）name 属性:设置表单的名字。

（4）onsubmit、onreset 属性:设置在单击了 submit 或 reset 按钮后要执行的脚本函
数名。

（5）target 属性:设置显示表单内容的窗口名。

HTML 对表单的数量没有限制,但一个页面中如果有太多的表单将不易于阅读,因此
需合理设置。

2. 表单域

1）单行输入域

<input>标签用来定义单行输入域,用户可在其中输入单行信息,主要属性如下。

（1）type 属性:设置输入域的类型,取值如表 3-1 所示。

表 3-1　type 属性取值

type 属性取值	输入域类型
<input type＝"text" size＝""maxlength＝"">	单行文本输入区域,size 与 maxlength 属性用来定义此显示区域的尺寸大小与输入的最大字符数
<input type＝"submit">	将表单内容提交给服务器的按钮
<input type＝"reset">	将表单内容全部清除,重新填写的按钮
<input type＝"checkbox" checked>	一个复选框,checked 属性用来设置该复选框默认状态是否被选中
<input type＝"hidden">	隐藏区域,用户不能在其中输入,用来预设某些要传送的信息
<input type＝"image" src＝"url">	使用图像来代替 submit 按钮,图像的源文件名由 src 属性指定,用户单击后,表单中的信息和单击位置的 X、Y 坐标一起传送给服务器
<input type＝"password">	输入密码的区域,当用户输入密码时,区域内将会显示 * 号代替用户输入的内容
<input type＝"radio" checked>	单选按钮,checked 属性用来设置该单选按钮默认状态是否被选中

（2）name 属性:设置输入域的名字。

（3）value 属性:设置输入域的默认值。

（4）align 属性:设置输入域的位置,可取值 left(靠左)、right(靠右)、middle(居中)、top
(靠上)、bottom(靠底)。

（5）onclick 属性:设置按下按钮后执行的脚本函数名。

2）多行输入域

<textarea></textarea>标签对用来定义多行文本输入域,主要属性如下。

（1）name 属性：设置输入域的名字。

（2）rows 属性：设置输入域的行数。

（3）cols 属性：设置输入域的列数。

（4）wrap 属性：设置是否自动换行，属性值可取 off（不自动换行）、hard（自动硬回车换行，换行标记一同被传送到服务器）、soft（自动软回车换行，换行标记不会被传送到服务器）。

3）选择域

<select></select>标签对用来建立一个下拉列表，<option>标签用来定义下拉列表中的一个选项，用户可以从列表中选择一项或多项。

（1）<select></select>标签对的主要属性如下。

① name 属性：设置下拉列表的名字。

② size 属性：设置下拉列表中的选项个数，默认值为 1。

③ multiple 属性：表示下拉列表支持多选。

（2）<option>主要属性如下。

① selected 属性：表示当前选项被默认选中。

② value 属性：设置当前选项的值，在该项被选中之后，该项的值将被送到服务器。

3. 表单按钮

<button></button>标签对用于定义提交表单内容给服务器的按钮，主要属性有 type 和 accesskey。

（1）type 属性：设置按钮类型，属性值可取 button（一般按钮）、reset（复位按钮）、submit（提交按钮）。它们与<input>中同名的属性具有相同的功能。

（2）accesskey 属性：设置按钮热键，即按下 Alt 键的同时按下该属性值所对应的键便可以快速定位到该按钮。

【例 3-9】 表单实例（formTag. html）。

```
<html>
    <head>
        <title>表单实例</title>
        <meta http-equiv="Content-Type" content="text/html; charset=UTF-8">
    </head>
    <body>
        <h3 align ="center" >用户注册</h3>
        <form action ="" method="post">
            <table border="1">
                <tr>
                    <td>用户名：</td>
                    <td><input type ="text" name="userName"></td>
                </tr>
                <tr>
                    <td>密　码：</td>
                    <td><input type ="password" name="userPassword"></td>
                </tr>
```

```
<tr>
    <td>确认密码：</td>
    <td><input type ="password" name="userPassword1"></td>
</tr>
<tr>
    <td>密码提示问题：</td>
    <td><input type="text" name="passwordHint"></td>
</tr>
<tr>
    <td>真实姓名：</td>
    <td><input type="text" name="name"></td>
</tr>
<tr>
    <td>性    别：</td>
    <td>
        <input type ="radio" name ="sex" value="男">男
        <input type ="radio" name ="sex1" value="女">女
    </td>
</tr>
<tr>
    <td>出生日期：</td>
    <td>
        <select name="select" size="1">
            <option selected>1988</option>
            <option>1989</option>
            <option>1990</option>
            <option>1991</option>
            <option>1992</option>
            <option>1993</option>
            <option>1994</option>
            <option>1995</option>
            <option>1996</option>
        </select>
        年<select name="select" size="1">
            <option selected>1</option>
            <option>2</option>
            <option>3</option>
            <option>4</option>
            <option>5</option>
            <option>6</option>
            <option>7</option>
            <option>8</option>
            <option>9</option>
            <option>10</option>
            <option>11</option>
```

```
                <option>12</option>
            </select>
        </td>
    </tr>
    <tr>
        <td>证件类型：</td>
        <td>
            <select name="select">
                <option value="sfz" selected>身份证
                <option value="jgz">军官证
            </select>
        </td>
    </tr>
    <tr>
        <td>证件号码：</td>
        <td><input type ="text" name="userID"></td>
    </tr>
    <tr>
        <td><input type= "submit" name="submit"value="提交"></td>
        <td><input type ="reset" name="reset" value ="取消"></td>
    </tr>
</table>
        </form>
    </body>
</html>
```

运行效果如图 3-9 所示。

图 3-9　表单实例运行效果

3.2.5　框架标签

在进行网站整体结构布局时,框架也是经常被使用的一种标签,主要用来分割窗口和插入浮动窗口,使同一个浏览器窗口同时显示多个网页,如果能有效地运用将有助于提高网页的浏览效率。

1. 框架结构文件格式

框架将浏览器窗口分成多个子窗口,每个子窗口可以单独显示一个 HTML 文档,各个子窗口也可以相关联地显示某一个内容,如可以将目录放在一个子窗口,而将文件内容显示在另一个子窗口。框架结构文件格式如下:

```html
<html>
    <head>
        <title>…</title>
    </head>
    <frameset>
        <frame src="url">
         ⋮
        <frameset>
            <frame src="url">
             ⋮
        </frameset>
        <noframes>
        </noframes>
    </frameset>
</html>
```

2. 框架结构基本标签

1)＜frameset＞＜/frameset＞

该标签对用来定义一个框架结构容器,即用来定义网页被分割成几个子窗口,各个子窗口是如何排列的。可以嵌套在其他＜frameset＞＜/frameset＞标签对中实现网页多重框架结构。＜frameset＞常用属性包括如下。

(1) rows:在垂直方向将浏览器窗口分割成多个子窗口,即浏览器中所有子窗口从上到下排列,同时设置每个子窗口所占的高度。该属性值可以是百分数(子窗口高度相对页面高度的相对值)、整数(绝对像素值)或星号(＊),其中星号代表那些未说明高度的空间,如果同一个属性中出现多个星号则将剩下的未被说明高度的空间平均分配。各个子窗口高度之间用逗号分隔。

(2) cols:在水平方向将浏览器窗口分割成多个子窗口,即浏览器中所有子窗口从左到右排列,同时设置每个子窗口所占的宽度。该属性取值方式与 rows 一致。

例如:

<frameset rows="＊,＊,＊">	在浏览器窗口垂直方向有三个子窗口,每个子窗口的高度占整个浏览器窗口高度的 1/3
<frameset cols="40%,＊,＊">	在浏览器窗口水平方向有三个子窗口,第一个子窗口宽度占整个浏览器窗口宽度的 40%,剩下的空间平均分配给另外两个子窗口
<frameset rows="40%,＊" cols="50%,＊,200">	总共有六个子窗口,先在第一行中从左到右排列三个子窗口,然后在第二行中从左到右再排列三个子窗口,即两行三列

rows 属性说明框架横向分割的情况,cols 属性说明框架纵向分割的情况,所以,使用 <frameset></frameset>标签对时,rows 和 cols 这两个属性必须至少选择一个,否则浏览器只显示一个子窗口,即一个网页内容,<frameset></frameset>标签对也就没有起到任何作用。

（3）border：设置子窗口边框宽度。

（4）frameborder：设置子窗口是否显示边框。

（5）onload：设置框架被载入时引发的事件。

（6）onunload：设置框架被卸载时引发的事件。

2）<frame>

<frame>标签放在<frameset></frameset>之间,用来定义框架结构中某一个具体的子窗口。常用属性如下。

（1）src：设置该子窗口中将要显示的 HTML 文件地址,取值可以是 URL 地址,也可以是相对路径或绝对路径。

（2）name：设置子窗口的名字。

（3）scrolling：指定子窗口是否显示滚动条,取值可以是 yes（显示）、no（不显示）或 auto（根据窗口内容自动决定是否显示滚动条）。

（4）noresize：指定窗口不能调整大小,该属性直接加入标签中即可使用,不需赋值。

src 和 name 这两个属性必须赋值。

3）

该标签对中的内容显示在不支持框架的浏览器窗口中。标签中的内容可以是浏览器太旧,无法显示 Frame 功能的提示性语句,也可以是没有 Frame 语法的普通版本的 HTML 文档。这样,不支持 Frame 功能的浏览器,便会自动显示没有 Frame 语法的网页。

3. target 属性

在框架结构子窗口的 HTML 文档中如果含有超链接,当用户单击该链接时,目标网页显示的位置由 target 属性指定,若没有指定则在当前子窗口打开。target 属性常用格式如下：

<a href="目标网页地址" target="显示目标网页的子窗口名字">超链接文字</a>

如框架中定义了一个子窗口 main,在 main 中显示 jc.htm 网页,则代码为

<frame src="jc.htm" name="main">

若 jc.htm 中有一个超链接,在单击该链接后,网页 new.htm 将要显示在名为 main 的

子窗口中，则代码为

```
<a href="new.htm" target="main">需要链接的文本</a>
```

【例 3-10】 框架实例（framesetTag.html）。

```
<html>
    <head>
        <title>框架实例</title>
        <meta http-equiv="Content-Type" content="text/html; charset=UTF-8">
    </head>
    <frameset cols="70%,*" frameborder="yes" border="10">
        <frameset rows="60%,*" frameborder="yes">
            <frame src="top.html" name="top" scrolling="auto" noresize>
            <frame src="bottom.html" name="bottom" scrolling="no" noresize>
        </frameset>
        <frame src="right.html" name="right" scrolling="no" noresize>
        <noframes>
            对不起,您的浏览器版本太低!
        </noframes>
    </frameset>
</html>
```

【例 3-11】 top.html 页面代码。

```
<html>
    <head>
        <title>top 页面</title>
        <meta http-equiv="Content-Type" content="text/html; charset=UTF-8">
    </head>
    <body>
        <h1>该子窗口是 top 页面部分!</h1>
    </body>
</html>
```

【例 3-12】 bottom.html 页面代码。

```
<html>
    <head>
        <title>bottom 页面</title>
        <meta http-equiv="Content-Type" content="text/html; charset=UTF-8">
    </head>
    <body>
        <h1>该子窗口是 bottom 页面部分!</h1>
    </body>
</html>
```

【例 3-13】 right.html 页面代码。

```
<html>
    <head>
        <title>right 页面</title>
```

```
        <meta http-equiv="Content-Type" content="text/html; charset=UTF-8">
    </head>
    <body>
        <h1>该子窗口是 right 页面部分！</h1>
    </body>
</html>
```

运行效果如图 3-10 所示。

图 3-10　框架实例运行效果

3.3　CSS 基础知识

任何 Web 网站的开发通常都包含两方面内容，即站点的外观设计和站点的功能实现，而成功的网站应该在这两方面保持平衡，既设计美观，又方便实用。站点的外观设计包括页面和控件的外观样式、背景色、前景色、字体、网页布局等，如果通过 HTML 的各种标签及其属性实现满足要求的外观，编码实在是太复杂、太臃肿，而 CSS 可以助你一臂之力。

级联样式表（Cascading Style Sheets，CSS）是一种设计网页样式的工具，借助 CSS 的强大功能，网页将在你丰富的想象力下千变万化。

CSS 是 W3C 为了弥补 HTML 在显示属性设定上的不足而制定的一套扩展样式标准，其重新定义了 HTML 中的文字显示样式，并增加了一些新的概念，如类、层等，可以实现文字重叠、定位等。CSS 还允许将样式定义单独存储在样式文件中，将显示的内容和显示的样式定义分离，使在保持 HTML 简单明了的初衷的同时能够对页面的布局施加更多的控制，避免代码的冗余，使网页体积更小，下载更快。另外，也可以将多个网页链接到同一个样式文件，从而为整个网站提供一个统一、通用的外观，并且也使多个具有相同样式表的网页可以简单快速地同时更新。

3.3.1　CSS 样式表定义

在网页制作过程中，定义样式表的方法主要有下面三种。

1. 通过 HTML 标签定义样式表

CSS 样式表的基本语法如下：

引用样式的对象｛标签属性：属性值；标签属性：属性值；标签属性：属性值；…｝

（1）引用样式的对象：指的是需要引用该样式的 HTML 标签，可以是一个或多个标签（各个标签之间用逗号分开），需要注意的是，这里使用的是去掉尖括号的标签名。例如，p、table 等，而不是＜p＞、＜table＞。

（2）标签属性：属性值——这是一一对应的，每个属性与属性值对之间用分号隔开。要说明的是，CSS 的属性设置与脚本语言中的属性设置有一点不同，即属性名称的写法不同。在 CSS 中，凡属性名为两个或两个以上的单词构成时，单词之间以"-"隔开，如背景颜色属性 background-color。

例如，"＜h1＞＜/h1＞标签和＜h2＞＜/h2＞标签内的文本居中显示，并采用蓝色字体"的样式表为

```
h1,h2{text-align:center;color:blue}
```

2. 使用 id 定义样式表

在 HTML 页面中 id 选择符用来对某个单一元素定义单独的样式，定义 id 选择符要在 id 名称前加上一个♯号。使用 id 定义样式表的基本语法如下：

```
#id 名称{标签属性:属性值;标签属性:属性值;标签属性:属性值;… }
```

使用时只需将要用该样式的网页内容前加一个 id＝"id 名称"。
例如：

```
#sample{font-family:宋体;font-size:60pt}
<p id=sample>段落文本</p>
```

这样就可以使＜p＞＜/p＞标签对内的文本以 sample 样式显示。

3. 使用 class 定义样式表

若要为同一元素创建不同的样式或为不同元素创建相同的样式，可以使用 CSS 类。CSS 类有两种定义格式，定义时，在自定义类的名称前面加一个点号。

1）标签名.类名{标签属性:属性值;标签属性:属性值;标签属性:属性值;… }
这种格式的类指明所定义的样式只能用在类名前所指定的标签上。
例如：

```
h1.center{text-align:center}
```

该 center 类的样式只能用在＜h1＞标签上。
2）.类名{标签属性:属性值;标签属性:属性值;标签属性:属性值;… }
这种格式的类使所有 class 属性值为该类名的标签都遵循该类所定义的样式。
例如：

```
.text {font-family:宋体;color: red;}
<p class ="text">段落文本</p>
```

<p></p>标签对使用 text 类使标签中的文本字体为宋体,颜色为红色。

3.3.2　HTML 中加入 CSS 的方法

在 HTML 中加入 CSS 的方法主要有三种:嵌入式样式表、内联式样式表、外联式样式表。三种方法各有妙用,主要的区别在于它们规定风格的使用范围不同,下面分别对三种方法做简单介绍。

1. 嵌入式样式表

嵌入式样式表很简单,只要在需要应用样式的 HTML 标签上添加 CSS 属性就可以了,这种方法主要用于对具体的标签做具体的样式设置,其作用范围只限于本标签。

例如:

```
<p style="color:red;font-size:10pt">使用嵌入式样式表</p>
```

这个样式表只是让当前的<p></p>标签对中的文字为红色,字体大小为 10pt。

2. 内联式样式表

内联式样式表利用<style></style>标签对将样式表定义在 HTML 文档的<head></head>标签对之间,内联式样式表的作用范围是本 HTML 文档。

【**例 3-14**】　内联式样式表实例(style1.html)。

```
<html>
    <head>
        <title>内联式样式表实例</title>
        <meta http-equiv="Content-Type" content="text/html; charset=UTF-8">
        <style type="text/css">
        <!--
            p{font-family:宋体;font-size:9pt;color:blue;text-decoration: underline}
            h2{font-family:宋体;font-size:13pt;color:red}
        -->
        </style>
    </head>
    <body>
        <h2>内联式样式表,本标题字体大小为 13 磅,字体颜色为红色</h2>
        <p>本段文字字体大小为 9 磅,颜色为蓝色</p>
    </body>
</html>
```

运行效果如图 3-11 所示。

(1)<style></style>用来说明其标签中的代码用于定义样式表。

(2)<style>标签的 type 属性用于指明样式的类别,默认值为 text/css,允许不支持 CSS 的浏览器忽略样式表。

(3)<!――和――>是注释标签。

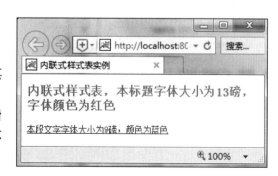

图 3-11　内联式样式表实例运行效果

3. 外联式样式表

外联式样式表是将定义好的 CSS 单独放到一个以 css 为扩展名的纯文本文件中，再使用<link>标签链接到网页中。

这种方法的最大好处是，定义一个样式可以用到大量网页中，从而使整个站点风格保持一致，避免重复的 CSS 属性设置。另外，当遇上站点改版或某些重大调整要对风格进行修改时，可直接修改 CSS 文件，而不用打开每个网页进行修改。

【例 3-15】 外联式样式表实例。

（1）创建样式表 StyleSheet.css。

StyleSheet.css 代码如下：

```
p {
    background-color:yellow;color:blue;font-style: italic
}
.text {
    font-family: 宋体;font-size: 20pt;text-decoration:underline
}
```

（2）在网页上引用样式表（style2.html）。

```
<html>
    <head>
        <title>外联式样式表实例</title>
        <meta http-equiv="Content-Type" content="text/html; charset=UTF-8">
        <link href="StyleSheet.css" rel="stylesheet" type="text/css" />
    </head>
    <body>
        <h1 class ="text">本标题文字字体大小为 20 磅,有下画线</h1>
        <p>本段文字背景颜色为黄色,字体颜色为蓝色,斜体</p>
    </body>
</html>
```

运行效果如图 3-12 所示。

（1）<link>标签中的 rel="stylesheet" 指明此处链接的元素是一个样式表，该值一般不需要改动。

（2）<link>标签中的 href 属性用来设置需要链接的样式表文件地址。

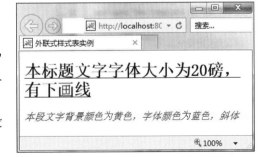

图 3-12　外联式样式表实例运行效果

3.3.3　CSS 的优先级

CSS 是级联样式表，级联是指继承性，即在标签中嵌套的标签继承外层标签的样式。级联的优先级顺序是嵌入式样式表（优先级最高）、内联式样式表、外联式样式表、浏览器默认（优先级最低）。当样式表继承遇到冲突时，总是以最后定义的样式为准。

例如：

```
<div style="color:blue;font-size:20pt">
    <p style="font-size:25pt ">段落文本</p>
</div>
```

因为<p></p>标签对嵌套在<div></div>标签对之间,所以,<p></p>标签对中的文本内容样式将继承<div>样式设置,文字颜色是蓝色。又 font-size 属性值继承后发生冲突,所以,以最后定义的<p>属性值为准,字体大小为 25pt。

3.3.4　CSS 基本属性

从 CSS 定义的基本语法可以看出,属性是 CSS 非常重要的部分,熟练掌握各种属性将会使页面编辑更加得心应手,下面介绍几种主要的属性。

1. 字体属性

基本字体属性简介如表 3-2 所示。

表 3-2　字体属性简介

属性名	属性含义	属 性 值
font-family	字体名称	任意字体名称
font-style	字体风格	normal(普通,默认值)、italic(斜体)、oblique(倾斜)
font-variant	字体变形	normal(普通,默认值)、small-caps(小型大写字母)
font-weight	字体加粗	normal(普通,默认值)、bold(一般加粗)、bolder(重加粗)、lighter(轻加粗)、100、…、400(普通)、…、900(重加粗)
font-size	字体大小	绝对大小:xx-small、x-small、small、medium(默认值)、large、x-large、xx-large 相对大小:larger、smaller 长度:单位为 pt(点数),例如 15pt 百分比:嵌套标签内文本字体的大小相对于外层标签内文本字体的大小的值。例如,200%表示嵌套标签内文本字体大小是外层标签内文本字体大小的 2 倍
font	字体属性的略写	[字体风格‖字体变形‖字体加粗] 字体大小 [/行高] 字体名称 例如,font: italic bold 12pt/14pt Times, serif 指定为 bold(粗体)和 italic(斜体),Times 或 serif 字体,大小为 12pt,行高为 14pt

例如:

- h2 { font-family: helvetica,impact,sans-serif }

Web 浏览器阐释样式表的规则:首先在列表中寻找字体的名称(helvetica),如果在该计算机中安装了这种字体,就使用它;如果没有安装,则移向下一种字体(impact);如果这种字体也没有安装,则移向第三种字体(sans-serif)。

- h1 { font-style: oblique }
- span { font-variant: small-caps }

当文字中所有字母都是大写的时候,小型大写字母(值)会显示比小写字母稍大的大写字符。

- p{ font-weight: 800 }
- h3 { font-size: large }
  h4{ font-size: 12pt }
  h5{ font-size: 90%}
  h6{ font-size: larger }

2. 颜色和背景属性

颜色和背景属性简介如表 3-3 所示。

表 3-3　颜色和背景属性简介

属性名	属性含义	属 性 值
color	前景色	颜色名称：aqua、black、blue、fuchsia、gray、green、lime、maroon、navy、olive、purple、red、silver、teal、white、yellow RGB 值：R 代表红色，G 代表绿色，B 代表蓝色；数值范围从 0 到 255，例如，rgb(51,204,0) 十六进制值：以♯开头，例如，♯336699
background-color	背景色	颜色名称、RGB 值、十六进制值同 color 属性
background-image	背景图案	none：不用图形作为背景 url：提供图形文件的 URL 地址
background-repeat	背景图片是否重复排列	repeat：垂直和水平重复，默认值 repeat-x：水平重复 repeat-y：垂直重复 no-repeat：不重复
background-attachment	背景图片是否滚动	scroll：元素背景图片随元素一起滚动 fixed：背景图片固定
background-position	背景图片位置	top、left、right、bottom、center 等
background	背景属性略写	［background-color］‖［background-image］‖［background-repeat］‖［background-attacement］‖［background-position］

例如：

- b { color: #333399 }
  b { color: rgb(51,204,0) }
  b { color: blue }
- b{ background-image: url(background.gif) }
  p{background-repeat: no-repeat; background-image: url(http://www.zzuli.com/images/bg.gif) }
  p{background: url(sample.jpg)no-repeat}

3. 文本属性

文本属性简介如表 3-4 所示。

例如：

p{letter-spacing:1em; text-align: justify; text-indent:4em; line-height:17pt}

该 CSS 样式设置字间距为 1em，文本水平对齐方式为两端对齐，文本首行缩进为 4em，行高为 17pt。

表 3-4 文本属性简介

属 性 名	属 性 含 义	属 性 值
letter-spacing	字母之间的间距	normal：正常间距 长度：设置字间距长度,正值表示加上父元素中继承的正常长度,负值则减去正常长度。在数字后指定度量单位 mm、cm、in、pt(点数)、px(像素)、pc、ex(小写字母 x 的高度)、em(大写字母 M 的宽度)
word-spacing	单词之间的间距	normal：正常间距 长度：如果长度为正,则加上从父元素继承的正常长度;如果长度是负值,则减去
text-decoration	文字的装饰样式	none：无文本修饰,默认设置 underline：下画线 overline：上画线 line-through：删除 blink：闪烁
vertical-align	文本垂直方向对齐方式	baseline：对准两个元素的小写字母基准线 sub：下标 super：上标 top：顶部对齐 text-top：字母顶对齐 middle：中线对齐 bottom：底线对齐 text-bottom：字母底线对齐 百分比：将线上元素基准线在父元素基准线基础上升降一定的百分比,和元素的 line-height 属性组合使用
text-transform	文本转换方式	none：不改变文本的大写小写 capitalize：元素中每个单词的第一个字母用大写 uppercase：将所有文本设置为大写 lowercase：将所有文本设置为小写
text-align	文本水平对齐方式	left：左对齐 right：右对齐 center：居中 justify：两端对齐
text-indent	文本首行缩进方式	长度：设置首行缩进尺寸为指定度量单位 百分比：以行长的百分比设置首行缩进量
line-height	文本的行高	normal：正常高度,通常为字体尺寸的 1～1.2 倍,默认设置 数字：设置元素中每行文本行高为字体尺寸乘以这个数字。例如,字体尺寸为 10pt,设置 line-height 为 2,则行高为 20pt 长度：用标准度量单位设置间距 百分比：用相对字体尺寸的百分比设置间距

4. 分级属性

通过 CSS 提供的分级属性,人们能实现"项目符号和编号"功能,表 3-5 对分级属性进行了简单介绍。

表 3-5　分级属性

属　性　名	属性含义	属　性　值
display	是否显示	block：在元素的前和后都会有换行，默认值 inline：在元素的前和后都不会有换行 list-item：与 block 相同，但增加了目录项标记 none：没有显示
white-space	处理空白方式	normal：将多个空格折叠成一个，默认值 pre：不折叠空格 nowrap：不允许换行，除非遇到＜br＞标记
list-style-type	项目编号类型	disc(默认值)、circle、square、decimal、lower-roman、upper-roman、lower-alpha、upper-alpha、none
list-style-image	列表项前的图案	url：图片 URL 地址 none：默认值
list-style-position	列表项第二行起始位置	inside：内部，第二行不缩进，默认值 outside：外部
list-style	分级属性略写	[项目编号类型]‖[列表项第二行起始位置]‖[列表项前图案]

例如：

- p{display: block; white-space: normal}
- ol { list-style-type: upper-alpha }

  项目编号为 A B C D E …

  ol { list-style-type: decimal }

  项目编号为 1 2 3 4 5 …

  ol { list-style-type: lower-roman }

  项目编号为 i ii iii iv v …

- ul.check { list-style-image: url(sample.gif) }
- li.square { list-style: square inside }

5. 鼠标属性

通过改变 cursor 属性，可以使鼠标移动到不同的元素对象上时显示不同的形状，例如，若链接目标为帮助文件，则可以使用帮助形式的鼠标；若想告诉用户网页哪里可以单击，那么只要在页面上特定的位置让鼠标变成手形，用户就会辨认出页面上的活动区域。cursor属性值及其含义如表 3-6 所示。

表 3-6　cursor 属性值及其含义

属　性　值	含　　义
auto	鼠标按照默认的状态根据页面上的元素自行改变样式
crosshair	精确定位"十"字
default	默认指针

续表

属 性 值	含 义
hand	手形
move	移动
e-resize	箭头朝右方
ne-resize	箭头朝右上方
nw-resize	箭头朝左上方
n-resize	箭头朝上方
se-resize	箭头朝右下方
sw-resize	箭头朝左下方
s-resize	箭头朝下方
w-resize	箭头朝左方
text	文本 I 形
wait	等待
help	帮助

例如：

- `<span style="cursor:wait">等待</span>`

  设置鼠标属性为"等待"。

- `<span style="cursor:help">帮助</span>`

  设置鼠标属性为"帮助"。

3.4　项 目 实 训

3.4.1　项目描述

本项目实现一个会员管理系统，系统有一个登录页面 login.html，代码如例 3-16 所示。登录页面上有一个超链接可以链接到会员注册页面 register.html，代码如例 3-17 所示。系统登录后转到系统主页面 main.html，代码如例 3-18 所示。主页面分为 3 个子窗口，3 个子窗口分别对应 top.html、left.html 和 bottom.html，代码分别如例 3-19、例 3-20 和例 3-21 所示。在窗口中的 left.html 页面上可以实现查询会员信息、修改会员信息和删除会员信息，使用的静态页面分别是 lookMember.html、updateMember.html 和 deleteMember.html，代码如例 3-22、例 3-23 和例 3-24 所示。项目的文件结构如图 3-13 所示。本项目分别使用 NetBeans 和 Eclipse 开发。

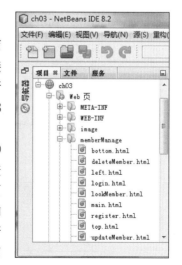

图 3-13　项目的文件结构

3.4.2 学习目标

本实训的主要学习目标是通过项目综合运用本章的知识点来巩固本章所学理论知识,并能为第 4 章的案例开发奠定基础。

3.4.3 项目需求说明

本项目通过静态页面设计一个会员管理系统,会员能够注册、登录并查询会员信息、修改会员信息和删除会员信息。

3.4.4 项目实现

登录页面(login.html)运行效果如图 3-14 所示。

图 3-14　系统登录页面

【例 3-16】　登录页面(login.html)。

```html
<html>
    <head>
        <title>会员管理系统</title>
        <meta http-equiv="Content-Type" content="text/html; charset=UTF-8">
    </head>
    <body bgcolor="CCCFFF">
        <div align="center">
            <h2>会员管理系统</h2>
            <form action="../memberManage/main.html" method="post">
                <table border="2" bgcolor="#95BDFF">
                    <tr>
                        <td>会员名称:</td>
                        <td><input type="text" name="userName" size="16"/></td>
                    </tr>
                    <tr>
                        <td>会员密码:</td>
                        <td>
                            <input type="password" name="password" size="18"/>
                        </td>
```

```
        </tr>
        <tr>
            <td align="center">
                <input type="submit" value="登　录">
            </td>
            <td align="center"><input type="reset" value="清　除"></td>
        </tr>
        <tr>
            <td colspan="2" align="center">
                <a href="../memberManage/register.html">注册</a>
            </td>
        </tr>
    </table>
    </form>
    </div>
    </body>
</html>
```

单击图 3-14 所示页面中的超链接"注册",将出现如图 3-15 所示的会员注册页面。单击图 3-15 中的"提交"按钮页面跳转到登录页面。

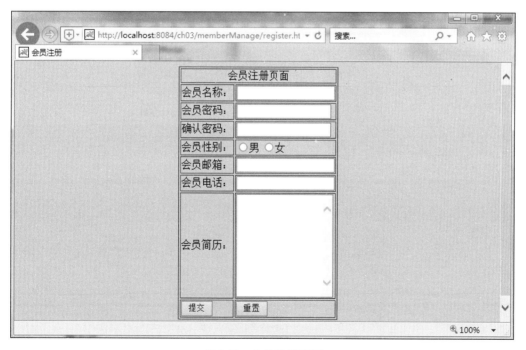

图 3-15　会员注册页面

【例 3-17】　会员注册页面(register. html)。

```
<html>
    <head>
        <title>会员注册</title>
```

```
        <meta http-equiv="Content-Type" content="text/html; charset=UTF-8">
</head>
<body bgcolor="CCCFFF">
    <form action="../memberManage/login.html" method="post">
        <table border="1" align="center">
            <tr>
                <td colspan="2" align="center">会员注册页面</td>
            </tr>
            <tr>
                <td>会员名称：</td>
                <td><input type="text" name="memberName"/></td>
            </tr>
            <tr>
                <td>会员密码：</td>
                <td><input type="password" name="password1"/></td>
            </tr>
            <tr>
                <td>确认密码：</td>
                <td><input type="password" name="password2"/></td>
            </tr>
            <tr>
                <td>会员性别：</td>
                <td>
                    <input type="radio" name="radiobutton"/>男
                    <input type="radio" name="radiobutton" />女
                </td>
            </tr>
            <tr>
                <td>会员邮箱：</td>
                <td><input type="text" name="email" /></td>
            </tr>
            <tr>
                <td >会员电话：</td>
                <td><input type="text" name="memberTel"/></td>
            </tr>
            <tr>
                <td >会员简历：</td>
                <td><textarea rows="10" cols="16"></textarea></td>
            </tr>
            <tr>
                <td><input type="submit" value="提交"/></td>
                <td><input type="reset" value="重置"/></td>
            </tr>
        </table>
    </form>
```

```
    </body>
</html>
```

单击图 3-14 所示页面中的"登录"按钮将跳转到会员管理系统主页面,如图 3-16 所示。

图 3-16　会员管理系统主页面

【**例 3-18**】　系统主页面(main. html)。

```
<html>
    <head>
        <title>会员管理系统</title>
        <meta http-equiv="Content-Type" content="text/html; charset=UTF-8">
    </head>
    <frameset rows="60, *">
        <frame src="../memberManage/top.html" scrolling="no">
        <frameset cols="120, *">
            <frame src="../memberManage/left.html" scrolling="no">
            <frame src="../memberManage/bottom.html" name="main" scrolling="no">
        </frameset>
    </frameset>
</html>
```

【**例 3-19**】　top. html 页面。

```
<html>
    <head>
        <title></title>
        <meta http-equiv="Content-Type" content="text/html; charset=UTF-8">
    </head>
    <body bgcolor="CCCFFF">
        <center>
            <h1>会员管理系统</h1>
        </center>
```

```
    </body>
</html>
```

【例 3-20】 left. html 页面。

```
<html>
    <head>
        <title></title>
        <meta http-equiv="Content-Type" content="text/html; charset=UTF-8">
    </head>
    <body bgcolor="CCCFFF">
        <br>
        <p>
            <a href="../memberManage/lookMember.html" target="main">
                查询会员信息
            </a>
        </p>
        <br>
        <p>
            <a href="../memberManage/updateMember.html" target="main">
                修改会员信息
            </a>
        </p>
        <br>
        <p>
            <a href="../memberManage/deleteMember.html" target="main">
                删除会员信息
            </a>
        </p>
    </body>
</html>
```

【例 3-21】 bottom. html 页面。

```
<html>
    <head>
        <title></title>
        <meta http-equiv="Content-Type" content="text/html; charset=UTF-8">
    </head>
    <body bgcolor="CCCFFF">
    </body>
</html>
```

单击图 3-16 所示页面中的"查询会员信息",将出现如图 3-17 所示的页面,对应的超链接页面文件是 lookMember. html。

【例 3-22】 查询会员信息(lookMember. html)。

```
<html>
    <head>
```

图 3-17　查询会员信息

```
    <title>查询会员信息</title>
    <meta http-equiv="Content-Type" content="text/html; charset=UTF-8">
</head>
<body bgcolor="CCCFFF">
    <div align="center">
        <table border="2">
            <tr align="center">
                <th colspan="5">会员信息</th>
            </tr>
            <tr align="center">
                <th>会员名称</th>
                <th>会员性别</th>
                <th>会员邮箱</th>
                <th>会员电话</th>
                <th>会员简历</th>
            </tr>
            <tr align="center">
                <td>无问西东</td>
                <td>男</td>
                <td>10066@qq.com</td>
                <td>13678901234</td>
                <td>本科学历</td>
            </tr>
            <tr align="center">
                <td>小鸟依人</td>
                <td>女</td>
                <td>6613@qq.com</td>
                <td>15917171717</td>
                <td>硕士学历</td>
            </tr>
        </table>
```

```
        </div>
    </body>
</html>
```

单击图 3-17 所示页面中的"修改会员信息",将出现如图 3-18 所示的页面,对应的超链接页面文件是 updateMember. html。单击图 3-18 所示页面中的"修改"按钮将跳转到查询会员信息页面。

图 3-18　修改会员信息

【例 3-23】　修改会员信息(updateMember. html)。

```
<html>
    <head>
        <title>修改会员信息</title>
        <meta http-equiv="Content-Type" content="text/html; charset=UTF-8">
    </head>
    <body bgcolor="CCCFFF">
        <div align="center">
            <form action="../memberManage/lookMember.html" method="post">
                <table border="2" align="center">
                    <tr>
                        <th colspan="2" align="center">输入要修改的会员信息</th>
                    </tr>
                    <tr>
                        <td>会员名称:</td>
                        <td><input type="text" name="memberName"/></td>
                    </tr>
                    <tr>
                        <td>会员密码:</td>
```

```
                    <td><input type="password" name="password"/></td>
                </tr>
                <tr>
                    <td>会员性别：</td>
                    <td>
                        <input type="radio" name="radiobutton"/>男
                        <input type="radio" name="radiobutton" />女
                    </td>
                </tr>
                <tr>
                    <td>会员邮箱：</td>
                    <td><input type="text" name="email" /></td>
                </tr>
                <tr>
                    <td >会员电话：</td>
                    <td><input type="text" name="memberTel"/></td>
                </tr>
                <tr>
                    <td >会员简历：</td>
                    <td><textarea rows="16" cols="22"></textarea></td>
                </tr>
                <tr>
                    <td><input type="submit" value="修改"/></td>
                    <td><input type="reset" value="重置"/></td>
                </tr>
            </table>
        </form>
    </div>
  </body>
</html>
```

单击图 3-18 中的“删除会员信息”，将出现如图 3-19 所示的页面，对应的超链接页面是 deleteMember. html。单击图 3-19 中的“删除”按钮页面将跳转到查询会员信息页面。

图 3-19 删除会员信息

【例 3-24】 删除会员信息(deleteMember. html)。

```html
<html>
    <head>
        <title>删除会员信息</title>
        <meta http-equiv="Content-Type" content="text/html; charset=UTF-8">
    </head>
    <body bgcolor="CCCFFF">
        <div align="center">
            <form action="../memberManage/lookMember.html" method="post">
                <table border="2" align="center">
                    <tr>
                        <th colspan="2" align="center">输入要删除的会员</th>
                    </tr>
                    <tr>
                        <td>会员名称：</td>
                        <td><input type="text" name="memberName"/></td>
                    </tr>
                    <tr>
                        <td><input type="submit" value="删除"/></td>
                        <td><input type="reset" value="取消"/></td>
                    </tr>
                </table>
            </form>
        </div>
    </body>
</html>
```

3.4.5 项目实现过程中注意的问题

在项目实现的过程中除了要注意第 1 章和第 2 章中提到的注意事项外,还需要注意框架之间的嵌套关系,否则有可能出现异常情况。

3.4.6 常见问题及解决方案

1. <frameset>标签之间嵌套关系错误

<frameset>标签之间嵌套关系错误如图 3-20 所示。

图 3-20 <frameset>标签之间嵌套关系错误

解决方案：出现如图 3-20 所示的异常情况时，主要的解决方案是检查＜frameset＞和＜frame＞标签是否使用正确。

2. 使用框架出现空白页面异常

使用框架出现空白页面如图 3-21 所示。

图 3-21　使用框架出现空白页面

解决方案：使用＜frameset＞标签划分窗口时不能把＜frameset＞放在＜body＞中，划分窗口时 HTML 页面不用＜body＞标签，请参考例 3-10 和例 3-18。

3.4.7　拓展与提高

请为会员管理系统添加"修改个人密码"功能，如图 3-22 所示。

图 3-22　修改个人密码

3.5　课 外 阅 读

3.5.1　XHTML 简介

HTML 从出现发展到今天，仍有些缺陷和不足。HTML 的 3 个主要缺点如下。

（1）太简单。不能适应现在越来越多的网络设备和应用的需要，例如手机、PDA、信息家电都不能直接显示 HTML 页面。

（2）不规范。由于 HTML 代码的不规范、臃肿,浏览器需要足够智能和庞大才能够正确显示 HTML 页面。

（3）数据与表现混杂。当页面要改变显示时,就必须重新制作 HTML。

因此,HTML 需要发展才能解决这些问题,于是 W3C 又制定了 XHTML,XHTML 是 HTML 向 XML 过渡的一个桥梁。

可扩展超文本标记语言(eXtensible HyperText Markup Language,XHTML)是一种标记语言,表现方式与超文本标记语言（HTML)类似,不过语法上更加严格。从继承关系上讲,HTML 是一种基于标准通用标记语言(SGML)的应用,是一种非常灵活的标记语言,而 XHTML 则基于可扩展标记语言(XML),XML 是 SGML 的一个子集。HTML 是一种基本的 Web 网页设计语言,XHTML 是一个基于 XML 的标记语言,看起来与 HTML 有些相似,只有一些小的但重要的区别,XHTML 就是一个扮演着类似 HTML 角色的 XML,所以,本质上说,XHTML 是一个过渡技术,结合了部分 XML 的强大功能及大多数 HTML 的简单特性。

2000 年年底,国际 W3C 组织公布发行了 XHTML 1.0 版本。XHTML 1.0 是一种在 HTML 4.0 基础上优化和改进的新语言,目的是基于 XML 应用开发。XHTML 是一种增强了的 HTML,是更严谨、更纯净的 HTML 版本。HTML 语法要求比较松散,这样对网页编写者来说比较方便,但对于机器来说,语言的语法越松散,处理起来就越困难,对于传统的计算机来说,还有能力兼容松散语法,但对于许多其他设备,例如手机,难度就比较大。所以,产生了由 DTD 定义规则、语法要求更加严格的 XHTML。

大部分常见的浏览器都可以正确地解析 XHTML,即使旧一点的浏览器,XHTML 作为 HTML 的一个子集,许多也可以解析。也就是说,几乎所有的网页浏览器在正确解析 HTML 的同时,可兼容 XHTML。当然,从 HTML 完全转移到 XHTML,还需要一个过程。

跟 CSS 结合后,XHTML 发挥了真正的威力;实现样式跟内容分离的同时,又能有机地组合网页代码,在另外的单独文件中,还可以混合各种 XML 应用。

从 HTML 到 XHTML 过渡的变化比较小,主要是为了适应 XML。最大的变化在于文档必须是良构的,所有标签必须闭合,也就是说开始标签要有相应的结束标签。另外,XHTML 中所有的标签必须小写。而按照 HTML 2.0 以来的传统,很多人都是将标签大写,这点两者的差异显著。在 XHTML 中,所有的参数值,包括数字,必须用双引号括起来（而在 HTML 中,引号不是必需的,当内容只是数字、字母及其他允许的特殊字符时,可以不用引号）。所有元素,包括空元素,例如 img、br 等,也都必须闭合,实现的方式是在开始标签末尾加入斜杠。

在使用 XHTML 时需要注意以下几点。

1. 所有的标记都必须要有一个相应的结束标记

以前在 HTML 中,可以写许多单标签,例如,写<li>而不一定写对应的</li>来关闭。但在 XHTML 中这是不合法的。XHTML 要求有严格的结构,所有标签必须关闭。如果是单独不成对的标签,在标签最后加一个"/"来关闭它。

例如:

```
<img src ="image/scenery.jpg" alt="风景" width ="360" height ="200"/>
```

2. 所有标签的元素和属性的名字都必须使用小写

与 HTML 不一样，XHTML 对大小写是敏感的，＜title＞和＜TITLE＞是不同的标签。XHTML 要求所有的标签和属性的名字都必须使用小写。例如，＜BODY＞必须写成＜body＞。大小写夹杂也是不被认可的。

3. 所有的 XML 标记都必须合理嵌套

同样因为 XHTML 要求有严格的结构，所以所有的嵌套都必须按顺序，以前人们这样写的代码：

```
<p><b></p></b>
```

必须修改为

```
<p><b></b></p>
```

就是说，一层一层的嵌套必须是严格对称的。

4. 所有的属性必须用引号("")括起来

在 HTML 中，可以不需要给属性值加引号，但是在 XHTML 中，它们必须被加引号。例如：

```
<img src =image/scenery.jpg alt=风景 width=360 height =200>
```

必须修改为

```
<img src ="image/scenery.jpg" alt="风景" width ="360" height ="200"/>
```

5. 把所有特殊符号用编码表示

任何小于号(＜)不是标签的一部分，都必须被编码为 &lt。

任何大于号(＞)不是标签的一部分，都必须被编码为 &gt。

任何与号(&)不是实体的一部分的，都必须被编码为 &amp。

☞**注意**：*以上字符之间无空格。*

6. 给所有属性赋一个值

XHTML 规定所有属性都必须有一个值，没有值就重复本身。

例如：

```
<input type="checkbox" name="爱好" checked>
```

必须修改为

```
<input type="checkbox" name="爱好" checked="checked"/>
```

7. 不要在注释内容中使用"--"

"--"只能发生在 XHTML 注释的开头和结束，也就是说，在内容中它们不再有效。例如，下面的代码是无效的：

```
<!--这里是注释----------这里是注释-->
```

用等号或者空格替换内部的虚线。

```
<!--这里是注释=======这里是注释-->
```

以上这些规范有的看上去比较奇怪，但这一切都是为了使代码有一个统一、唯一的标准，便于以后的数据再利用。

8. 图片必须有说明文字

每个图片标签都必须有 alt 说明文字。

＜img src＝"image/scenery.jpg" alt＝"风景" title＝"风景" width＝"360" height＝"200"/＞。为了兼容火狐浏览器和 IE 浏览器，对于图片标签，尽量采用 alt 和 title 双标签，单纯的 alt 标签在火狐浏览器下没有图片说明。

3.5.2　XML 简介

可扩展标记语言（eXtensible Markup Language，XML）用于标记电子文件使其成为结构性的标记语言，可以用来标记数据、定义数据类型，是一种允许用户对自己的标记语言进行定义的源语言。XML 提供统一的方法来描述和交换独立于应用程序或供应商的结构化数据。

XML 并非像 HTML 那样，提供了一组事先已经定义好了的标签，而是提供了一个标准，利用这个标准，可以根据实际需要定义自己的新的标记语言，并为这些标记语言规定它特有的一套标签。准确地说，XML 是一种元标记语言，它允许你根据它所提供的规则，制定各种各样的标记语言。这也正是 XML 语言制定之初的目标所在。XML 的最重要之处在于其信息处于文档中，而显示指令在其他位置，即内容和显示是相互对立的。

XML 与 MySQL、Oracle 和 SQL Server 等数据库不同，这些数据库提供了更强有力的数据存储和分析能力，例如，数据排序、查找、修改、删除等；XML 仅仅存储数据。事实上 XML 与其他数据表现形式最大的不同是：它极其简单。这是一个优点，正是这点使 XML 与众不同。

下面通过一个例子来理解 XML，我们定义一个新的标记语言，称为 FCLML（F_companys Client List Markup Language）——F 公司的客户列表标记语言。这个语言应该定义一些标签来代表可联系的客户和有关他们的信息。这组标签很简单，它们的优点是代表了一定的语义。与 HTML 相比，下面这一段代码显然更加清晰易读。

```
<联系人列表>
  <联系人>
      <姓名>张三</姓名>
      <ID>00101</ID>
      <公司>清华大学出版社</公司>
      <email>zhangsan@163.com</email>
      <电话>(010)62345678</电话>
      <地址>清华大学学研大厦 A 座</地址>
      <邮编>100084</邮编>
  </联系人>
  <联系人>
      <姓名>李斯</姓名>
      <ID>00102</ID>
      <公司>清华大学出版社</公司>
```

```
        <email>lisi@163.com</email>
        <电话>(010)62345678</电话>
        <地址>清华大学学研大厦 A 座</地址>
        <邮编>100084</邮编>
    </联系人>
</联系人列表>
```

上面的代码是一个简单的 XML 文件。看上去它和 HTML 非常相似,但这里的标签代表的不再是显示格式,而是对于客户信息数据的语义解释。

XML 与 HTML 的区别:XML 的核心是数据,其重点是数据的内容;而 HTML 被设计用来显示数据,其重点是数据的显示。不是所有的 HTML 标记都需要成对出现,XML 则要求所有的标记必须成对出现;HTML 标记不区分大小写,XML 则大小敏感,即区分大小写。

XML 文档使用的是自描述的和简单的语法,一个 XML 文档最基本的构成包括声明、处理指令(可选)和元素。例如,下面的 book.xml:

```xml
<?xml version="1.0" encoding="UTF-8"?>
<bookstore>
    <book publicationdate="2012 年 1 月" ISBN="978-7-302-27526-8">
        <bookname>Java 程序设计与项目实训教程</bookname>
        <author>张志锋</author>
        <price>43 元</price>
    </book>
    <book publicationdate="2013 年 5 月" ISBN="978-7-302-31945-0">
        <bookname>Web 框架技术 (Struts2+Hibernate+Spring3)教程</bookname>
        <author>张志锋</author>
        <price>59</price>
    </book>
    <book publicationdate="2013 年 5 月" ISBN="978-7-302-31705-0">
        <bookname>Java Web 技术整合应用与项目实战 (JSP+Servlet+Struts2+Hibernate+
                Spring3)教程</bookname>
        <author>张志锋</author>
        <price>98</price>
    </book>
</bookstore>
```

1. 声明

在所有 XML 文档的第一行都有一个 XML 声明。这个声明表示该文档是一个 XML 文档,以及它遵循的是哪个 XML 版本的规范。

2. 注释

```
<!--注释内容-->
```

3. 元素

所有的 XML 元素必须合理包含,且所有的 XML 文档必须有一个根元素。XML 元素的属性以“名字/值”成对出现。

其格式如下：

```
<元素 属性名 1="值 1" …>数据内容</元素>
```

XML 元素的命名规则如下。

（1）元素的名称可以包含字母、数字和其他字符。

（2）元素的名称不能以数字或者标点符号开头。

（3）元素的名称不能以 XML 开头。

（4）元素的名称不能包含空格。

使用 XML 元素以及属性注意事项。

（1）任何起始标签都必须有一个结束标签。

（2）可以采用另一种简化语法在一个标签中同时表示起始和结束标签。这种语法是在大于符号之前紧跟一个斜线（/），例如，＜tag/＞。XML 解析器会将其翻译成＜tag＞＜/tag＞。

（3）标签必须按合适的顺序进行嵌套，所以结束标签必须按镜像顺序匹配起始标签。这好比是将起始和结束标签看作是数学中的左右括号：在没有关闭所有的内部括号之前，是不能关闭外面的括号的。

（4）所有的属性都必须有值。

（5）所有的属性都必须在值的周围加上双引号。

元素是 XML 文档的灵魂，它构成了文档的主要内容。XML 元素是由标记来定义的，表明 XML 的目的是标识文档中的元素。

XML 是将数据和格式分离的。XML 文档本身不知道如何来显示数据，必须有辅助文件来帮助实现。XML 中用来设定显示风格样式的文件类型有如下几种。

1）XSL

XSL 的全称为 eXtensible Stylesheet Language（可扩展样式表语言），是用来设计 XML 文档显示样式的主要文件类型。

XSL 是基于 XML 的语言，用于创建样式表。XSL 创建的样式表能够将 XML 文档转换成其他的文档，例如 HTML 文档，这样就可以在浏览器上显示了。在执行转换之前，首先要创建一个 XSL 样式表，以定义如何进行转换。

2）CSS

CSS 大家很熟悉了，全称是 Cascading Style Sheets（级联样式表），是目前用来在浏览器上显示 XML 文档的主要方法。

3.6　本章小结

本章主要介绍了 HTML 和 CSS，通过本章的学习为第 4 章的案例开发奠定基础。通过本章的学习，应该掌握以下内容。

（1）HTML。

（2）CSS。

3.7　习　　题

3.7.1　选择题

1. 设置网页标题的标签是（　　）。
   A. <html>　　　　B. <head>　　　　C. <title>　　　　D. <body>
2. 以下（　　）标签用来对页面内容进行预定义。
   A. <p>　　　　　B.
　　　　　C. <hr>　　　　　D. <pre>
3. 用来换行的标签是（　　）。
   A. <p>　　　　　B.
　　　　　C. <hr>　　　　　D. <pre>
4. 文字格式标签是（　　）。
   A. <h>　　　　　B. <meta>　　　　C. <font>　　　　D. <table>
5. 用来建立有序列表的标签是（　　）。
   A. <ol></ol>　　B. <ul></ul>　　C. <dl></dl>　　D.
6. 用来插入图片的标签是（　　）。
   A. <img>　　　　B. <image>　　　C. <bgsound>　　D. <table>
7. css 文件的扩展名为（　　）。
   A. doc　　　　　B. text　　　　　C. html　　　　　D. css
8. <input>标签的 type 属性中,提交按钮属性是（　　）。
   A. text　　　　　B. submit　　　　C. reset　　　　　D. password

3.7.2　填空题

1. HTML 文档的扩展名是_____或_____,它们是可供浏览器解释浏览的网页文件格式。
2. 在 HTML 中加入 CSS 的方法主要有_____、_____和_____。
3. HTML 文档分为文档头和_____两部分。
4. 常用的列表分为_____、_____和自定义列表。
5. 表单一般由_____、_____和_____组成。
6. _____是一种能够有效描述信息的组织形式,由行、列和单元格组成。

3.7.3　论述题

1. 论述什么是 HTML,它有什么基本标签。
2. 论述什么是 CSS。
3. 论述 CSS 中定义样式表的几种方式。
4. 论述 HTML 中加入 CSS 的几种方式。

3.7.4　操作题

1. 用 HTML 编写一个本校的校园网站主页面。
2. 用 HTML 编写一个 BBS 论坛主页面。

第 4 章 通信资费管理系统案例

学习目的与要求

本章学习的主要目的是运用前 3 章相关概念与原理,完成通信资费管理系统(Communication Charges Management System,CCMS)的静态页面设计。通过本案例的综合训练,能够在逐步掌握 Java Web 项目开发的流程和页面的设计的基础上,为后面章节学习以及案例开发奠定基础。要求能够通过本案例的开发了解项目开发的基本过程以及熟练运用前 3 章所学知识设计其他系统的页面。

本章主要内容

(1) 案例需求分析。

(2) 案例架构设计。

(3) 案例开发(编程实现)。

4.1 案例需求说明

近年来,通信行业发生了很大变化,包括从固定到移动、从语音到数据、从电路交换到分组交换、从窄带到宽带的变化。通信运营商在市场和政策的双重影响下,正面临着深刻的重组。新技术新业务创造了市场机会,使新运营商不断兴起。旧运营商为了保持原有的市场份额也通过兼并改组等方式不断扩大业务范围,争取为客户提供从传统的市话、长话、移动、智能网(3G)到新兴的数据。用户将来可以在多个运营商提供的多种通信业务中自由选择。

根据业务模型和通信行业的业务需要,该系统的功能模块需求分析设计如下。

1. 登录和注册模块

实现用户登录功能及新用户注册功能。

2. 用户管理模块

实现开通账号、用户账号查询、用户列表功能。其中账号查询可以方便用户的查询,用户可以通过账号查询来获取特定账户的信息。用户列表显示所有用户的基本信息。

3. 资费管理模块

实现资费的查看、添加、修改和删除等功能。

4. 账单管理模块

实现查看账单、查看明细、查询账单功能。可以实现查看账单信息(可参考移动、联通、电信的账单管理模块自行设计)、查看账单明细以及查询某个账单等功能。

5. 账务管理模块

实现月和年账务信息的查询功能以及资费详单功能。

6. 管理员管理模块

实现增加管理员、管理员列表和私人信息功能。增加管理员需要提供的信息有账号、登录密码、重复密码、真实姓名、管理员邮箱、联系电话、登录权限等。其中登录权限包括管理员管理、资费管理、用户管理、账务查询、账单查询。管理员列表包括的信息有账号、姓名、电话、邮箱、开户日期、权限、修改和删除。私人信息包括登录密码、重复密码、真实姓名、管理员邮箱、开通日期、联系电话、登录权限,其中登录权限又包括资费管理、账务查询和管理员管理。

7. 用户自服务管理模块

实现用户自助查询个人账单信息的功能,并允许用户修改自己的个人账户信息以及变更相关业务。

4.2 案例总体结构与构成

案例使用 HTML 来完成静态页面的设计,可以使用 IDE 或直接使用记事本编辑。经需求分析,本项目的总体功能模块架构设计如图 4-1 所示。

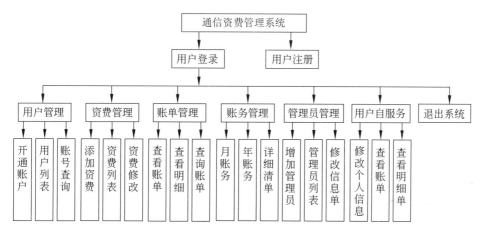

图 4-1 系统的功能模块图

4.3 案例的开发过程

4.3.1 案例的模块划分及其结构

本案例命名为 CCMS,系统的登录页面(login.html)和注册页面(register.html)在 Web 文件夹的根目录中,如图 4-2 所示。

用户管理功能相关的页面在 userManage 文件夹中,该文件夹中的文件用于实现用户管理功能页面的设计。

资费管理功能相关的页面在 pricingManage 文件夹中,该文件夹中的文件用于资费管理功能页面的设计。

账单管理功能相关的页面在 reckonManage 文件夹中,该文件夹中的文件用于对账单管理功能页面的设计。

账务管理功能相关的页面在 accountManage 文件夹中,该文件夹中的文件用于账务管理功能页面的设计。

管理员管理功能相关的页面在 adminManage 文件夹中，该文件夹中的文件用于管理员管理功能页面的设计。

用户自服务功能相关的页面在 userSelf 文件夹中，该文件夹中的文件用于用户自服务功能页面的设计。

4.3.2 案例的登录和注册功能设计与实现

本系统提供登录页面（login.html），如果用户没有注册，需先注册（register.html）后才能登录。登录页面效果如图 4-3 所示，代码如例 4-1 所示。页面实现所需的图片在 image 文件中。

图 4-2 案例模块划分及其文件结构

图 4-3 系统登录页面

【例 4-1】 登录页面（login.html）。

```html
<html>
    <head>
        <title>通信资费管理系统</title>
        <meta http-equiv="Content-Type" content="text/html; charset=UTF-8">
    </head>
    <body background="image/login.jpg">
        <br><br><br><br>
        <br><br><br><br>
        <center>
```

```html
<form action="frame/main.html" method="post">
    <table border="2" bgcolor="CCCFFF" width="300">
        <tr>
            <td height="50">用户账号：</td>
            <td height="50">
                <input type="text" name="userName" size="20"
                    value="请输入账号"/>
            </td>
        </tr>
        <tr>
            <td height="50" >用户密码：</td>
            <td height="50">
                <input type="password" name="userPassword" size="22"
                    value="********"/>
            </td>
        </tr>
        <tr>
            <td align="center" height="50">
                <input type="submit" value="登    录"/>
            </td>
            <td align="center" height="50">
                <input type="reset" value="清    除"/>
            </td>
        </tr>
        <tr>
            <td colspan="2" align="center" bgcolor="#95BDFF"
                height="50">
                通信改变生活！
            </td>
        </tr>
        <tr>
            <td colspan="2" align="center" bgcolor="#95BDFF"
                height="50">
                <a href="register.html">注册</a>
            </td>
        </tr>
    </table>
</form>
</center>
</body>
</html>
```

新用户需先注册。单击图 4-3 所示页面中的"注册"超链接将出现如图 4-4 所示的注册页面（register.html），代码如例 4-2 所示。

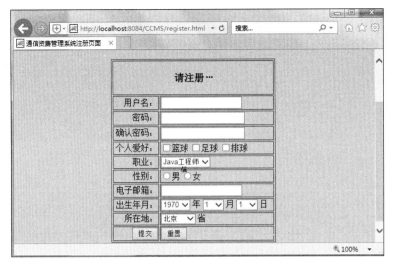

图 4-4　系统注册页面

【例 4-2】　注册页面(register. html)。

```html
<html>
    <head>
        <title>通信资费管理系统注册页面</title>
        <meta http-equiv="Content-Type" content="text/html; charset=UTF-8">
    </head>
    <body bgcolor="CCCFFF">
        <form action="login.html" method="post">
        <br><br><br><br><br><br>
        <table border="1" width="310" align="center">
            <tr>
                <td colspan="2">
                    <h3 align="center">请注册…</h3>
                </td>
            </tr>
            <tr>
                <td align="right">用户名：</td>
                <td><input type="text" name="userName" size="20"/></td>
            </tr>
            <tr>
                <td align="right">密码：</td>
                <td><input type="password" name="userPassword" size="22"/></td>
            </tr>
            <tr>
                <td align="right">确认密码：</td>
                <td><input type="password" name="userPassword1" size="22"/></td>
            </tr>
            <tr>
```

```
    <td align="right">个人爱好：</td>
    <td>
        <input type="checkbox" name="checkbox1"/>篮球
        <input type="checkbox" name="checkbox2"/>足球
        <input type="checkbox" name="checkbox3"/>排球
    </td>
</tr>
<tr>
    <td align="right">职业：</td>
    <td>
        <select name="select" size="1">
            <option value="Java">Java 工程师</option>
            <option value="公务员">公务员</option>
            <option value="学生">学生</option>
            <option value="其他">其他</option>
        </select>
    </td>
</tr>
<tr>
    <td align="right">性别：</td>
    <td>
        <input type="radio" name="radiobutton"/>
        男
        <input type="radio" name="radiobutton"/>
        女
    </td>
</tr>
<tr>
    <td align="right">电子邮箱：</td>
    <td><input type="text" name="email"/></td>
</tr>
<tr>
    <td align="right">出生年月：</td>
    <td>
        <select name="select1">
            <option value="1970">1970</option>
            <option value="1971">1971</option>
            <option value="1972">1972</option>
            <option value="1973">1973</option>
            <option value="1974">1974</option>
            <option value="1975">1975</option>
            <option value="1976">1976</option>
            <option value="1977">1977</option>
            <option value="1978">1978</option>
            <option value="1979">1979</option>
```

```
        <option value="1980">1980</option>
        <option value="1981">1981</option>
        <option value="1982">1982</option>
        <option value="1983">1983</option>
        <option value="1984">1984</option>
        <option value="1985">1985</option>
        <option value="1986">1986</option>
        <option value="1987">1987</option>
        <option value="1988">1988</option>
        <option value="1989">1989</option>
        <option value="1990">1990</option>
        <option value="1991">1991</option>
        <option value="1992">1992</option>
        <option value="1993">1993</option>
        <option value="1994">1994</option>
        <option value="1995">1995</option>
        <option value="1996">1996</option>
        <option value="1997">1997</option>
        <option value="1998">1998</option>
        <option value="1999">1999</option>
        <option value="2000">2000</option>
        <option value="2001">2001</option>
        <option value="2002">2002</option>
        <option value="2003">2003</option>
        <option value="2004">2004</option>
        <option value="2005">2005</option>
        <option value="2006">2006</option>
</select>
年
<select name="select2">
        <option value="1">1</option>
        <option value="2">2</option>
        <option value="3">3</option>
        <option value="4">4</option>
        <option value="5">5</option>
        <option value="6">6</option>
        <option value="7">7</option>
        <option value="8">8</option>
        <option value="9">9</option>
        <option value="10">10</option>
        <option value="11">11</option>
        <option value="12">12</option>
</select>
月
<select name="select3">
```

```
                    <option value="1">1</option>
                    <option value="2">2</option>
                    <option value="3">3</option>
                    <option value="4">4</option>
                    <option value="5">5</option>
                    <option value="6">6</option>
                    <option value="7">7</option>
                    <option value="8">8</option>
                    <option value="9">9</option>
                    <option value="10">10</option>
                    <option value="11">11</option>
                    <option value="12">12</option>
                    <option value="13">13</option>
                    <option value="14">14</option>
                    <option value="15">15</option>
                    <option value="16">16</option>
                    <option value="17">17</option>
                    <option value="18">18</option>
                    <option value="19">19</option>
                    <option value="20">20</option>
                    <option value="21">21</option>
                    <option value="22">22</option>
                    <option value="23">23</option>
                    <option value="24">24</option>
                    <option value="25">25</option>
                    <option value="26">26</option>
                    <option value="27">27</option>
                    <option value="28">28</option>
                    <option value="29">29</option>
                    <option value="30">30</option>
                    <option value="31">31</option>
                </select>
                日
            </td>
        </tr>
        <tr>
            <td align="right">所在地：</td>
            <td>
                <select name="select4" size="1">
                    <option value="1" selected>北京</option>
                    <option value="2">天津</option>
                    <option value="3">河北</option>
                    <option value="4">上海</option>
                    <option value="5">河南</option>
                    <option value="6">吉林</option>
```

```
                              <option value="7">黑龙江</option>
                              <option value="8">内蒙古</option>
                              <option value="9">山东</option>
                              <option value="10">山西</option>
                              <option value="11">陕西</option>
                              <option value="12">甘肃</option>
                              <option value="13">宁夏</option>
                              <option value="14">青海</option>
                              <option value="15">新疆</option>
                              <option value="16">辽宁</option>
                              <option value="17">江苏</option>
                              <option value="18">浙江</option>
                              <option value="19">安徽</option>
                              <option value="20">广东</option>
                              <option value="21">海南</option>
                              <option value="22">广西</option>
                              <option value="23">云南</option>
                              <option value="24">贵州</option>
                              <option value="25">四川</option>
                              <option value="26">重庆</option>
                              <option value="27">西藏</option>
                              <option value="28">香港</option>
                              <option value="29">澳门</option>
                              <option value="30">福建</option>
                              <option value="31">江西</option>
                              <option value="32">湖南</option>
                              <option value="33">湖北</option>
                              <option value="34">台湾</option>
                              <option value="35">其他</option>
                          </select>
                          省
                     </td>
                 </tr>
                 <tr>
                     <td align="right"><input type="submit" value="提交"/></td>
                     <td><input type="reset" value="重置"/></td>
                 </tr>
             </table>
         </form>
     </body>
</html>
```

4.3.3　案例的主页面设计与实现

单击图 4-3 所示页面中的"登录"按钮后进入系统的主页面(main.html)，如图 4-5 所示。实现主页面的 HTML 文件在文件夹 frame 中，该文件夹中有 4 个页面文件：main. html、top. html、center. html、bottom. html，代码分别见例 4-3～例 4-6。其中，main. html 是使用框架设计的，另外 3 个页面是组成该窗口的子窗口页面。页面所需图片在文件夹 image 中。

图 4-5　系统主页面

【例 4-3】　系统主页面(main. html)。

```
<html>
    <head>
        <title>通信资费管理系统</title>
        <meta http-equiv="Content-Type" content="text/html; charset=UTF-8">
    </head>
    <frameset rows="110, * ">
        <frame src="../frame/top.html" name="top" scrolling="no">
        <frameset rows="90, * ">
            <frame src="../frame/center.html" name="center" scrolling="no">
            <frame src="../frame/bottom.html" name="bottom">
        </frameset>
    </frameset>
</html>
```

【例 4-4】　子窗口页面(top. html)。

```
<html>
    <head>
        <title></title>
        <meta http-equiv="Content-Type" content="text/html; charset=UTF-8">
    </head>
    <body background="../image/top.jpg">
```

```
        <br>
        <h1 align="center">欢迎使用通信资费管理系统</h1>
    </body>
</html>
```

top.html 页面运行效果如图 4-6 所示。

图 4-6　top.html 页面运行效果

【例 4-5】　子窗口页面（center.html）。

```
<html>
    <head>
        <title></title>
        <meta http-equiv="Content-Type" content="text/html; charset=UTF-8">
    </head>
    <body bgcolor="#95BDFF">
      <div align="center">
        <table border="1" width="95%">
          <tr>
            <th>
                <a href="../userManage/listUser.html" target="bottom">
                    用户管理
                </a>
            </th>
            <th>
                <a href="../pricingManage/listPricing.html" target="bottom">
                    资费管理
                </a>
            </th>
            <th>
                <a href="../reckonManage/listerBilling.html" target="bottom">
                    账单管理
                </a>
            </th>
            <th>
                <a href="../accountManage/listerAccount.html" target="bottom">
                    账务管理
                </a>
            </th>
            <th>
```

```
            <a href="../adminManage/listManager.html" target="bottom">
                管理员管理
            </a>
        </th>
        <th>
            <a href="../userSelf/userServer.html" target="bottom">
                用户自服务
            </a>
        </th>
        <th><a href="../login.html" target="_parent">退出系统</a></th>
    </tr>
    </table>
    </div>
    </body>
</html>
```

center. html 运行效果如图 4-7 所示。

图 4-7　center. html 运行效果

【例 4-6】　子窗口页面(bottom. html)。

```
<html>
    <head>
        <title></title>
        <meta http-equiv="Content-Type" content="text/html; charset=UTF-8">
    </head>
    <body bgcolor="CCCFFF">
        <center>
            <br><br><br><br>
            <br><br><br><br>
            <img src="../image/login.jpg" height="300" width="500">
            <br><br><br><br>
            <br><br><br><br>
            <p>
                <font size="-1">
                    Copyright  2018. 清华大学出版社
                </font>
            </p>
            <p></p>
        </center>
```

```
    </body>
</html>
```

bottom. html 运行效果如图 4-8 所示。

图 4-8　bottom. html 运行效果

4.3.4　案例的用户管理模块设计与实现

单击图 4-5 所示页面中的"用户管理"可以对用户管理模块进行操作,如图 4-9 所示。实现用户管理页面的文件在文件夹 userManage 中,该文件夹中有 2 个页面文件:listUser. html 和 open. html,代码分别见例 4-7 和例 4-8。从例 4-5 中的代码"＜a href＝"../userManage/listUser. html" target＝"bottom"＞用户管理＜/a＞"可以知道,单击"用户管理"将链接到 listUser. html 页面,即图 4-9 所示页面中的 bottom 部分由 listUser. html 的代码实现。

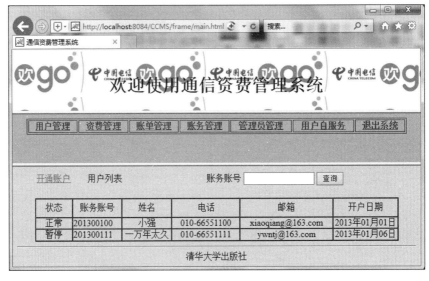

图 4-9　用户列表页面

【例 4-7】 用户列表(listUser. html)。

```html
<html>
    <head>
        <title>用户管理</title>
        <meta http-equiv="Content-Type" content="text/html; charset=UTF-8">
    </head>
    <body bgcolor="#ccddee">
        <div align="center">
            <form name="form1" method="post" action="">
                <table width="91%" border="0" align="center">
                    <tr bgcolor="#ccddee">
                        <td width="14%" height="6">
                            <a href="open.html">开通账户</a>
                        </td>
                        <td>用户列表</td>
                        <td bgcolor="#ccddee">
                            <div align="center">
                                <font color="#000000">账务账号</font>
                                <input name="textfield2" type="text" size="16">
                                <input type="submit" value="查询">
                            </div>
                        </td>
                    </tr>
                </table>
            </form>
            <form action="listUser.html" method="post" name="userform">
                <div align="center">
                    <br/>
                    <table width="91%" border=1 align="center" cellpadding="0"
                        cellspacing="0" bgcolor="#ccddee">
                        <tr align="center">
                            <td width="55" height="31">
                                <div align="center">状态</div>
                            </td>
                            <td width="67">
                                <div align="center">账务账号</div>
                            </td>
                            <td width="73">
                                <div align="center">姓名</div>
                            </td>
                            <td width="101">
                                <div align="center">电话</div>
                            </td>
                            <td width="138">
                                <div align="center">邮箱</div>
                            </td>
                            <td width="96">开户日期</td>
                        </tr>
```

```
            <tr align="center">
                <td height="10">正常</td>
                <td><div align="left">201300100</div></td>
                <td>小强</td>
                <td>010-66551100</td>
                <td>xiaoqiang@163.com</td>
                <td>2013 年 01 月 01 日</td>
            </tr>
            <tr align="center">
                <td height="10">暂停</td>
                <td><div align="left">201300111</div></td>
                <td>一万年太久</td>
                <td>010-66551111</td>
                <td>ywntj@163.com</td>
                <td>2013 年 01 月 06 日</td>
            </tr>
        </table>
    </div>
  </form>
  </div>
  <hr/>
  <center>
        清华大学出版社
  </center>
  </body>
</html>
```

单击图 4-9 所示页面中的"开通账户"将出现如图 4-10 所示的开通账户页面(open.html)，代码见例 4-8。

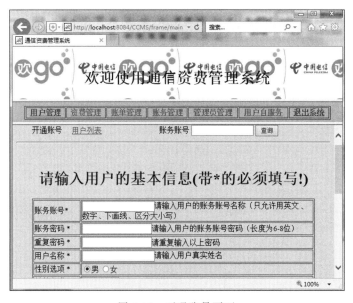

图 4-10　开通账号页面

【例 4-8】　开通账号(open. html)。

```html
<html>
    <head>
        <title>用户管理</title>
        <meta http-equiv="Content-Type" content="text/html; charset=UTF-8">
    </head>
    <body bgcolor="#ccddee">
        <hr size="1">
        <div align="center">
            <form name="form1" method="post" action="listUser.html">
                <table width="91%" border="0" align="center">
                    <tr bgcolor="#ccddee">
                        <td width="14%" height="6">开通账号</td>
                        <td><a href="listUser.html">用户列表</a></td>
                        <td bgcolor="#ccddee">
                            <div align="center">
                                <font color="#000000">账务账号</font>
                                <input name="textfield2" type="text" size="16">
                                <input type="submit" value="查询">
                            </div>
                        </td>
                    </tr>
                </table>
            </form>
            <hr size="1">
            <p align="left"> </p>
            <center>
                <h1>请输入用户的基本信息(带 * 的必须填写!)</h1>
                <form method="post" action="listUser.html">
                    <table width="90%" border="1" bgcolor="ccddee">
                        <tr>
                            <td width="17%">账务账号 * </td>
                            <td width="83%">
                                <input type="text" name="loginName">请输入用户的账
                                    务账号名称(只允许用英文、数字、下画线,区分大小写)
                            </td>
                        </tr>
                        <tr>
                            <td>账务密码 * </td>
                            <td>
                                <input type="password" name="loginPassword">
                                    请输入用户的账务账号密码(长度为 6~8 位)
                            </td>
                        </tr>
                        <tr>
```

```
        <td>重复密码 ＊</td>
        <td>
            <input type="password" name="loginPassword2">
            请重复输入以上密码
        </td>
    </tr>
    <tr>
        <td>用户名称 ＊</td>
        <td>
            <input type="text" name="userName">
            请输入用户真实姓名
        </td>
    </tr>
    <tr>
        <td>性别选项 ＊</td>
        <td>
            <input name="sex" type="radio" value="男"
                checked>男
            <input type="radio" name="sex" value="女">女
        </td>
    </tr>
    <tr>
        <td>付款方式＊</td>
        <td>
            <select name="moneyStyle">
                <option value="0" selected>
                    现金支付
                </option>
                <option value="1">银行转账</option>
                <option value="2">邮局汇款</option>
                <option value="3">其他</option>
            </select>
        </td>
    </tr>
    <tr>
        <td>用户状态＊</td>
        <td>
            <input name="userStatus" type="radio" value="1"
                checked>开通
            <input type="radio" name="userStatus" value="3">
                暂停
        </td>
    </tr>
    <tr>
        <td>电子邮箱＊</td>
```

```
        <td>
            <input type="text" name="userEmail">请输入正确的电
            子邮箱信息,以便我们能及时跟你联系
        </td>
    </tr>
    <tr>
        <td height="56" colspan="2">
            <hr size="1">
            <p align="center">
                以下是选填信息(请尽量填写)
            </p>
        </td>
    </tr>
    <tr>
        <td>省份     </td>
        <td>
            <select name="nationality">
                <option value="1" selected>北京</option>
                <option value="2">天津</option>
                <option value="3">河北</option>
                <option value="4">上海</option>
                <option value="5">河南</option>
                <option value="6">吉林</option>
                <option value="7">黑龙江</option>
                <option value="8">内蒙古</option>
                <option value="9">山东</option>
                <option value="10">山西</option>
                <option value="11">陕西</option>
                <option value="12">甘肃</option>
                <option value="13">宁夏</option>
                <option value="14">青海</option>
                <option value="15">新疆</option>
                <option value="16">辽宁</option>
                <option value="17">江苏</option>
                <option value="18">浙江</option>
                <option value="19">安徽</option>
                <option value="20">广东</option>
                <option value="21">海南</option>
                <option value="22">广西</option>
                <option value="23">云南</option>
                <option value="24">贵州</option>
                <option value="25">四川</option>
                <option value="26">重庆</option>
                <option value="27">西藏</option>
                <option value="28">湖南</option>
```

```html
                    <option value="29">湖北</option>
                    <option value="30">福建</option>
                    <option value="31">江西</option>
                    <option value="32">香港</option>
                    <option value="33">澳门</option>
                    <option value="34">台湾</option>
                </select>
            </td>
        </tr>
        <tr>
            <td>职业</td>
            <td>
                <select name="zy">
                    <option value="1" selected>Java 工程师
                    </option>
                    <option value="2">公务员</option>
                    <option value="3">学生</option>
                    <option value="4">其他</option>
                </select>
            </td>
        </tr>
        <tr>
            <td>联系电话 </td>
            <td>
                <input type="text" name="userPhone">请连续输入用户
                    电话 (例：010-56561122)
            </td>
        </tr>
        <tr>
            <td>公司     </td>
            <td>
                <input type="text" name="company">请输入用户所在单
                    位信息
            </td>
        </tr>
        <tr>
            <td>公司邮箱 </td>
            <td>
                <input type="text" name="mailAddress">请输入用户
                    所在单位邮箱号码
            </td>
        </tr>
        <tr>
            <td>邮政编码 </td>
            <td>
                <input type="text" name="postCode">请输入用户邮政
                    编码
```

```
                    </td>
                </tr>
                <tr>
                    <td></td>
                    <td align="right">   </td>
                </tr>
            </table>
            <p>
                <input type="submit" value="提交">  
                <input type="reset" value="重设">
            </p>
        </form>
    </center>
</div>
<center>
    清华大学出版社
</center>
</body>
</html>
```

4.3.5　案例的资费管理模块设计与实现

单击图 4-10 所示页面中的"资费管理"可以对资费管理模块进行操作,如图 4-11 所示。实现资费管理的页面文件在文件夹 pricingManage 中,该文件夹中有 3 个页面文件:listPricing. html、addPricing. html 和 pricingmes. html,代码分别见例 4-9~例 4-11。从例 4-5 中的代码"＜a href=".../pricingManage/listPricing. html" target＝"bottom"＞资费管理＜/a＞"可以知道,单击"资费管理"将链接到 listPricing. html 页面,即图 4-11 所示页面中的 bottom 部分由 listPricing. html 的代码实现。

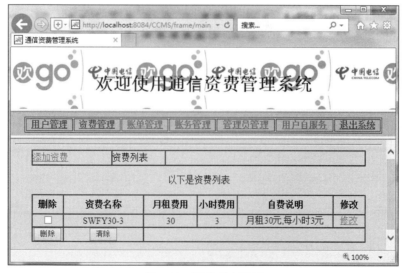

图 4-11　资费列表页面

【例 4-9】 资费列表(listPricing. html)。

```html
<html>
    <head>
        <title>资费管理</title>
        <meta http-equiv="Content-Type" content="text/html; charset=UTF-8">
    </head>
    <body bgcolor="#ccddee">
        <hr size="1">
        <div align="center">
            <table width="91%" border="1" align="center" cellpadding="0"
                cellspacing="0" bgcolor="ccddee">
                <tr bgcolor="#ccddee">
                    <td width="13%" height="24">
                        <a href="addPricing.html">添加资费</a>
                    </td>
                    <td width="13%"><a href="listPricing.html">资费列表</a></td>
                    <td width="27%">  </td>
                </tr>
            </table>
            <form action="listPricing.html" method="post">
                <table width="91%" border="1" bgcolor="#ccddee">
                    <tr>
                        <td width="12%">资费名称</td>
                        <td width="30%">SWFY30-3</td>
                        <td></td>
                    </tr>
                    <tr>
                        <td>月租费用</td>
                        <td><input name="baseFee" type="text" value="30"></td>
                        <td>更改月租费用(只允许输入数字或小数点)</td>
                    </tr>
                    <tr>
                        <td>每小时费用</td>
                        <td><input name="retaFee" type="text" value="3"></td>
                        <td>更改每小时的费用(只允许用数字或小数点)</td>
                    </tr>
                    <tr>
                        <td height="10">资费描述</td>
                        <td>
                            <textarea name="pricingDesc">
                                月租 30 元,每小时 3 元
                            </textarea>
                        </td>
                        <td>更改资费信息</td>
                    </tr>
```

```
            <tr>
                <td><div align="right"></div></td>
                <td> </td>
                <td>
                    <input type="submit" name="Submit" value="修改">
                          
                    <input type="reset" name="Submit2" value="重设">
                </td>
            </tr>
        </table>
        <p> </p>
        </form>
    </div>
    </body>
</html>
```

单击图 4-11 所示页面中的"添加资费"将出现如图 4-12 所示的添加资费页面(addPricing. html),代码见例 4-10。

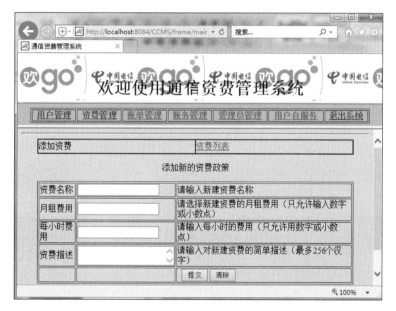

图 4-12　添加资费页面

【例 4-10】　添加资费(addPricing. html)。

```
<html>
    <head>
        <title>资费管理</title>
        <meta http-equiv="Content-Type" content="text/html; charset=UTF-8">
    </head>
    <body bgcolor="#ccddee">
        <hr size="1">
```

```
<div align="center">
    <table width="91%" border="1" align="center" cellpadding="0"
        cellspacing="0" bgcolor="ccddee">
    <tr bgcolor="#ccddee">
        <td width="13%" height="24">添加资费</td>
        <td width="13%"><a href="listPricing.html">资费列表</a></td>
    </tr>
    </table>
    <form action="listPricing.html" method="post">
        <p>添加新的资费政策</p>
        <table width="91%" border="1" bgcolor="#ccddee">
            <tr>
                <td width="12%">资费名称</td>
                <td width="30%"><input type="text" name="pricingName"></td>
                <td>请输入新建资费名称</td>
            </tr>
            <tr>
                <td>月租费用</td>
                <td><input type="text" name="baseFee"></td>
                <td>请选择新建资费的月租费用(只允许输入数字或小数点)
                </td>
            </tr>
            <tr>
                <td>每小时费用</td>
                <td><input type="text" name="rateFee"></td>
                <td>请输入每小时的费用(只允许用数字或小数点)</td>
            </tr>
            <tr>
                <td height="10">资费描述</td>
                <td><textarea name="pricingDesc"></textarea></td>
                <td>请输入对新建资费的简单描述(最多256个汉字)</td>
            </tr>
            <tr>
                <td><div align="right"></div></td>
                <td> </td>
                <td>
                     
                    <input type="submit" value="提交">
                    <input type="reset" value="清除">
                </td>
            </tr>
        </table>
        <p> </p>
    </form>
</div>
```

```
        </body>
    </html>
```

单击图 4-11 所示页面中的"修改"将出现如图 4-13 所示的修改页面（pricingmes. html），
代码见例 4-11。

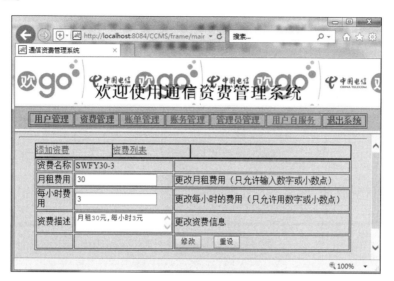

图 4-13　修改资费页面

【例 4-11】　修改资费（pricingmes. html）。

```
<html>
    <head>
        <title>资费管理</title>
        <meta http-equiv="Content-Type" content="text/html; charset=UTF-8">
    </head>
    <body bgcolor="#ccddee">
        <hr size="1">
        <div align="center">
            <table width="91%" border="1" align="center" cellpadding="0"
                cellspacing="0" bgcolor="ccddee">
                <tr bgcolor="#ccddee">
                    <td width="13%" height="24">
                        <a href="addPricing.html">添加资费</a>
                    </td>
                    <td width="13%"><a href="listPricing.html">资费列表</a></td>
                    <td width="27%">  </td>
                </tr>
            </table>
            <form action="listPricing.html" method="post">
                <table width="91%" border="1" bgcolor="#ccddee">
                    <tr>
```

```
                <td width="12%">资费名称</td>
                <td width="30%">SWFY30-3</td>
                <td></td>
            </tr>
            <tr>
                <td>月租费用</td>
                <td><input name="baseFee" type="text" value="30"></td>
                <td>更改月租费用(只允许输入数字或小数点)</td>
            </tr>
            <tr>
                <td>每小时费用</td>
                <td><input name="retaFee" type="text" value="3"></td>
                <td>更改每小时的费用(只允许用数字或小数点)</td>
            </tr>
            <tr>
                <td height="10">资费描述</td>
                <td>
                    <textarea name="pricingDesc">
                        月租 30 元,每小时 3 元
                    </textarea>
                </td>
                <td>更改资费信息</td>
            </tr>
            <tr>
                <td><div align="right"></div></td>
                <td> </td>
                <td>
                    <input type="submit" name="Submit" value="修改">
                          
                    <input type="reset" name="Submit2" value="重设">
                </td>
            </tr>
        </table>
        <p> </p>
        </form>
    </div>
  </body>
</html>
```

4.3.6　案例的账单管理模块设计与实现

单击图 4-13 所示页面中的"账单管理"可以对账单管理模块进行操作,如图 4-14 所示。实现账单管理的页面文件在文件夹 reckonManage 中,该文件夹中有 2 个页面文件:listerBilling.html 和 detail.html,代码分别见例 4-12 和例 4-13。从例 4-5 中的代码"＜a href＝"../reckonManage/listerBilling. html" target＝"bottom"＞账单管理</a>"可以知道,单击"账单管理"将链接到 listerBilling. html 页面,即图 4-14 所示页面中的 bottom 部分由 listerBilling. html 的代码实现。

图 4-14　账单页面

【例 4-12】　账单管理(listerBilling. html)。

```
<html>
    <head>
        <title>账单管理</title>
        <meta http-equiv="Content-Type" content="text/html; charset=UTF-8">
    </head>
    <body bgcolor="#ccddee">
        <form action="" method="post">
            <table width="100%" border="1" bgcolor="ccddee">
                <tr>
                    <td width="12%">账务账号：</td>
                    <td width="15%">
                        <input name="textfield" type="text" size="10" maxlength="10">
                    </td>
                    <td width="73%" colspan="2">
                        <select size="1" name="select1">
                            <option value="2015" selected>2015</option>
                            <option value="2016">2016</option>
                            <option value="2017">2017</option>
                            <option value="2018">2018</option>
                        </select>年
                        <select size="1" name="select2">
                            <option value="1" selected>1</option>
                            <option value="2">2</option>
```

```
                            <option value="3">3</option>
                            <option value="4">4</option>
                            <option value="5">5</option>
                            <option value="6">6</option>
                            <option value="7">7</option>
                            <option value="8">8</option>
                            <option value="9">9</option>
                            <option value="10">10</option>
                            <option value="11">11</option>
                            <option value="12">12</option>
                        </select>月
                        <input type="submit" value="查询" name="B122">
                    </td>
                </tr>
            </table>
        </form>
        <hr size="1">
        <div align="center">
            <p>月账单</p>
            <table width="95%" border="0" cellspacing="0" cellpadding="0">
                <tr>
                    <td width="36%">查询日期: 2015 年 1 月</td>
                    <td width="54%"> </td>
                    <td width="10%"> </td>
                </tr>
            </table>
            <table width="95%" border="1" bgcolor="ccddee">
                <tr bgcolor="ccddee">
                    <td>账务账号</td>
                    <td>登录总时间 (小时)</td>
                    <td>费用 (元)</td>
                    <td><div align="center">状态</div></td>
                    <td align="center">明细账</td>
                </tr>
                <tr>
                    <td>小强</td>
                    <td>50.00</td>
                    <td>126.00</td>
                    <td><div align="center">开通</div></td>
                    <td align="center"><a href="detail.html">明细</a></td>
                </tr>
            </table>
        </div>
    </body>
```

```
</html>
```

单击图 4-14 所示页面中的"明细"将出现如图 4-15 所示的账单明细页面(detail. html)，
代码见例 4-13。

图 4-15　账单明细页面

【例 4-13】 账单明细(detail. html)。

```html
<html>
    <head>
        <title>账单管理</title>
        <meta http-equiv="Content-Type" content="text/html; charset=UTF-8">
    </head>
    <body bgcolor="#ccddee">
        <hr size="1">
        <div align="center">
            <table width="91%" border="1">
                <tr align="center" bgcolor="#FFCCFF">
                    <td width="18%" height="19">账务账号</td>
                    <td width="28%">
                        <div align="center">统计日期</div>
                    </td>
                    <td width="32%">总计(单位:小时)</td>
                    <td width="22%">总费用(元)</td>
                </tr>
                <tr align="center" bgcolor="#FFCCFF">
                    <td height="20">小强</td>
                    <td>
                        <div align="center">2015 年 1 月</div>
                    </td>
```

```
            <td>50</td>
            <td>126</td>
        </tr>
    </table>
    <p>
        <br>
        详细清单如下：
    </p>
    <table width="91%" border="1" bgcolor="ccddee">
        <tr align="center">
            <td width="10%" height="19">业务账号</td>
            <td width="11%">服务器</td>
            <td width="18%">总计(单位:小时)</td>
            <td width="24%">总费用(元)</td>
        </tr>
        <tr align="center">
            <td height="20">tel</td>
            <td>lx1</td>
            <td>30.00</td>
            <td>76.00</td>
        </tr>
    </table>
    <table width="91%" border="1" bgcolor="ccddee">
        <tr bgcolor="ccddee">
            <td width="36%"><div align="left">登录时间</div></td>
            <td width="39%">退出时间</td>
            <td width="25%">时长(单位:小时)</td>
        </tr>
        <tr>
            <td><div align="left">2015 年 1 月 1 日 8 时 30 分 16 秒</div></td>
            <td>2015 年 1 月 1 日 13 时 29 分 36 秒</td>
            <td>5</td>
        </tr>
        <tr>
            <td><div align="left">2015 年 1 月 2 日 7 时 30 分 16 秒</div></td>
            <td>2015 年 1 月 2 日 13 时 25 分 16 秒</td>
            <td>6</td>
        </tr>
        <tr>
            <td>
                <div align="left">2015 年 1 月 3 日 13 时 00 分 01 秒</div>
            </td>
            <td>2015 年 1 月 3 日 18 时 00 分 00 秒</td>
            <td>5</td>
        </tr>
        <tr>
            <td>
```

```html
                    <div align="left">2015 年 1 月 6 日 10 时 30 分 00 秒</div>
                </td>
                <td>2015 年 1 月 6 日 14 时 00 分 26 秒</td>
                <td>4</td>
        </tr>
        <tr>
                <td><div align="left">2015 年 1 月 7 日 8 时 30 分 16 秒</div></td>
                <td>2015 年 1 月 7 日 8 时 55 分 26 秒</td>
                <td>1</td>
        </tr>
        <tr>
                <td>
                    <div align="left">2015 年 1 月 8 日 18 时 00 分 00 秒</div>
                </td>
                <td>2015 年 1 月 8 日 21 时 00 分 00 秒</td>
                <td>3</td>
        </tr>
        <tr>
                <td>
                    <div align="left">2015 年 1 月 10 日 8 时 30 分 00 秒</div>
                </td>
                <td>2015 年 1 月 10 日 11 时 20 分 26 秒</td>
                <td>3</td>
        </tr>
        <tr>
                <td>
                    <div align="left">2015 年 1 月 16 日 9 时 30 分 16 秒</div>
                </td>
                <td>2015 年 1 月 16 日 12 时 10 分 26 秒</td>
                <td>3</td>
        </tr>
</table>
<br>
<br>
<table width="91%" border="1" bgcolor="ccddee">
    <tr align="center">
        <td width="10%" height="19">业务账号</td>
        <td width="11%">服务器</td>
        <td width="18%">总计 (单位 : 小时)</td>
        <td width="24%">总费用 (元)</td>
    </tr>
    <tr align="center">
        <td height="20">Net</td>
        <td>lx2</td>
        <td>20.00</td>
        <td>50</td>
    </tr>
```

```
</table>
<table width="91%" border="1" bgcolor="ccddee">
    <tr bgcolor="ccddee">
        <td width="36%"><div align="left">登录时间</div></td>
        <td width="39%">退出时间</td>
        <td width="25%">时长 (单位:小时)</td>
    </tr>
    <tr>
        <td><div align="left">2015 年 1 月 1 日 9 时 30 分 06 秒</div></td>
        <td>2015 年 1 月 1 日 11 时 29 分 36 秒</td>
        <td>2</td>
    </tr>
    <tr>
        <td><div align="left">2015 年 1 月 2 日 7 时 30 分 16 秒</div></td>
        <td>2015 年 1 月 2 日 9 时 25 分 16 秒</td>
        <td>2</td>
    </tr>
    <tr>
        <td>
            <div align="left">2015 年 1 月 3 日 13 时 00 分 01 秒</div>
        </td>
        <td>2015 年 1 月 3 日 15 时 00 分 00 秒</td>
        <td>2</td>
    </tr>
    <tr>
        <td>
            <div align="left">2015 年 1 月 6 日 10 时 00 分 00 秒</div>
        </td>
        <td>2015 年 1 月 6 日 13 时 00 分 00 秒</td>
        <td>3</td>
    </tr>
    <tr>
        <td><div align="left">2015 年 1 月 7 日 8 时 30 分 16 秒</div></td>
        <td>2015 年 1 月 7 日 10 时 20 分 26 秒</td>
        <td>2</td>
    </tr>
    <tr>
        <td>
            <div align="left">2015 年 1 月 8 日 18 时 00 分 00 秒</div>
        </td>
        <td>2015 年 1 月 8 日 20 时 00 分 00 秒</td>
        <td>2</td>
    </tr>
    <tr>
        <td>
            <div align="left">2015 年 1 月 10 日 8 时 30 分 00 秒</div>
        </td>
</table>
```

```
        <td>2015 年 1 月 10 日 10 时 20 分 26 秒</td>
        <td>2</td>
      </tr>
      <tr>
        <td>
          <div align="left">2015 年 1 月 16 日 10 时 30 分 16 秒</div>
        </td>
        <td>2015 年 1 月 16 日 12 时 16 分 16 秒</td>
        <td>2</td>
      </tr>
    </table>
    <a href="listerBilling.html">返回</a>
  </div>
  </body>
</html>
```

4.3.7　案例的账务管理模块设计与实现

单击图 4-15 所示页面中的"账务管理"可以对账务管理模块进行操作,如图 4-16 所示。账务管理的页面文件在文件夹 accountManage 中,该文件夹中有 3 个页面文件: listerAccount. html、detailMonth. html 和 detailYear. html,代码分别见例 4-14～例 4-16。从例 4-5 中的代码"<a href="../accountManage/listerAccount. html" target="bottom">账务管理</a>"可以知道,单击"账务管理"将链接到 listerAccount. html 页面,即图 4-16 中 bottom 部分由 listerAccount. html 的代码实现。

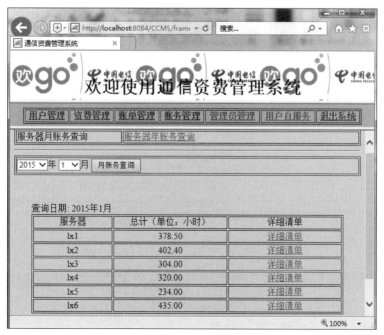

图 4-16　月账单查询

【例 4-14】 月账务信息(listerAccount. html)。

```
<html>
    <head>
        <title>账务管理</title>
        <meta http-equiv="Content-Type" content="text/html; charset=UTF-8">
    </head>
    <body bgcolor="#ccddee">
        <form action="" method="post">
            <table width="100%" border="1" bgcolor="ccddee">
                <tr>
                    <td width="31%">服务器月账务查询</td>
                    <td width="69%" colspan="2">
                        <a href="detailYear.html">服务器年账务查询</a>
                    </td>
                </tr>
            </table>
        </form>
        <hr size="1">
        <div align="center">
            <table width="100%" border="1" bgcolor="ccddee">
                <tr>
                    <td width="73%" colspan="2">
                        <select size="1" name="select1">
                            <option value="2015" selected>2015</option>
                            <option value="2016">2016</option>
                            <option value="2017">2017</option>
                            <option value="2018">2018</option>
                        </select>年
                        <select size="1" name="select2">
                            <option value="1" selected>1</option>
                            <option value="2">2</option>
                            <option value="3">3</option>
                            <option value="4">4</option>
                            <option value="5">5</option>
                            <option value="6">6</option>
                            <option value="7">7</option>
                            <option value="8">8</option>
                            <option value="9">9</option>
                            <option value="10">10</option>
                            <option value="11">11</option>
                            <option value="12">12</option>
                        </select>月
                        <input type="submit" value="月账务查询">
                    </td>
                </tr>
            </table>
```

```html
<p> </p>
<table width="90%" border="0" cellspacing="0" cellpadding="0">
    <tr>
        <td width="36%">查询日期：2015 年 1 月</td>
        <td width="54%"> </td>
        <td width="10%"> </td>
    </tr>
</table>
<table width="90%" border="1" bgcolor="ccddee">
    <tr align="center" bgcolor="ccddee">
        <td width="16%">服务器</td>
        <td width="23%">总计 (单位：小时)</td>
        <td width="23%">详细清单</td>
    </tr>
    <tr align="center">
        <td>lx1</td>
        <td>378.50</td>
        <td><a href="detailMonth.html">详细清单</a></td>
    </tr>
    <tr align="center">
        <td>lx2</td>
        <td>402.40</td>
        <td><a href="detailMonth.html">详细清单</a></td>
    </tr>
    <tr align="center">
        <td>lx3</td>
        <td>304.00</td>
        <td><a href="detailMonth.html">详细清单</a></td>
    </tr>
    <tr align="center">
        <td>lx4</td>
        <td>320.00</td>
        <td><a href="detailMonth.html">详细清单</a></td>
    </tr>
    <tr align="center">
        <td>lx5</td>
        <td>234.00</td>
        <td><a href="detailMonth.html">详细清单</a></td>
    </tr>
    <tr align="center">
        <td>lx6</td>
        <td>435.00</td>
        <td><a href="detailMonth.html">详细清单</a></td>
    </tr>
</table>
<p> </p>
</div>
```

```
        </body>
    </html>
```

单击图 4-16 所示页面中的"详细清单"将出现如图 4-17 所示的月明细清单页面
(detailMonth. html),代码见例 4-15。

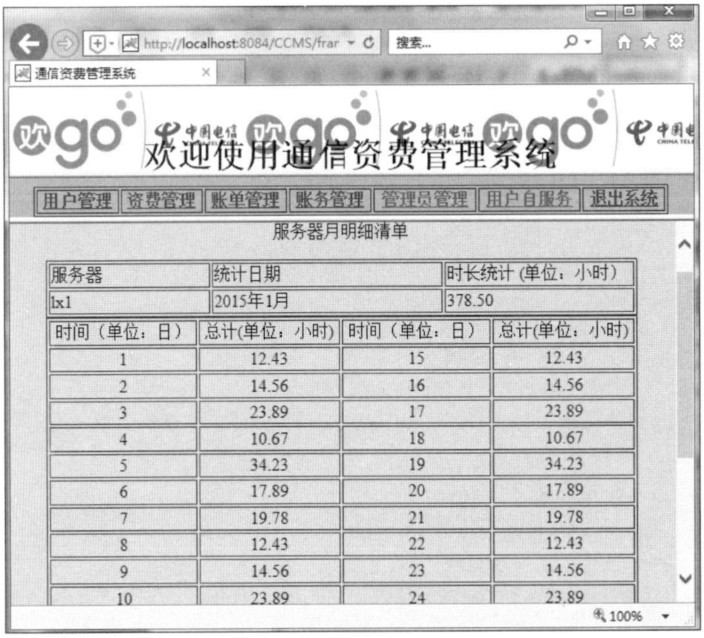

图 4-17　月明细清单

【例 4-15】　服务器月明细清单(detailMonth. html)。

```
<html>
    <head>
        <title>账务管理</title>
        <meta http-equiv="Content-Type" content="text/html; charset=UTF-8">
    </head>
    <body bgcolor="#ccddee">
        <hr size="1">
        <div align="center">
            <p>服务器月明细清单</p>
            <table width="91%" border="1" bgcolor="ccddee">
                <tr>
                    <td width="12%">服务器</td>
                    <td width="17%">统计日期</td>
                    <td width="14%">时长统计 (单位:小时)</td>
                </tr>
                <tr>
                    <td>lx1</td>
                    <td>2015 年 1 月</td>
                    <td>378.50</td>
```

```
      </tr>
  </table>
  <table width="91%" border="1" bgcolor="ccddee">
      <tr align="center" bgcolor="ccddee">
          <td><div align="center">时间(单位:日)</div></td>
          <td>总计(单位:小时)</td>
          <td><div align="center">时间(单位:日)</div></td>
          <td>总计(单位:小时)</td>
      </tr>
      <tr align="center">
          <td>1</td>
          <td>12.43</td>
          <td>15</td>
          <td>12.43</td>
      </tr>
      <tr align="center">
          <td height="19">2</td>
          <td>14.56</td>
          <td>16</td>
          <td>14.56</td>
      </tr>
      <tr align="center">
          <td>3</td>
          <td>23.89</td>
          <td>17</td>
          <td>23.89</td>
      </tr>
      <tr align="center">
          <td>4</td>
          <td>10.67</td>
          <td>18</td>
          <td>10.67</td>
      </tr>
      <tr align="center">
          <td>5</td>
          <td>34.23</td>
          <td>19</td>
          <td>34.23</td>
      </tr>
      <tr align="center">
          <td>6</td>
          <td>17.89</td>
          <td>20</td>
          <td>17.89</td>
      </tr>
  </tr>
```

```
<tr align="center">
    <td>7</td>
    <td>19.78</td>
    <td>21</td>
    <td>19.78</td>
</tr>
<tr align="center">
    <td>8</td>
    <td>12.43</td>
    <td>22</td>
    <td>12.43</td>
</tr>
<tr align="center">
    <td height="19">9</td>
    <td>14.56</td>
    <td>23</td>
    <td>14.56</td>
</tr>
<tr align="center">
    <td>10</td>
    <td>23.89</td>
    <td>24</td>
    <td>23.89</td>
</tr>
<tr align="center">
    <td>11</td>
    <td>10.67</td>
    <td>25</td>
    <td>10.67</td>
</tr>
<tr align="center">
    <td>12</td>
    <td>34.23</td>
    <td>26</td>
    <td>34.23</td>
</tr>
<tr align="center">
    <td>13</td>
    <td>17.89</td>
    <td>27</td>
    <td>17.89</td>
</tr>
<tr align="center">
    <td>14</td>
    <td>19.78</td>
    <td>28</td>
    <td>19.78</td>
```

```
        </tr>
        <tr align="center">
            <td>15</td>
            <td>29.00</td>
            <td>29</td>
            <td>29.00</td>
        </tr>
        <tr align="center">
            <td>16</td>
            <td>12.43</td>
            <td>30</td>
            <td>30.00</td>
        </tr>
    </table>
    <br>
    <a href="listerAccount.html">返回</a>
    </div>
    </body>
</html>
```

单击图 4-16 所示页面中的"服务器年账务查询"将出现如图 4-18 所示的服务器年明细清单页面(detailYear.html),代码见例 4-16。

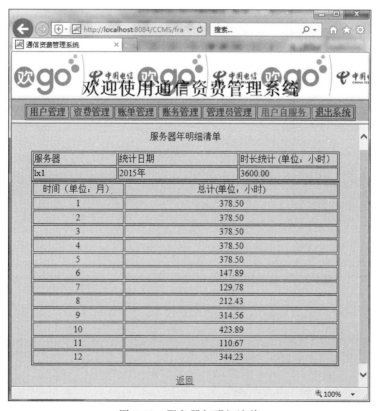

图 4-18 服务器年明细清单

【例 4-16】 服务器年明细清单（detailYear. html）。

```html
<html>
    <head>
        <title>账务管理</title>
        <meta http-equiv="Content-Type" content="text/html; charset=UTF-8">
    </head>
    <body bgcolor="#ccddee">
        <hr size="1">
        <div align="center">
            <p>服务器年明细清单</p>
            <table width="91%" border="1" bgcolor="ccddee">
                <tr>
                    <td width="12%">服务器</td>
                    <td width="17%">统计日期</td>
                    <td width="14%">时长统计 (单位:小时)</td>
                </tr>
                <tr>
                    <td>lx1</td>
                    <td>2015 年</td>
                    <td>3600.00</td>
                </tr>
            </table>
            <table width="91%" border="1" bgcolor="ccddee">
                <tr align="center" bgcolor="ccddee">
                    <td width="30%"><div align="center">时间 (单位:月)</div>
                    </td>
                    <td width="70%">总计 (单位:小时)</td>
                </tr>
                <tr align="center">
                    <td><div align="center">1</div></td>
                    <td>378.50</td>
                </tr>
                <tr align="center">
                    <td height="19"><div align="center">2</div></td>
                    <td>378.50</td>
                </tr>
                <tr align="center">
                    <td><div align="center">3</div></td>
                    <td>378.50</td>
                </tr>
                <tr align="center">
                    <td><div align="center">4</div></td>
                    <td>378.50</td>
                </tr>
                <tr align="center">
```

```
            <td><div align="center">5</div></td>
            <td>378.50</td>
        </tr>
        <tr align="center">
            <td><div align="center">6</div></td>
            <td>147.89</td>
        </tr>
        <tr align="center">
            <td><div align="center">7</div></td>
            <td>129.78</td>
        </tr>
        <tr align="center">
            <td><div align="center">8</div></td>
            <td>212.43</td>
        </tr>
        <tr align="center">
            <td height="19"><div align="center">9</div></td>
            <td>314.56</td>
        </tr>
        <tr align="center">
            <td><div align="center">10</div></td>
            <td>423.89</td>
        </tr>
        <tr align="center">
            <td><div align="center">11</div></td>
            <td>110.67</td>
        </tr>
        <tr align="center">
            <td><div align="center">12</div></td>
            <td>344.23</td>
        </tr>
    </table>
    <br>
    <a href="listerAccount.html">返回</a></div>
</body>
</html>
```

4.3.8　案例的管理员管理模块设计与实现

单击图 4-18 所示页面中的"管理员管理"可以对管理员管理模块进行操作,如图 4-19 所示。实现管理员管理的页面文件在文件夹 adminManage 中,该文件夹中有 4 个页面文件: listManager. html、admmes. html、addManager. html 和 self. html,代码分别见例 4-17～例 4-20。从例 4-5 中的代码"<a href = "../adminManage/listManager. html" target = "bottom">管理员管理</a>"可以知道,单击管理员管理将链接到 listManager. html 页面,即图 4-19 中 bottom 部分由 listManager. html 的代码实现。

图 4-19　管理员列表页面

【例 4-17】　管理员列表(listManager. html)。

```html
<html>
    <head>
        <title>管理员管理</title>
        <meta http-equiv="Content-Type" content="text/html; charset=UTF-8">
    </head>
    <body bgcolor="#ccddee">
        <hr size="1">
        <div align="center">
            <table width="91%" border="0" align="center">
                <tr align="center" bgcolor="#ccddee">
                    <td width="17%" height="6">
                        <a href="addManager.html">增加管理员</a>
                    </td>
                    <td width="15%">管理员列表</td>
                    <td width="17%"><a href="self.html">私人信息</a></td>
                </tr>
            </table>
            <form action="listManager.html" method="post">
                <p>管理员列表</p>
                <table width="100%" border=1 align="center" cellpadding="0"
                    cellspacing="0" bgcolor="#ccddee">
                    <tr>
                        <td width="53" height="32" align="center">删除</td>
                        <td width="50" align="center">账号</td>
                        <td width="61" align="center">姓名</td>
```

```
            <td width="100" align="center">电话</td>
            <td width="158" align="center">邮箱</td>
            <td width="109" align="center">开户日期</td>
            <td width="80" align="center">权限</td>
            <td width="61" align="center">修改</td>
        </tr>
        <tr>
            <td height="10" align="center">
                <input type="checkbox" name="ids" value="1">
            </td>
            <td align="center">
                <div align="center">tup </div>
            </td>
            <td align="center">tup </td>
            <td align="center">55661122 </td>
            <td align="center">tup@tup.com.cn </td>
            <td align="center">2013 年 1 月 16 日  </td>
            <td align="center">
                资费管理   
                账务查询   
                管理员管理   
                用户管理   
                账单查询   
            </td>
            <td align="center">
                <a href="admmes.html">修改</a>
            </td>
        </tr>
        <tr align="center">
            <td height="22">
                <input type="submit" name="delete" value="删除">
            </td>
            <td>
                <div align="center">
                    <input type="reset" value="清除">
                </div>
            </td>
            <td colspan="4">
                <div align="center">
                    <strong>
                        <font color="#000066" size="2"></font>
                    </strong>
                </div>
            </td>
        </tr>
```

```
        </table>
        <p> </p>
        <p> </p>
     </form>
        <p> </p>
     </div>
    </body>
</html>
```

单击图 4-19 所示页面中的"修改"将出现如图 4-20 所示的信息修改页面(admmes. html)，代码见例 4-18。

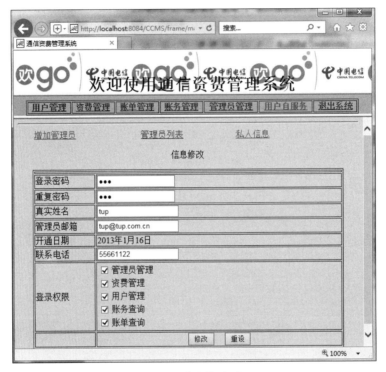

图 4-20　信息修改页面

【例 4-18】　信息修改(admmes. html)。

```
<html>
    <head>
        <title>管理员管理</title>
        <meta http-equiv="Content-Type" content="text/html; charset=UTF-8">
    </head>
    <body bgcolor="#ccddee">
        <hr size="1">
        <div align="center">
            <table width="91%" border="0" align="center">
                <tr bgcolor="#ccddee">
```

```
    <td width="17%" height="6">
        <a href="addManager.html">增加管理员</a>
    </td>
    <td width="15%">
        <a href="listManager.html">管理员列表</a>
    </td>
    <td width="17%"><a href="self.html">私人信息</a></td>
</tr>
</table>
<form action="listManager.html" method="post">
    <p>信息修改</p>
    <table width="91%" border="1" bgcolor="ccddee">
        <tr>
            <td colspan="2"></td>
        </tr>
        <tr>
            <td width="20%">登录密码</td>
            <td width="80%">
                <input type="password" name="password" value="tup">
            </td>
        </tr>
        <tr>
            <td>重复密码</td>
            <td>
                <input type="password" name="password1"
                    value="tup"/>
            </td>
        </tr>
        <tr>
            <td>真实姓名</td>
            <td><input type="text" name="name" value="tup"></td>
        </tr>
        <tr>
            <td>管理员邮箱</td>
            <td>
                <input type="text" name="email"
                    value="tup@tup.com.cn">
            </td>
        </tr>
        <tr>
            <td>开通日期</td>
            <td>2013 年 1 月 16 日</td>
        </tr>
        <tr>
            <td>联系电话</td>
```

```
            <td>
                <input type="text" name="phone" value="55661122">
            </td>
        </tr>
        <tr>
            <td>登录权限</td>
        <td>
            <table>
                <tr>
                    <td>
                        <input type="checkbox" name="modules"
                            value="1" checked="checked"/>
                    </td>
                    <td>管理员管理</td>
                </tr>
                <tr>
                    <td>
                        <input type="checkbox" name="modules"
                            value="2" checked="checked"/>
                    </td>
                    <td>资费管理</td>
                </tr>
                <tr>
                    <td>
                        <input type="checkbox" name="modules"
                            value="3" checked="checked"/>
                    </td>
                    <td>用户管理</td>
                </tr>
                <tr>
                    <td>
                        <input type="checkbox" name="modules"
                            value="4" checked="checked"/>
                    </td>
                    <td>账务查询</td>
                </tr>
                <tr>
                    <td>
                        <input type="checkbox" name="modules"
                            value="5" checked="checked"/>
                    </td>
                    <td>账单查询</td>
                </tr>
            </table>
        </td>
```

```
            </tr>
            <tr>
                <td> </td>
                <td>
                    <div align="center">
                        <input type="submit" value="修改">
                           
                        <input type="reset" value="重设">
                    </div>
                </td>
            </tr>
            </table>
        </form>
    </div>
    </body>
</html>
```

单击图 4-20 所示页面中的"增加管理员"将出现如图 4-21 所示的添加管理员信息页面（addManager. html），代码见例 4-19。

图 4-21　添加管理员信息页面

【例 4-19】 添加管理员信息（addManager. html）。

```
<html>
    <head>
        <title>管理员管理</title>
```

```
        <meta http-equiv="Content-Type" content="text/html; charset=UTF-8">
</head>
<body bgcolor="#ccddee">
    <hr size="1">
    <div align="center">
        <table width="91%" border="0" align="center">
            <tr bgcolor="#ccddee">
                <td width="17%" height="6">增加管理员</td>
                <td width="15%">
                    <a href="listManager.html">管理员列表</a>
                </td>
                <td width="17%"><a href="self.html">私人信息</a></td>
            </tr>
        </table>
        <form action="listManager.html" method="post">
            <p align="center">请添加管理员信息</p>
            <table width="91%" border="1" bgcolor="ccddee">
                <tr>
                    <td>账号 * </td>
                    <td width="32%">
                        <input type="text" name="loginName">
                    </td>
                    <td width="48%">请输入管理员账号</td>
                </tr>
                <tr>
                    <td width="20%">登录密码 * </td>
                    <td><input type="password" name="loginPassword"></td>
                    <td>
                        请输入管理员的登录密码(只限字母、数字、特殊符号)
                    </td>
                </tr>
                <tr>
                    <td>重复密码 * </td>
                    <td><input type="password" name="loginPassword1"></td>
                    <td>请重复输入以上管理员的密码</td>
                </tr>
                <tr>
                    <td>真实姓名 * </td>
                    <td><input type="text" name="name"></td>
                    <td>请输入管理员的真实姓名</td>
                </tr>
                <tr>
                    <td>管理员邮箱 * </td>
                    <td><input type="text" name="email"></td>
                    <td>请输入管理员的邮箱</td>
```

```
    </tr>
    <tr>
        <td>联系电话</td>
        <td><input type="text" name="phone"></td>
        <td>请输入管理员的联系电话</td>
    </tr>
    <tr>
        <td>登录权限＊</td>
        <td></td>
        <td>请选择管理员的操作权限</td>
    </tr>
    <tr>
        <td> </td>
        <td> 
            <input type="checkbox" name="modules"
                value="1"> 管理员管理
        </td>
        <td> </td>
    </tr>
    <tr>
        <td> </td>
        <td> 
            <input type="checkbox" name="modules"
                value="2"> 资费管理
        </td>
        <td> </td>
    </tr>
    <tr>
        <td> </td>
        <td> 
            <input type="checkbox" name="modules"
                value="3"> 用户管理
        </td>
        <td> </td>
    </tr>
    <tr>
        <td> </td>
        <td> 
            <input type="checkbox" name="modules"
                value="4"> 账务查询
        </td>
        <td> </td>
    </tr>
    <tr>
        <td> </td>
        <td> 
            <input type="checkbox" name="modules"
```

```
                        value="5"> 账单查询
                    </td>
                    <td> </td>
                </tr>
                <tr>
                    <td> </td>
                    <td colspan="2">
                        <div align="center">
                            <input type="submit" value="提交">
                        </div>
                    </td>
                </tr>
            </table>
            <p> </p>
        </form>
        <p> </p>
        </div>
    </body>
</html>
```

单击图 4-21 所示页面中的"私人信息"将出现如图 4-22 所示的私人信息管理页面
(self. html),代码见例 4-20。

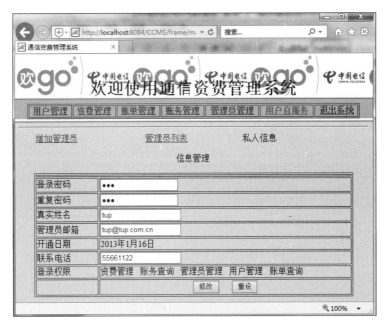

图 4-22　私人信息管理页面

【例 4-20】　私人信息管理(self. html)。

```
<html>
    <head>
        <title>管理员管理</title>
```

```
    <meta http-equiv="Content-Type" content="text/html; charset=UTF-8">
</head>
<body bgcolor="#ccddee">
    <hr size="1">
    <div align="center">
        <table width="91%" border="0" align="center">
            <tr bgcolor="#ccddee">
                <td width="17%" height="6">
                    <a href="addManager.html">增加管理员</a>
                </td>
                <td width="15%">
                    <a href="listManager.html">管理员列表</a>
                </td>
                <td width="17%">私人信息</td>
            </tr>
        </table>
        <form action="self.html" method="post">
            <p>信息管理</p>
            <table width="91%" border="1" bgcolor="ccddee">
                <tr>
                    <td colspan="2"></td>
                </tr>
                <tr>
                    <td width="20%">登录密码</td>
                    <td width="80%">
                        <input type="password" name="loginPassword"
                            value="tup">
                    </td>
                </tr>
                <tr>
                    <td>重复密码</td>
                    <td>
                        <input name="textfield3" type="password"
                            value="tup"/>
                    </td>
                </tr>
                <tr>
                    <td>真实姓名</td>
                    <td><input type="text" name="name" value="tup"></td>
                </tr>
                <tr>
                    <td>管理员邮箱</td>
                    <td>
                        <input type="text" name="email"
```

```
                              value="tup@tup.com.cn">
            </td>
        </tr>
        <tr>
            <td>开通日期</td>
            <td>2013 年 1 月 16 日</td>
        </tr>
        <tr>
            <td>联系电话</td>
            <td>
                <input type="text" name="phone" value="55661122">
            </td>
        </tr>
        <tr>
            <td>登录权限</td>
            <td>
                资费管理   
                账务查询   
                管理员管理   
                用户管理   
                账单查询   
            </td>
        </tr>
        <tr>
            <td height="25"> </td>
            <td>
                <div align="center">
                    <input type="submit" value="修改">
                        
                    <input type="reset" value="重设">
                </div>
            </td>
        </tr>
    </table>
    </form>
    </div>
    </body>
</html>
```

4.3.9　案例的用户自服务模块设计与实现

　　单击图 4-22 所示页面中的"用户自服务"可以对用户自服务模块进行操作,如图 4-23 所示。实现用户自服务的页面文件在文件夹 userSelf 中,该文件夹中有 3 个页面文件: userServer. html、detail. html 和 usermes. html,代码分别见例 4-21～例 4-23。从例 4-5 中的代码"＜a href＝"../userSelf/userServer. html" target＝"bottom"＞用户自服务＜/a＞"
可以知道,单击"用户自服务"将链接到 userServer. html 页面,即图 4-23 中 bottom 部分由
userServer. html 的代码实现。

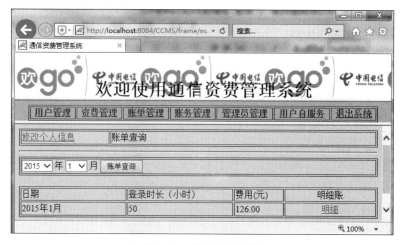

图 4-23 用户账单页面

【例 4-21】 用户账单(userServer. html)。

```html
<html>
    <head>
        <title>用户自服务</title>
        <meta http-equiv="Content-Type" content="text/html; charset=UTF-8">
    </head>
    <body bgcolor="#ccddee">
        <div align="center">
            <form action="" method="post">
                <table width="100%" border="1" bgcolor="ccddee">
                    <tr>
                        <td width="25%" height="20">
                            <a href="usermes.html">修改个人信息</a>
                        </td>
                        <td width="75%" colspan="2">账单查询</td>
                    </tr>
                </table>
            </form>
            <hr size="1">
            <table width="100%" border="1" bgcolor="ccddee">
                <tr>
                    <td width="73%" colspan="2">
                        <select size="1" name="select1">
                            <option value="2015" selected>2015</option>
                            <option value="2016">2016</option>
```

```
            <option value="2017">2017</option>
            <option value="2018">2018</option>
        </select>
        年
        <select size="1" name="select2">
            <option value="1" selected>1</option>
            <option value="2">2</option>
            <option value="3">3</option>
            <option value="4">4</option>
            <option value="5">5</option>
            <option value="6">6</option>
            <option value="7">7</option>
            <option value="8">8</option>
            <option value="9">9</option>
            <option value="10">10</option>
            <option value="11">11</option>
            <option value="12">12</option>
        </select>
        月
        <input type="submit" value="账单查询">
        </td>
    </tr>
</table>
<br>
<table width="100%" border="1" bgcolor="ccddee">
    <tr bgcolor="ccddee">
        <td width="30%">日期</td>
        <td width="30%" nowrap>登录时长(小时)</td>
        <td width="14%" nowrap>费用(元)</td>
        <td width="35%" align="center">明细账</td>
    </tr>
    <tr>
        <td nowrap>2015 年 1 月</td>
        <td height="20">50</td>.
        <td>126.00</td>
        <td align="center"><a href="detail.html">明细</a></td>
    </tr>
</table>
<br>
<hr/>
    </div>
    </body>
</html>
```

单击图 4-23 所示页面中的"明细"将出现如图 4-24 所示的某个月账单明细页面(detail. html),
代码见例 4-22。

图 4-24　用户月账单明细

【例 4-22】　用户月账单明细(detail.html)。

```html
<html>
    <head>
        <title>用户自服务</title>
        <meta http-equiv="Content-Type" content="text/html; charset=UTF-8">
    </head>
    <body bgcolor="#ccddee">
        <hr size="1">
        <div align="center">
            <table width="91%" border="1" bgcolor="ccddee">
                <tr align="center">
                    <td width="10%" height="19">业务账号</td>
                    <td width="11%">服务器</td>
                    <td width="18%">总计(单位:小时)</td>
                    <td width="24%">总费用(元)</td>
                </tr>
                <tr align="center">
                    <td height="20">tel</td>
                    <td>lx1</td>
                    <td>30.00</td>
                    <td>76.00</td>
                </tr>
            </table>
            <table width="91%" border="1" bgcolor="ccddee">
                <tr bgcolor="ccddee">
                    <td width="36%"><div align="left">登录时间</div></td>
                    <td width="39%">退出时间</td>
```

```
        <td width="25%">时长(单位:小时)</td>
    </tr>
    <tr>
        <td><div align="left">2015 年 1 月 1 日 8 时 30 分 16 秒</div></td>
        <td>2015 年 1 月 1 日 13 时 29 分 36 秒</td>
        <td>5</td>
    </tr>
    <tr>
        <td><div align="left">2015 年 1 月 2 日 7 时 30 分 16 秒</div></td>
        <td>2015 年 1 月 2 日 13 时 25 分 16 秒</td>
        <td>6</td>
    </tr>
    <tr>
        <td><div align="left">2015 年 1 月 3 日 13 时 00 分 01 秒</div></td>
        <td>2015 年 1 月 3 日 18 时 00 分 00 秒</td>
        <td>5</td>
    </tr>
    <tr>
        <td>
            <div align="left">2015 年 1 月 6 日 10 时 30 分 00 秒</div>
        </td>
        <td>2015 年 1 月 6 日 14 时 00 分 26 秒</td>
        <td>4</td>
    </tr>
    <tr>
        <td><div align="left">2015 年 1 月 7 日 8 时 30 分 16 秒</div></td>
        <td>2015 年 1 月 7 日 8 时 55 分 26 秒</td>
        <td>1</td>
    </tr>
    <tr>
        <td>
            <div align="left">2015 年 1 月 8 日 18 时 00 分 00 秒</div>
        </td>
        <td>2015 年 1 月 8 日 21 时 00 分 00 秒</td>
        <td>3</td>
    </tr>
    <tr>
        <td>
            <div align="left">2015 年 1 月 10 日 8 时 30 分 00 秒</div>
        </td>
        <td>2015 年 1 月 10 日 11 时 20 分 26 秒</td>
        <td>3</td>
    </tr>
```

```html
            <tr>
                <td>
                    <div align="left">2015 年 1 月 16 日 9 时 30 分 16 秒</div>
                </td>
                <td>2015 年 1 月 16 日 12 时 10 分 26 秒</td>
                <td>3</td>
            </tr>
        </table>
        <br>
        <br>
        <table width="91%" border="1" bgcolor="ccddee">
            <tr align="center">
                <td width="10%" height="19">业务账号</td>
                <td width="11%">服务器</td>
                <td width="18%">总计 (单位:小时)</td>
                <td width="24%">总费用 (元)</td>
            </tr>
            <tr align="center">
                <td height="20">Net</td>
                <td>1x2</td>
                <td>20.00</td>
                <td>50</td>
            </tr>
        </table>
        <table width="91%" border="1" bgcolor="ccddee">
            <tr bgcolor="ccddee">
                <td width="36%"><div align="left">登录时间</div></td>
                <td width="39%">退出时间</td>
                <td width="25%">时长 (单位:小时)</td>
            </tr>
            <tr>
                <td><div align="left">2015 年 1 月 1 日 9 时 30 分 06 秒</div></td>
                <td>2015 年 1 月 1 日 11 时 29 分 36 秒</td>
                <td>2</td>
            </tr>
            <tr>
                <td><div align="left">2015 年 1 月 2 日 7 时 30 分 16 秒</div></td>
                <td>2015 年 1 月 2 日 9 时 25 分 16 秒</td>
                <td>2</td>
            </tr>
            <tr>
                <td>
                    <div align="left">2015 年 1 月 3 日 13 时 00 分 01 秒</div>
                </td>
```

```
            <td>2015 年 1 月 3 日 15 时 00 分 00 秒</td>
            <td>2</td>
        </tr>
        <tr>
            <td>
                <div align="left">2015 年 1 月 6 日 10 时 00 分 00 秒</div>
            </td>
            <td>2015 年 1 月 6 日 13 时 00 分 00 秒</td>
            <td>3</td>
        </tr>
        <tr>
            <td><div align="left">2015 年 1 月 7 日 8 时 30 分 16 秒</div></td>
            <td>2015 年 1 月 7 日 10 时 20 分 26 秒</td>
            <td>2</td>
        </tr>
        <tr>
            <td>
                <div align="left">2015 年 1 月 8 日 18 时 00 分 00 秒</div>
            </td>
            <td>2015 年 1 月 8 日 20 时 00 分 00 秒</td>
            <td>2</td>
        </tr>
        <tr>
            <td>
                <div align="left">2015 年 1 月 10 日 8 时 30 分 00 秒</div>
            </td>
            <td>2015 年 1 月 10 日 10 时 20 分 26 秒</td>
            <td>2</td>
        </tr>
        <tr>
            <td>
                <div align="left">2015 年 1 月 16 日 10 时 30 分 16 秒</div>
            </td>
            <td>2015 年 1 月 16 日 12 时 16 分 16 秒</td>
            <td>2</td>
        </tr>
    </table>
    <a href="userServer.html">返回</a>
        </div>
    </body>
</html>
```

单击图 4-23 所示页面中的"修改个人信息"将出现如图 4-25 所示的修改用户个人信息页面(usermes. html),代码见例 4-23。

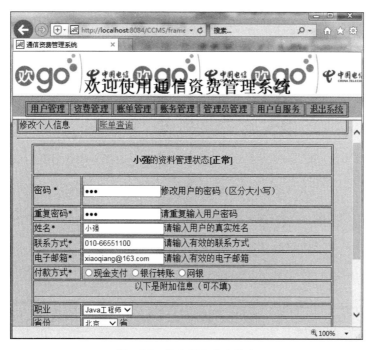

图 4-25　修改用户个人信息

【**例 4-23**】　修改用户个人信息(usermes. html)。

```html
<html>
    <head>
        <title>用户自服务</title>
        <meta http-equiv="Content-Type" content="text/html; charset=UTF-8">
    </head>
<body bgcolor="#ccddee">
    <table width="100%" border="1" bgcolor="ccddee">
        <tr>
            <td width="24%" height="20">修改个人信息</td>
            <td width="76%" colspan="2">
                <a href="userServer.html">账单查询</a>
            </td>
        </tr>
    </table>
    <hr size="1">
    <div align="center">
        <form action="usermes.html" method="post">
            <table width="91%" border="1" align="center" bgcolor="#ccddee">
                <tr>
                    <td height="9" colspan="2" bgcolor="ccddee">
                        <div align="center">
                            <p>
                                <span><strong>小强</strong></span>
```

```
                    <span>的资料管理状态</span>
                    [<span><strong>正常</strong>]</span>
              </p>
         </div>
      </td>
  </tr>
  <tr>
      <td width="87"><p>密码 * </p></td>
      <td>
          <input type="password" name="password"
              value="tup">修改用户的密码(区分大小写)
      </td>
  </tr>
  <tr>
      <td>重复密码 * </td>
      <td>
          <input type="password" name="password1"
              value="tup">请重复输入用户密码</td>
  </tr>
  <tr>
      <td>姓名 * </td>
      <td>
          <input type="text" name="userName" value="小强">
          请输入用户的真实姓名
      </td>
  </tr>
  <tr>
      <td>联系方式 * </td>
      <td>
          <input type="text" name="tel" value="010-66551100">
          请输入有效的联系方式
      </td>
  </tr>
  <tr>
      <td>电子邮箱 * </td>
      <td>
          <input type="text" name="email"
              value="xiaoqiang@163.com">请输入有效的电子邮箱
      </td>
  </tr>
  <tr>
      <td>付款方式 * </td>
      <td>
          <input type="radio" name="radiobutton"
              value="radiobutton" checked>现金支付
```

```
        <input type="radio" name="radiobutton"
            value="radiobutton">银行转账
        <input type="radio" name="radiobutton"
            value="radiobutton">网银
    </td>
</tr>
<tr>
    <td colspan="2">
        <div align="center">
            <span>以下是附加信息(可不填)</span>
            <hr>
        </div>
    </td>
</tr>
<tr>
    <td>职业</td>
    <td>
        <select name="select1">
            <option value="Java 工程师" selected>
                Java 工程师
            </option>
            <option value="公务员">公务员</option>
            <option value="学生">学生</option>
            <option value="其他">其他</option>
        </select>
    </td>
</tr>
<tr>
    <td>省份</td>
    <td>
        <select name="select4" size="1">
            <option value="1" selected>北京</option>
            <option value="2">天津</option>
            <option value="3">河北</option>
            <option value="4">上海</option>
            <option value="5">河南</option>
            <option value="6">吉林</option>
            <option value="7">黑龙江</option>
            <option value="8">内蒙古</option>
            <option value="9">山东</option>
            <option value="10">山西</option>
            <option value="11">陕西</option>
            <option value="12">甘肃</option>
            <option value="13">宁夏</option>
            <option value="14">青海</option>
```

```
            <option value="15">新疆</option>
            <option value="16">辽宁</option>
            <option value="17">江苏</option>
            <option value="18">浙江</option>
            <option value="19">安徽</option>
            <option value="20">广东</option>
            <option value="21">海南</option>
            <option value="22">广西</option>
            <option value="23">云南</option>
            <option value="24">贵州</option>
            <option value="25">四川</option>
            <option value="26">重庆</option>
            <option value="27">西藏</option>
            <option value="28">香港</option>
            <option value="29">澳门</option>
            <option value="30">福建</option>
            <option value="31">江西</option>
            <option value="32">湖南</option>
            <option value="33">湖北</option>
            <option value="34">台湾</option>
            <option value="35">其他</option>
         </select>
            省
      </td>
   </tr>
   <tr>
      <td>性别</td>
      <td>
         <input type="radio" name="radiobutton"
            value="radiobutton" checked>
         男
         <input type="radio" name="radiobutton"
            value="radiobutton">
         女
      </td>
   </tr>
   <tr>
      <td>公司</td>
      <td>
         <input type="text" name="textfield1">
         请输入公司名称(可不填)
      </td>
   </tr>
   <tr>
      <td>公司邮箱</td>
```

```
            <td>
                <input type="text" name="textfield2">
                请输入公司电子邮箱(可不填)
            </td>
        </tr>
        <tr>
            <td>邮编 </td>
            <td colspan="2">
                <input type="text" name="textfield3">
                请输入公司邮编号码(可不填)
            </td>
        <tr>
            <td colspan="3">
                <div align="center">
                    <input type="submit" value="修改">
                </div>
            </td>
        </table>
    </form>
    </div>
    </body>
</html>
```

4.4　课外阅读(通信技术的发展史)

　　人们常把有线固定通信和无线移动通信作为信息基础结构(NII/GII)的两大组成部分。近年来它们都以明显的快速步伐向前推进,为兴旺的信息时代做出贡献。传统的有线固定通信网是"公用交换电话网"PSTN,长期以来一直保持平稳发展,促使人们普遍装用固定终端的电话机。但是,自 20 世纪 90 年代中期起,Internet 兴起,使全世界的传统通信网受到前所未有的巨大冲击。广大的通信用户开始普遍装用计算机,数据通信的业务量每年急剧上涨,其增长率远远超过传统电话的每年增长率。按照这样的势头,进入 21 世纪后,全世界的数据信息业务量越来越多。因此通信传送网将是以数据信息为重点的分组交换网(Packet Switching),并且承担电话通信的传送,不再利用原有的电路交换(Circuit Switching),但仍保证电话特有的业务质量(QoS)指标。随着计算机技术的改进和功能加多,数据通信将延伸至包含音频、视频信息配合的多媒体通信。这样,未来的有线固定通信网,将是能承担所有信息业务传送的统一通信网,是大容量通信网。

　　无线移动通信网主要是各地城市的蜂窝网(Cellul Network),每一城市分成若干个蜂窝区,每区中心设置无线电基台(Base Station),区内所有移动终端和个人无线手机与基台直接经由无线信号连通,称为无线接入(Wireless Access)。移动通信原来是只提供移动电话业务,近来也和有线网一样,允许移动用户联接 Internet,传送数据信息,并且随着计算机技术的进步,移动通信也可传送包含音频、视频信息结合的多媒体通信。移动终端经过无线接入基台，又经由基台连往移动通信交换中心 MSC，除了由无线通道连往同一蜂窝网的其他无线电基台外，还连往有线固定通信网的城市交换局。这意味着，无线移动通信网要与有线固定通信网相连接。移动终端和个人便携手机如欲与同一蜂窝区或同一城市的移动终端或个人手机直接相互通信，当然可由无线移动通信网来接通。但无线移动通信网仅限于本城市的蜂窝网，不同城市的蜂窝网仍需由全国性的有线固定通信网来接通。任一无线移动手机如欲实现国内或国际通信，必须经过无线接入，然后由有线固定网接通。由此可见，有线固定通信网既承担所有由有线接入的各种各样通信业务，包括原来 PSTN 用户所需的通信业务，又承担无线接入的各种通信业务，所以，固定网的通信业务总量很大，而且逐年加大，在设计未来的全国有线固定通信网时，必然要精细测算，考虑大容量而且逐年增加容量的趋势。这就要求传输线路和通信网内部设备都能方便地按需要扩容。

鉴于过去数字通信网使用的时分多路（TDM）虽然做出很大贡献，数字体系从 PDH 进化为 SDH，但其最高数字速率已难以再提高，因而成为通信网继续加大容量的"电子瓶颈"。幸运的是，光纤作为传输线路具有巨大的潜在容量可以发掘利用。而且，从 20 世纪 90 年代中期起，波分多路/密集波分多路（WDM/DWDM）在光纤线路上投入商用，显示出无比优越性。于是，有线通信网中的干线几乎全部采用光纤并装上波分多路系统，而通信网本身内部，为了便于未来扩大容量，已开始考虑从电网进化为光网（Optical Networking），采用以 WDM 为基的各种光器件/组件，以实现波长路由和交换等功能，从而可以进一步加大网的容量能力。对于使用语音通信的人们，虽然过去安装的固定终端电话机运行可靠，但与近年推广的便携无线手机相比，用户觉得各自随身携带一部手机，一个号码，随时随地可以拨打电话找到对方立即通话，比过去固定终端灵活方便得多。所以近年来移动通信手机的销售量剧增。现在无线移动通信网不仅能提供通电话业务，还能让便携计算机互通数据信息甚至多媒体通信，因为无线电频谱资源毕竟有限，无线移动通信能够提供每路信号的频带宽度没有像有线固定通信那样宽裕。所以，在用户需用带宽很大的通信业务的情况下，例如，用户上网需要 Internet/WWW 长时间提供特别大量数据信息，或者用户需要在家里收看特定的高质量文娱电视节目或电影时利用"点播电视/电影"业务，就有必要利用"有线接入"。

无线移动通信是一种蜂窝通信，把一个城市按蜂窝网形状划分为若干互相靠近的六角形区，每区半径可以小于 1km。在这样的蜂窝区的中心设立无线电基台 BS，发射功率较小，可与区内所有移动终端 MS 或个人随身携带的手机随时联系。当某一 MS 从一区移动至邻近区，就改与邻近区的 BS 联系，称这种"交接"为"越区切换"。某区 BS 使用的波长与邻近区 BS 的波长不同，但与隔一、二区的波长可以相同，称为"频率再利用"，不会引起干扰，这是蜂窝网的优点，节约利用无线电频谱资源。20 世纪 80 年代初期，蜂窝网移动通信开始商用，当时使用模拟电话，由于集成电路技术的进步，又由于话音编码和数字通信技术的发展，到了 20 世纪 80 年代下半期，蜂窝网发展至数字式，称为第二代技术。在过渡时期移动手机可以双模运用，既可用于模拟电话，又可用于数字电话。那时欧洲有标准组织 GSM，后来在 900MHz 频谱普遍运用的第二代称为 GSM。在开始时数字式移动电话利用时分多址（TDMA）。20 世纪 90 年代中期，又出现码分多址（CDMA），也在 20 世纪 90 年代中期，美国指定 1850～1990MHz 宽度的频谱，供个人通信业务（PCS）使用，这些都一直持续至 20 世纪 90 年代后期,保持不断的发展势头。

现在正在趋于使用第四代移动通信技术,既要尽量采用可预见的先进技术,又要照顾现已装置的系统设备,还要制定全世界都认可的标准,普遍称为 IMT-2000,设备采用 2000MHz 频谱,于 2000 年起开始试用。3G 系统不仅保持移动电话,还十分重视开展数据通信,使无线系统和有线通信网一样重视数据传输,包括 Internet/互联网规约 IP 和宽带业务,以及数据速率为 2Mb/s 的多媒体通信。国际标准组织已经评审各国提交的无线电传输方案,包括中国的方案,有频分双工 FDD、CDMA、TDMA,还有时分双工 TDD。总是设法使无线通信在性能、成本和容量等方面都显出优势。在无线数字移动通信,为了充分利用频谱,话音编码(Speech Coding)技术非常重要。这与有线通信大不相同,有线数字电话利用脉码调制 PCM,每路电话 64kb/s,或自适应脉码调制 AD-PCM,每路 32kb/s,对通信网络容量没有困难。无线通信的话音编码,从早期的线性预测编码(LPC),至 20 世纪 80 年代开始的码激励线性预测(CELP),每路话音的数字速率降至 5~13kb/s。同时,在编码过程中还要考虑克服无线电波传播过程引起的损害和背景噪音,保证通话质量。到了 3G 系统,还要考虑多媒体通信所需的音频和视频的编码技术,既要节约频谱,又要保证通信质量。

每一无线电基台一般需要设置几套射频收发机。现在从模拟过渡至数字化,将充分利用数字信号处理(DSP)和专用大规模集成芯片(ASIC),并趋向于使用越来越多的新型软件,导致可编程的基台,允许使用多种空中接口(Air Interface)标准。基台将使用宽带线性功率放大和宽带射频器件,便于增加数字内容,使数字处理尽量靠近天线,使多个射频同时处理,又使软件完成更多的功能。由于数字移动通信支持多个用户利用 CDMA 或 TDMA 多址通信,数字式与模拟式相比,减少了无线电收发信的机会,可在较宽频带进行处理,又允许在较高频率处理,从基带至中频,甚至射频都利用数字处理。当基台充分利用可编程器件时,它们就称为"软件无线电",变得相当灵活,而且允许基台设备更容易配合"智能无线"。移动终端和无线手机也将趋向于软件无线电。当业务和标准技术有所改变时,软件无线电可以很快适应新技术,不需大量更换设备,因而投资成本可以降低。更多利用数字信号处理,可促使无线通信的智能天线技术得到有利发展。智能天线需要使用多个天线。基台往往有几个定向天线,各分管一个扇形区,对该区内移动终端的无线接入特别有利,还可能让多个束射经过自适应过程进行快速换接,以获得最好的孔径增益、分集增益和遏制干扰,导致性能改进。接收天线如果采用两个天线分支,在空间上有足够的隔开,就可获取空间分集的好处;如只有一个天线,则利用极化分集也可得到好处。在自适应智能天线,发送装有多个天线,可取得更多好处。对于 TDMA 系统,智能天线可以加大通信容量,由反向线路传来的信号进行处理,可使正向线路的束射调整得最好。对于 CDMA 系统,所有移动终端使用同一频带,只是编码不同。

到了 3G 系统,用户如果想使用较高数据速率,可以指定特殊符号以控制自适应天线处理来减小用户间的干扰,从而加大通信容量,即在有几个用户使用高速数据时仍允许较多用户通电话。无线移动通信网有时了为公共安全的原因,需要相当精确地测定某一移动终端或个人在某一时间移动至地理上的位置,这称为定位技术。现在已有一种独立的手持机能够附带设备,利用全球定位系统(GPS),在室外测定移动个人自己的位置。进入 3G 时代,个人移动无线手机本身可能附有定位功能,它在得到网络的协助下进行定位工作,不必另外携带独立的 GPS 手持机。也就是说,新式的移动通信手机附装协助的 AGPS(Assisted GPS),测定自己在室外,甚至室内的地理位置。通信手机在需要时由网络提供服务,不必由通信手机本身连续跟踪 GPS 卫星。蜂窝网 3G 系统向未来的分组交换有线网看齐,着重于提供尽量高速率的数据通信。蜂窝网也要提供不对称数字传输。像有线网的不对称数字用户线(ADSL)那样,无线电基台至用户的方向提供较高速率的数据传输。有线网是在交换局设置多载波离散多音调 DMF 装备,而无线网是在基台设置多载波正交频分多路 OFDM 装备,这对于移动用户接上 Internet 索取大量信息时非常需要。

无线移动通信除了大部分依靠城市蜂窝网外,还有卫星通信也非常重要,大有发展前途。同步卫星对固定通信和广播已经多年实践证明极为可靠,还可有力地提供远程移动通信、低轨道、中轨道卫星通信。如在技术、设备、成本各方面深入研究,仍能大有作为,对全球个人移动通信发挥作用。同温层(平流层)无线通信已有方案提出,如果继续具体研究,对固定通信和移动通信都有独特作用。此外,无线固定通信包括人们熟知的微波数字接力通信和最近提倡的无线用户环路 WSL,在人口较少的地区很适用,它们与建设光缆和有线市内电话用户线相比,有建设较快、投资较少的优点。毫米波无线电通信和无线红外线通信已在多处安装试验,证明对短距通信有好处。总之,国际上不少实际应用和试验经验都表明,无线通信优点很多,值得扩大实际使用范围。同步轨道运行的卫星过去提供可靠的国际通信和电视传播,享有盛誉。近年人们加强开发,尤其对卫星内部的转发器,放宽传输频带、加大发射功率、改进天线效率,甚至加装 ATM 设备,扩大业务功能,以致地面应用越来越多。一种应用是在地上安装"甚小孔径天线"的卫星站,称为 VSAT,为大企业的广域专用通信提供方便。同步卫星也以对地面提供远距移动通信,但地面移动终端需安装较大的对星天线,但在高楼林立的城市中心电波传播困难。为此,对地面的全球移动通信,曾另行研制发射低轨道、离地面几百至 1000km 的几十颗移动卫星族,称为 LEO。又曾研制发射中轨道、离地约 10000km 的 10 颗移动卫星族,称为 MEO。相应地,原来离地面 36000km、与地球同步运行的三颗卫星族,称为 GEO。虽然最近 LEO 系统 Iridium 在商用后不久就受到挫折,另一系统 Globalstar 正在商用,可能顺利进行,但应该冷静地对待。这些 LEO/MEO 全球无线移动通信系统的理论和技术是正确的,但运营商对用户需求的条件、移动手机的设备和成本,以及向用户收费不宜过高等问题,似乎预先考虑得不够周到。如能认真吸取经验,仔细分析原因,很可能得到圆满成功。无线固定通信也要向前发展,充分利用无线特有的优点,但无线通信受到无线电频谱资源的限制,为了继续开发应用,必须考虑提高运用频率或缩短运用波长,即从微波(厘米波)延伸至毫米波,甚至红外波。在这样的延伸进程中,必将遇到新的电波传播问题和器件问题,这都要逐一妥善解决,应该受到有关各方的支持和鼓励。

在 20 世纪通信技术得到了发展,21 世纪的通信技术发展将向着宽带化、智能化、个人化的综合业务数字网技术的方向发展。我们期待通信技术发展给人们带来更多的惊喜。

4.5　本 章 小 结

本章主要讲解通信资费管理系统案例的开发过程,通过本案例的训练应熟练掌握所学相关理论知识,同时提高案例开发能力。

通过本章学习应掌握以下内容。

(1) 第 1 章～第 3 章所有理论知识。

(2) 案例的需求分析与设计。

(3) 案例的实现。

4.6　习　　　题

1. 自行完善通信资费管理系统案例的功能。

2. 如果你熟悉 JavaScript、Ajax 或者 jQuery 技术,请用这些技术美化通信资费管理系统案例的页面。

第 5 章　JSP 基本语法

学习目的与要求

本章学习的主要目的是了解 JSP 基本语法部分并为后面深入了解和全面掌握 JSP 奠定基础。要求熟练掌握 JSP 的基本语法知识。

本章主要内容

（1）JSP 页面的基本结构。

（2）JSP 的脚本元素。

（3）JSP 的指令。

（4）JSP 常用动作。

5.1　JSP 页面的基本结构

一个 JSP 页面是通过在 HTML 标签的基础上嵌入 JSP 动作和指令、CSS、Java 变量和方法（Java 代码段）、其他脚本元素（如 JavaScript）等组成的。

本节首先通过一个 JSP 实例来了解 JSP 页面的基本语法构成。

【例 5-1】　JSP 页面基本结构实例（pageStructure.jsp）。

```
1. <%@page contentType="text/html" pageEncoding="UTF-8"%>
2. <html>
3.     <head>
4.         <meta http-equiv="Content-Type" content="text/html; charset=UTF-8">
5.         <title>JSP 页面的基本结构实例</title>
6.     </head>
7.     <body>
8.         <%!int sum=0;
9.             int x =1;
10.        %>
11.        <%
12.            while (x<=10)
13.            {
14.                sum +=x;
15.                ++x;
16.            }
17.        %>
18.        <p>1 加到 10 的结果是：<%=sum%></p>
19.        <p>现在的时间是：<%=new java.util.Date()%></p>
20.    </body>
21. </html>
```

本程序的功能是累加数字 1 到 10,并将结果在页面第一行中显示,在页面第二行显示系统的当前时间,页面运行效果如图 5-1 所示。

图 5-1　页面运行效果

从例 5-1 中可以看到,JSP 页面除了比普通的 HTML 页面多一些 Java 代码、指令和动作外,两者的基本结构相似。实际上,JSP 基本元素是嵌入在 HTML 页面中的,为了和 HTML 的标签进行区别,JSP 标记都以"＜％"或"＜jsp"开头,以"％＞"或"＞"结尾。下面对该 JSP 文件进行详细解析。

第 1 行是 JSP 的 page 指令,它描述 JSP 文件转换成 JSP 服务器所能执行的 Java 代码时使用的控制信息,如 JSP 页面所使用的语言、对处理内容是否使用缓存、是否线程安全、错误页面处理、指定内容类型、指定页面编码方式等。例如,"contentType＝"text/html""用于指定内容类型,"pageEncoding＝"UTF-8""用来指定页面编码方式。

第 2 行～第 7 行是一些 HTML 的常用标签,在第 3 章中已介绍,这里不再赘述。

第 8 行～第 10 行是 JSP 中的声明。JSP 页面中的变量和方法与 Java 程序中变量和方法的使用是相同的,不过在 JSP 页面中声明以"＜％!"或者"＜％"开头,以"％＞"结尾。本例中对两个整型变量声明并初始化,也可以写成"＜％!int sum＝0;int x＝1；％＞"。

第 11 行～第 17 行是 JSP 程序代码,即 JSP 脚本。JSP 程序代码封装了 JSP 页面的业务处理逻辑——Java 代码程序,以"＜％"开头,以"％＞"结尾。

第 12 行～第 16 行是一段标准的 Java 程序,其功能是实现 1 加到 10 的计算。

第 18 行,"＜p＞1 加到 10 的结果是：＜％＝sum％＞＜/p＞"中的"＜％＝sum％＞"是表达式,在 JSP 中表达式以"＜％＝"开头,以"％＞"结尾。本例中输出 1 加到 10 的结果。

第 19 行,"＜p＞现在的时间是：＜％＝new java. util. Date()％＞＜/p＞"中的"＜％＝new java. util. Date()％＞"是使用表达式以及 Java 类库中的 Date 类获取系统当前时间。

第 20 行和第 21 行是 HTML 的基本标签。

通过上面典型的 JSP 页面可以看出,JSP 页面就是在 HTML 或者 XML 代码中嵌入 Java 语法或者 JSP 元素,从而实现系统的业务功能,这一点读者将会在以后的学习中有更深入的体会。

5.2　JSP 的脚本元素

在 JSP 页面中,经常使用 JSP 的变量、方法、表达式、脚本、注释来实现一些功能,下面分别介绍这些基本元素的使用。

5.2.1　变量和方法的声明

在 JSP 页面中可以声明一个或者多个符合 Java 规范的合法变量和方法,声明的变量和方法将在本 JSP 页面使用,并将在 JSP 页面初始化时被初始化。

JSP 中声明的语法格式如下:

<%!语句 1;…;[语句 n;] %>

其中,语句主要用来声明变量、方法。

例如:

```
<%!
    int i=0;
    int j=i;
%>
<%! int x,y,z,sum;%>
<%!
    String str="北京!";
    String name="小强";
%>
<%! Date date=new java.util.Date();%>
<%!
    private String userName;
    private String password;
    public String getUserName(){
        return userName;
    }
    public void setUserName(String name) {
        userName=name;
    }
    public String getPassword(){
        return password;
    }
    public void setPassword(String password){
        this.password=password;
    }
%>
```

在声明变量和方法时,需要注意以下几点。

(1) 声明以"<%!"或者"<%"开头,以"%>"结尾。

(2) 变量声明必须以";"结尾。

(3) 变量和方法的命名规则与 Java 中变量和方法的命名规则相同。

(4) 可以直接使用在<%@ page%>中被包含进来的已经声明的变量和方法,不需要对其重新进行声明。

(5) 一个声明仅在一个页面中有效。

如果想在每个页面都使用某些声明,最好把它们写成一个单独的文件,然后用<%@include%>指令或<jsp:include>动作包含进来。

【例 5-2】 变量和方法的声明实例(declare.jsp)。

```
<%@page contentType="text/html" pageEncoding="UTF-8"%>
<html>
    <head>
        <meta http-equiv="Content-Type" content="text/html; charset=UTF-8">
        <title>变量和方法的声明实例</title>
    </head>
    <body>
        <%!
            String str="学习也许是一时的痛,但不学是一辈子的痛!"; //声明字符串
        %>
        <%!
          public String print(){                              //声明方法
                return str;
          }
        %>
        <%=print()%>
    </body>
</html>
```

declare.jsp 运行效果如图 5-2 所示。

在文件 declare.jsp 中,声明了一个字符串变量 str 和一个方法 print(),该方法可以返回字符串变量 str 的值。

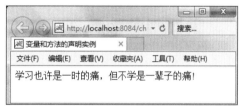

图 5-2 declare.jsp 运行效果

5.2.2 表达式

JSP 允许在"<%="和"%>"之间插入一个表达式,表达式由变量、常量、运算符组成。表达式可以将数据转换成一个字符串并直接在网页上输出。

表达式的语法格式如下:

```
<%=表达式%>
```

JSP 的表达式中没有分号。

JSP 表达式常用在以下几种情况。

(1)向页面输出内容。

(2)生成动态的链接地址。

(3)动态指定 form 表单处理页面。

☞注意:在"<%"与"="之间不要有空格。

【例 5-3】 表达式实例(expression.jsp)。

```
<%@page contentType="text/html" pageEncoding="UTF-8"%>
<html>
```

```
    <head>
        <meta http-equiv="Content-Type" content="text/html; charset=UTF-8">
        <title>表达式实例</title>
    </head>
    <body>
        <%!
            String name="清华大学出版社";
            String URLAddress="www.tup.com.cn";
            String server="www.sohu.com";
        %>
        <hr>
        用户名：<%=name%>
        <hr>
        <a href="<%=URLAddress%>">清华大学出版社网站</a>
        <hr>
        <form action="<%=server%>"></form>
        <hr>
    </body>
</html>
```

本例演示了表达式的几种常用方式,运行效果如图 5-3 所示。

图 5-3　expression.jsp 运行效果

5.2.3　脚本

JSP 脚本是一段 Java 代码,在请求期间执行,可以使用 JSP 页面所定义的变量、方法、表达式或者 JavaBean。脚本定义的变量和方法在当前整个页面内有效,但不会被其他线程共享,用户对该变量的作用不会影响其他用户,当变量所在页面关闭时该变量就会被销毁。

脚本的语法格式如下:

```
<%脚本语句%>
```

【例 5-4】　脚本实例(scriptlet.jsp)。

```
<%@page contentType="text/html" pageEncoding="UTF-8"%>
<html>
    <head>
```

```
        <meta http-equiv="Content-Type" content="text/html; charset=UTF-8">
        <title>脚本实例</title>
    </head>
    <body>
        <%!
            int x=0;
        %>
        <table>
            <%
                if(x==1){
            %>
            <tr>
                <td>欢迎登录,您的权限是管理员!<td/>
            </tr>
            <%
                }
                else{
            %>
            <tr>
                <td>欢迎登录,您的权限是普通用户!<td/>
            </tr>
            <%
                }
            %>
        </table>
    </body>
</html>
```

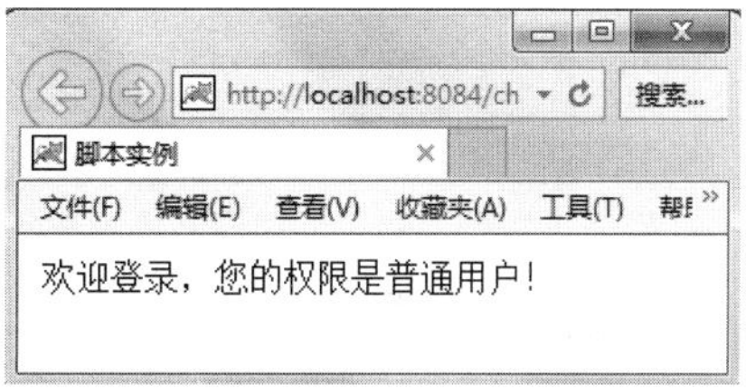

scriptlet.jsp 运行效果如图 5-4 所示。

JSP 中大部分功能可以通过 JSP 脚本实现。使

图 5-4　scriptlet.jsp 运行效果

用脚本程序比较灵活,它所实现的功能是 JSP 表达式无法实现的,所以脚本在 JSP 中非常重要。有关 JSP 脚本的内容在以后的章节中会涉及很多,读者可以结合后续的开发不断学习和应用。

5.2.4　注释

程序中注释的作用是提高程序的可读性、可维护性和可扩展性。所以一个 Java Web 项目中需要各种各样的注释。在 JSP 中注释有 3 种类型:隐藏注释、Java 注释和 HTML 注释。下面分别介绍这 3 种注释的使用。

1. 隐藏注释

隐藏注释是 JSP 的标准注释,写在 JSP 程序中,用于描述和说明 JSP 程序代码,在发布 JSP 网页时完全被忽略,也不会输送到客户浏览器上,即 JSP 页面运行后页面上看不到注释内容,而且源文件中也看不到注释内容。当希望隐藏 JSP 程序的注释时是很有用的。

其语法格式如下:

```
<%--注释语句 --%>
```

注释语句为要添加的注释内容。

【例 5-5】 隐藏注释实例（hideNotes. jsp）。

```
<%@page contentType="text/html" pageEncoding="UTF-8"%>
<html>
    <head>
        <meta http-equiv="Content-Type" content="text/html; charset=UTF-8">
        <title>隐藏注释实例</title>
    </head>
    <body>
        <h3>隐藏注释不会把注释内容在运行后的页面上显示出来!</h3>
        <hr>
        <%--这一行注释的内容也不会在运行后的源文件中看到--%>
        <hr>
    </body>
</html>
```

hideNotes. jsp 运行效果如图 5-5 所示。在发布网页时看不到注释,在客户端浏览器源文件中也看不到注释。在浏览器中查看源文件的方式为:单击"查看"→"源文件"命令。

图 5-5　页面运行以及查看源文件效果

2. Java 注释

Java 注释和隐藏注释相似,在发布网页时不会在页面上显示,在浏览器的源文件中也看不到注释内容。

其语法格式如下:

```
<%/ * 注释语句 * /%>
```

或者

```
<%//注释语句%>
```

其中,注释语句为要添加的注释文本。

【例 5-6】 Java 注释实例(JavaNotes.jsp)。

```
<%@page contentType="text/html" pageEncoding="UTF-8"%>
<html>
    <head>
        <meta http-equiv="Content-Type" content="text/html; charset=UTF-8">
        <title>Java 注释实例</title>
    </head>
    <body>
        <h3>Java 注释和隐藏注释相似!</h3>
        <hr>
            <%//这一行注释在发布网页时不会被看到,在源文件中也看不到%>
        <hr>
    </body>
</html>
```

JavaNotes.jsp 运行效果如图 5-6 所示。在发布网页时看不到注释,在源文件中也看不到注释。

图 5-6   页面运行以及查看源文件效果

3. HTML 注释

在发布网页时可以在浏览器源文件窗口中看到 HTML 注释,即注释的内容会被输送到客户端浏览器中。该类注释中也可以使用 JSP 表达式。

其语法格式如下:

```
<!--注释语句 [<%=表达式 %>] -->
```

其中,注释语句是文字说明,表达式为 JSP 表达式。

【例 5-7】 HTML 注释实例(HTMLNotes.jsp)。

```
<%@page contentType="text/html" pageEncoding="UTF-8"%>
<html>
    <head>
        <meta http-equiv="Content-Type" content="text/html; charset=UTF-8">
        <title>HTML注释实例</title>
    </head>
    <body>
        <h3>HTML注释的内容在发布网页时不会被看到,在源文件能看到!</h3>
        <hr>
            <!--这一行注释在发布网页时不会被看到,在源文件中可以看到<%=new
                java.util.Date()%>-->
        <hr>
    </body>
</html>
```

HTMLNotes.jsp 运行效果如图 5-7 所示。在发布网页时看不到注释,但在源文件中可以看到,而且表达式是动态的,即根据表达式的值输出一个结果。

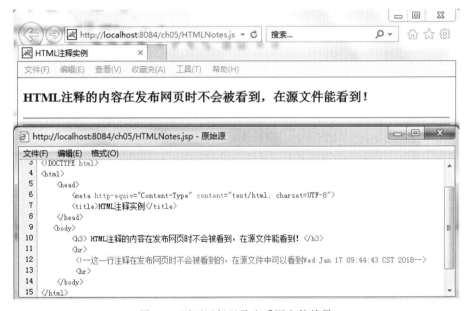

图 5-7　页面运行以及查看源文件效果

5.3　JSP 的指令

指令(Directive)用来描述 JSP 文件转换成 JSP 服务器所能执行的 Java 代码时使用的控制信息,用于指定整个 JSP 页面的相关信息,并设置 JSP 页面的相关属性。

常用的 JSP 指令有 page 指令、include 指令和 taglib 指令。

5.3.1　page 指令

page 指令用来定义 JSP 文件中的全局属性,它描述了与页面相关的一些信息,其作用域为它所在的 JSP 页面和其包含的文件。页面指令一般位于 JSP 页面的顶端,但是可以放在 JSP 页面的任何位置,无论把<%@ page %>指令放在 JSP 文件中的哪个地方,它的作用范围都是整个 JSP 页面。考虑 JSP 程序的可读性以及良好的编程习惯,建议放在 JSP 文件的顶部。

在同一个 JSP 页面中可以有多个 page 指令。在使用多个 page 指令时,其属性除 import 外只能使用一次。

page 指令的语法格式如下:

```
<%@page
    [language="java" ]
    [extends="package.class" ]
    [import="{package.class|package. * },…" ]
    [session="true|false"]
    [buffer="none|8KB|sizeKB"]
    [autoFlush="true|false"]
    [isThreadSafe="true|false"]
    [info="text"]
    [errorPage="relativeURL"]
    [contentType="mimeType [;charset=characterSet]"]
    [pageEncoding="pageEncoding"]
    [isErrorPage="true|false"]
%>
```

下面分别对这些属性的含义和用法进行介绍。

1. language 属性

【功能说明】language 属性用于指定 JSP 页面中使用的脚本语言,其默认值为 Java。根据 JSP 2.0 规范,目前只可以使用 Java 语言。

例如:

```
<%@page language="java" %>
```

如果 language 属性使用了其他脚本语言,将会产生异常。

2. extends 属性

【功能说明】extends 属性用于指定 JSP 编译器父类的完整限定名,此 JSP 页面产生的 Servlet 将由该父类扩展而来。

例如:

```
<%@page extends="javax.servlet.http.HttpServlet" %>
```

一般建议不要使用 extends 属性。JSP 容器可以提供专用的高性能父类,如果指定父类,可能会限制 JSP 容器本身具有的能力。

3. import 属性

【功能说明】import 属性用于导入 JSP 页面使用的 Java API 类库。import 属性是所有 page 属性中唯一可以多次设置的属性，用来指定 JSP 页面中所用到的类。

【例 5-8】 import 属性实例（import.jsp）。

```
<%@page import="java.util.Date"%>
<%@page contentType="text/html" pageEncoding="UTF-8"%>
<!DOCTYPE html>
<html>
    <head>
        <meta http-equiv="Content-Type" content="text/html; charset=UTF-8">
        <title>import 属性实例</title>
    </head>
    <body>
        <%
            Date date =new Date();
            String str=date.toLocaleString();
        %>
        <p>import 属性实例演示!</p>
        <hr>
        <h3>现在的时间是:<%=str%></h3>
        <hr>
    </body>
</html>
```

import.jsp 运行效果如图 5-8 所示。

图 5-8　import.jsp 运行效果

如果需要在一个 JSP 页面中同时导入多个 Java 包，可以逐一声明，也可以使用逗号分隔。

例如：

```
<%@page import="java.util.Date" %>
<%@page import="java.io. * " %>
```

可写成：

```
<%@page import="java.util.Date,java.io. * " %>
```

4. session 属性

【功能说明】session 属性用于指定是否可以使用 session 对象,若允许页面参与 HTTP 会话,就设置为 true,否则设为 false,其默认值为 true。

【例 5-9】　session 属性实例(session.jsp)。

```
<%@page contentType="text/html" pageEncoding="UTF-8"%>
<html>
    <head>
        <meta http-equiv="Content-Type" content="text/html; charset=UTF-8">
        <title>session 属性实例</title>
    </head>
    <body>
            <p>session 属性实例演示!</p>
        <hr>
        sessionID 号为:<%=session.getId()%>
        <hr>
    </body>
</html>
```

session.jsp 运行效果如图 5-9 所示。

图 5-9　session.jsp 运行效果

5. buffer 属性

【功能说明】buffer 属性用于设定页面的缓冲区大小(字节数),属性值为 none 时表示禁用缓冲区,其默认值为 8KB。

例如:

设置页面缓冲区大小为 64KB:

```
<%@page buffer="64KB" %>
```

禁用缓冲区:

```
<%@page buffer="none" %>
```

6. autoFlush 属性

【功能说明】autoFlush 属性用于指定 JSP 页面缓冲区是否自动刷新输出,其默认值为 true。如果该属性设置为 true,则页面缓冲区满时自动刷新输出;否则,当页面缓冲区满时抛出一个异常。

例如：

```
<%@page autoFlush="false"%>
```

7．isThreadSafe 属性

【功能说明】isThreadSafe 属性用于指定 JSP 页面是否能够处理一个以上的请求，如果为 true，则该页面可能同时收到 JSP 引擎发出的多个请求；反之，JSP 引擎会对收到的请求进行排队，当前页面在同一时刻只能处理一个请求。其默认值为 true。

建议将 isThreadSafe 属性设置为 true，确保页面使用的所有对象都是线程安全的。

例如：

```
<%@page isThreadSafe="true" %>
```

8．info 属性

【功能说明】info 属性用于指定 JSP 页面的相关信息文本，无默认值。

例如：

```
<%@page info="Page directive property: info" %>
```

9．errorPage 属性

【功能说明】errorPage 属性用于指定错误页面。当页面出现一个没有被捕获的异常时，错误信息将被 throw 语句抛出，而被设置为错误信息网页的 JSP 页面将利用 exception 隐含对象获取错误信息。relativeURL 默认设置为空，即没有错误处理页面。

10．contentType 属性

【功能说明】contentType 属性用于指定内容 MIME 类型和 JSP 页面的编码方式。对于普通 JSP 页面，默认的 contentType 属性值为"text/html;charset＝ISO-8859-1"。

例如：

```
<%@page contentType=content="text/html; charset=UTF-8"%>
```

11．pageEncoding 属性

【功能说明】pageEncoding 属性用于指定 JSP 页面的编码方式，默认值为 ISO-8859-1，为支持中文可设置为 UTF-8。

例如：

```
<%@page pageEncoding="UTF-8"%>
```

12．isErrorPage 属性

【功能说明】isErrorPage 属性指定 JSP 页面是否为处理异常错误的页面，其默认值为 false。如果将 isErrorPage 属性设置为 true，则固有的 exception 对象脚本元素可用。

5.3.2　include 指令

include 指令用于在当前 JSP 页面中加载需要插入的文件代码，即为页面插入一个静态文件，如 JSP 页面、HTML 页面、文本文件或一段 Java 程序，这些加载的代码和原有的 JSP 代码合并成一个新的 JSP 文件。

include 指令的语法格式如下：

```
<%@include file="文件名" %>
```

其中,文件名指被包含的文件名称。

include 指令只有一个 file 属性。

【功能说明】file 属性用于指定插入的包含文件的相对路径,无默认值。

例如:

```
<%@include file="index.html" %>
<%@include file="main.jsp" %>
```

在 JSP 中用 include 指令包含一个静态文件,同时解析这个文件中的 JSP 语句。使用 JSP 的 include 指令有助于实现 JSP 页面的模块化。

<%@include%>将会在 JSP 编译时插入一个包含文本或代码的文件,这个包含的过程是静态的。静态的包含是指这个被包含的文件将会被插入到 JSP 文件中去,这个包含的文件可以是 JSP 文件、HTML 文件、文本文件。一个页面中可以有多个 include 指令。

【例 5-10】　include 指令实例(include.jsp 和 hello.jsp)。

include.jsp 代码如下:

```
<%@page contentType="text/html" pageEncoding="UTF-8"%>
<html>
    <head>
        <meta http-equiv="Content-Type" content="text/html; charset=UTF-8">
        <title>include 指令实例</title>
    </head>
    <body>
        <p>include 指令实例演示!</p>
        <hr>
        <%@include file="hello.jsp" %>
        <hr>
    </body>
</html>
```

hello.jsp 代码如下:

```
<%@page contentType="text/html" pageEncoding="UTF-8"%>
<html>
    <head>
        <meta http-equiv="Content-Type" content="text/html; charset=UTF-8">
        <title>JSP Page</title>
    </head>
    <body>
        <h3>一分耕耘,一分收获!</h3>
        <h3>知识改变生活,努力改变自己!</h3>
    </body>
</html>
```

include.jsp 运行效果如图 5-10 所示。

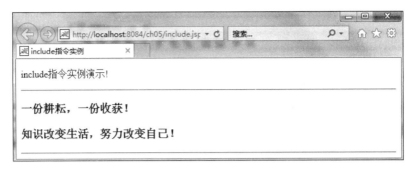

图 5-10　include.jsp 运行效果

5.3.3　taglib 指令

taglib 指令用来指定页面中使用的标签库以及自定义标签的前缀。

taglib 指令语法格式如下：

```
<%@taglib uri="tagLibraryURI" prefix="tagPrefix" %>
```

1. uri 属性

【功能说明】uri(Uniform Resource Identifier,统一资源标识符)属性用于指定标记库的存放位置,并告诉 JSP 引擎在编译 JSP 程序时如何处理指定标签库中的标签,无默认值。uri 属性可以是在 TLD(标记库描述符)文件或 web. xml 文件中定义的标记库的符号名,也可以是 TLD 文件或 JAR 文件的相对路径。

2. prefix 属性

【功能说明】prefix 属性用于指定标记库中所有动作元素名中使用的前缀,无默认值。

例如：

```
<%@taglib prefix="c" uri="http://java.sun.com/jsp/jstl/core" %>
```

上述代码可以在页面中导入标签库,"http://java. sun. com/jsp/jstl/core"是 JSP 标签库所在的路径。

5.4　JSP 常用动作

当客户请求 JSP 页面时,可以利用 JSP 动作动态地插入文件、重用 JavaBean 组件、把用户重定向到另外的页面。

动作元素名和属性名都是大小写敏感的。

JSP 规范定义了一系列标准动作,使用 jsp 作为前缀。其中常用的动作有<jsp:param>、<jsp:include>、<jsp:useBean>、<jsp:setProperty>、<jsp:getProperty>、<jsp:forward>。

5.4.1　<jsp:param>动作

<jsp:param>动作可以用于<jsp:include>、<jsp:forward>动作体中,为其他动作

传送一个或者多个参数。

<jsp:param>动作的语法格式如下：

```
<jsp:param name="参数名" value="参数值"/>
```

1. name 属性

【功能说明】name 属性用于指定参数名称,不可以接受动态值。

2. value 属性

【功能说明】value 属性用于指定参数值,可以接受动态值。

5.4.2 <jsp:include>动作

<jsp:include>动作用来把指定文件动态插入正在生成的页面中。

<jsp:include>动作的语法格式如下：

```
<jsp:include page="文件名" flush="true"/>
```

或者

```
<jsp:include page="文件名" flush="true">
    <jsp:param name="参数" value="参数值"/>
</jsp:include>
```

1. page 属性

【功能说明】page 属性指定所包含资源的相对路径,可以接受动态值。

2. flush 属性

【功能说明】flush 属性指定在包含目标资源之前是否刷新输出缓冲区,默认值为 false,不可接受动态值。

<jsp:include>动作允许包含静态文件和动态文件,这两种包含文件的效果是不同的。

如果包含文件是静态文件,那么这种包含仅仅是把包含文件的内容添加到 JSP 文件中去,这个文件不会被 JSP 编译器执行;如果包含文件是动态的,那么这个被包含文件也会被 JSP 编译器执行。

include 指令和 include 动作都能实现将外部文档包含到 JSP 文档中的功能,名称相似,但也有区别。

1) include 指令

include 指令可以在 JSP 页面转换成 Servlet 之前,将 JSP 代码插入其中。

include 指令的语法格式如下：

```
<%@include file="文件名"%>
```

2) include 动作

<jsp:include>动作是当主页面被请求时,将其他页面的输出包含进来。

<jsp:include>动作的语法格式如下：

```
<jsp:include page="文件名" flush="true">
```

3）两者的区别

＜jsp：include＞动作和 include 指令之间的根本不同在于它们被调用的时间。＜jsp：include＞动作在页面请求期间被激活，而 include 指令在页面转换期间被激活。

两者之间的差异决定了它们在使用上的区别。使用 include 指令的页面要比使用＜jsp：include＞动作的页面难于维护。＜jsp：include＞动作相对于 include 指令在维护上有明显优势，而 include 指令仍然能够得以存在，自然在其他方面有特殊的优势。这个优势就是 include 指令的功能更强大，执行速度也稍快。include 指令允许所包含的文件中含有影响主页面的 JSP 代码，如响应内容的设置和属性方法的定义。

【例 5-11】　＜jsp：include＞动作实例 1(includeAction1.jsp)。

```
<%@page contentType="text/html" pageEncoding="UTF-8"%>
<html>
    <head>
        <meta http-equiv="Content-Type" content="text/html; charset=UTF-8">
        <title>动作实例 1</title>
    </head>
    <body>
        <p>include 动作实例演示!</p>
        <hr>
        <jsp:include page="hello.jsp"/>
        <hr>
    </body>
</html>
```

includeAction1.jsp 运行效果如图 5-11 所示。hello.jsp 代码参考例 5-10。

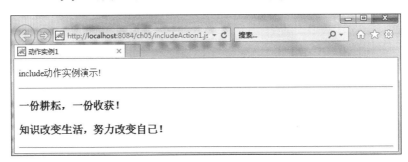

图 5-11　includeAction1.jsp 运行效果

【例 5-12】　＜jsp：include＞动作实例 2(includeAction2.jsp 和 hello1.jsp)。

includeAction2.jsp 代码如下：

```
<%@page contentType="text/html" pageEncoding="UTF-8"%>
<html>
    <head>
        <meta http-equiv="Content-Type" content="text/html; charset=UTF-8">
        <title>动作实例 2</title>
    </head>
    <body>
```

```
        <p>include 动作实例演示!</p>
        <hr>
        <jsp:include page="hello1.jsp">
            <jsp:param name="name" value="QQ"/>
        </jsp:include>
        <hr>
    </body>
</html>
```

hello1.jsp 代码如下:

```
<%@page contentType="text/html" pageEncoding="UTF-8"%>
<html>
    <head>
        <meta http-equiv="Content-Type" content="text/html; charset=UTF-8">
        <title>JSP Page</title>
    </head>
    <body>
        <%=request.getParameter("name")%>你好,欢迎你访问!
    </body>
</html>
```

本例演示动作的动态功能。运行效果如图 5-12 所示。其中,"<%=request.getParameter("name")%>你好,欢迎你访问!%>"中的 request.getParameter("name")通过使用内置对象的方法获取 name 的值。

图 5-12　includeAction2.jsp 运行效果

注意:本节部分程序涉及内置对象的知识,可参考第 6 章的相关内容。

5.4.3　<jsp:useBean>动作

<jsp:useBean>动作用来加载在 JSP 页面中使用到的 JavaBean。这个功能非常有用,能够实现 JavaBean 组件的重用。

<jsp:useBean>动作的语法格式如下:

```
<jsp:useBean id="Bean 实例名称" scope="page|request|session|application"
class="JavaBen 类" type="对象变量的类型" beanName="Bean 名字"/>
```

<jsp:useBean>动作的属性有 5 个:id、scope、class、type 和 beanName。下面简要说明这些属性的用法。

1. id 属性

【功能说明】id 属性指定该 JavaBean 的实例名称,不可接受动态值。如果能够找到 id 和 scope 相同的 Bean 实例,<jsp:useBean>动作将使用已有的 Bean 实例而不是创建新的实例。

2. scope 属性

【功能说明】scope 属性指定 Bean 的作用域,一个作用域内 id 属性的值是唯一的,即一个作用域内不能有两个一样的 id 值,不可以接受动态值,可选作用域有 page、request、session 和 application。

默认值是 page,表示该 Bean 只在当前页面内可用(保存在当前页面的 PageContext 内)。

Request:表示该 Bean 在当前的客户请求内有效(保存在 ServletRequest 对象内)。

Session:表示该 Bean 对当前 HttpSession 内的所有页面都有效,即会话作用域。

Application:表示该 Bean 在任何使用相同的 application 的 JSP 页面中有效,即整个应用程序范围内有效。

3. class 属性

【功能说明】class 属性指定 Bean 的类路径和类名,不可接受动态值,这个 class 不能是抽象的。

【例 5-13】 <jsp:useBean>动作实例 1(useBeanAction1.jsp)。

```
<%@page contentType="text/html" pageEncoding="UTF-8"%>
<html>
    <head>
        <meta http-equiv="Content-Type" content="text/html; charset=UTF-8">
        <title>jsp:useBean动作实例 1</title>
    </head>
    <body>
        <p>jsp:useBean 动作实例演示!</p>
        <hr>
        <jsp:useBean id="time" class="java.util.Date" />
        现在时间:<%=time%>
        <hr>
    </body>
</html>
```

useBeanAction1.jsp 运行效果如图 5-13 所示。

图 5-13 useBeanAction1.jsp 运行效果

4. type 属性

【功能说明】type 属性指定引用该对象的变量的类型,它必须是 Bean 类的名字、超类名字、该类所实现的接口名字之一。变量的名字是由 id 属性指定的。

5. beanName 属性

【功能说明】beanName 属性用于指定 Bean 的名字,可以接受动态值。beanName 属性必须与 type 属性结合使用,不能与 class 属性同时使用。

【例 5-14】 <jsp:useBean>动作实例 2(useBeanAction2.jsp)。

```
<%@page contentType="text/html" pageEncoding="UTF-8"%>
<html>
    <head>
        <meta http-equiv="Content-Type" content="text/html; charset=UTF-8">
        <title>useBeanAction 动作实例 2</title>
    </head>
    <body>
        <p>jsp:useBean 动作实例演示!</p>
        <hr>
         < jsp:useBean id="time" type="java.io.Serializable" beanName="java.
         util.Date"/>
        现在时间:<%=time%>
        <hr>
    </body>
</html>
```

useBeanAction2.jsp 运行效果如图 5-14 所示。

图 5-14   useBeanAction2.jsp 运行效果

5.4.4   <jsp:setProperty>动作

<jsp:setProperty>动作用来设置、修改已实例化 Bean 中的属性值。

<jsp:setProperty>动作的语法格式如下:

```
<jsp:setProperty name="Bean 的名称" property="*" |property="属性"[param="属性"|
value="值"]/>
```

1. name 属性

【功能说明】name 属性是必需的,表示要设置的属性是哪个 Bean 的,不可接受动态值。

2. property 属性

【功能说明】property 属性是必需的。表示要设置哪个属性。如果 property 的值是 * ，表示所有名字和 Bean 属性名字匹配的请求参数都将被传递给相应属性的 set 方法。

3. param 属性

【功能说明】param 属性是可选的。指定用哪个请求参数作为 Bean 属性的值。如果当前请求没有参数，则什么事情也不做，系统不会把 null 传递给 Bean 属性的 set 方法。因此，可以让 Bean 自己提供默认属性值，只有在请求参数明确指定了新值时才修改默认属性值。

【例 5-15】 <jsp:setProperty>动作实例(setPropertyAction1.jsp)。

```
<%@page contentType="text/html" pageEncoding="UTF-8"%>
<html>
    <head>
        <meta http-equiv="Content-Type" content="text/html; charset=UTF-8">
        <title>jsp:setProperty 动作实例 1</title>
    </head>
    <body>
        <p>jsp:setProperty 动作实例演示！
        <hr>
        <jsp:useBean id="time" class="java.util.Date">
            <jsp:setProperty name="time" property="hours" param="hh"/>
            <jsp:setProperty name="time" property="minutes" param="mm"/>
            <jsp:setProperty name="time" property="seconds" param="ss"/>
        </jsp:useBean>
        <br>
         设置属性后的时间: ${time}
        <br>
        <hr>
    </body>
</html>
```

setPropertyAction.jsp 运行效果如图 5-15 所示。

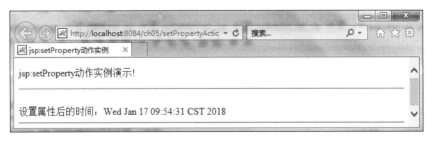

图 5-15 setPropertyAction.jsp 运行效果

4. value 属性

【功能说明】value 属性是可选的。该属性用来指定 Bean 属性的值。

value 和 param 不能同时使用，但可以使用其中任意一个。

5.4.5 ＜jsp:getProperty＞动作

＜jsp:getProperty＞动作获取指定的 Bean 属性值并转换成字符串输出。

＜jsp:getProperty＞动作的语法格式如下：

```
<jsp:getProperty name="Bean 的名称" property="Bean 的属性" />
```

＜jsp:getProperty＞元素可以获取 Bean 的属性值，并可以将其使用或显示在 JSP 页面中。在使用＜jsp:getProperty＞之前，必须用＜jsp:useBean＞创建实例化对象。

1. name 属性

【功能说明】name 属性指定要获取属性值的 Bean 名称，不能接受动态值。

2. property 属性

【功能说明】property 属性指定要获取的 Bean 属性名，不能接受动态值。

【例 5-16】 用户注册实例。

用户注册是大部分网站都提供的功能模块，本实例模拟实现用户注册功能。为简化开发，假定用户注册信息包含 3 个参数：用户名、密码、年龄。用户注册页面为 register.html，该页面提交后转到数据处理页面 register.jsp，并使用 JavaBean(即 UserRegisterBean 类)保存数据。

注册页面 register.html 代码如下：

```html
<html>
    <head>
        <title>用户注册实例</title>
        <meta http-equiv="Content-Type" content="text/html; charset=UTF-8">
    </head>
    <body bgcolor="CCEEFF">
        <div align="center">
            <form action="register.jsp" method="get">
                <table border="1">
                    <tr>
                        <th align="center">注册用户信息</th>
                    </tr>
                    <tr>
                        <td>
                            姓名：
                            <input type="text" name="userName" size="16">
                        </td>
                    </tr>
                    <tr>
                        <td>
                            密码：
                            <input type="password" name="password" size="18">
                        </td>
                    </tr>
```

```
                </tr>
                <tr>
                    <td>年龄:<input type="text" name="age" size="16"></td>
                </tr>
                <tr>
                    <td><input type=submit value="提交"></td>
                </tr>
            </table>
        </form>
        <hr>
    </div>
</body>
</html>
```

数据处理页面 register.jsp 代码如下：

```
<%@page contentType="text/html" pageEncoding="UTF-8"%>
<!DOCTYPE html>
<html>
    <head>
        <meta http-equiv="Content-Type" content="text/html; charset=UTF-8">
        <title>处理用户注册信息页面</title>
    </head>
    <body bgcolor="CCEEFF">
        <jsp:useBean id="user" scope="page" class="ch05.UserRegisterBean"/>
        <jsp:setProperty name="user" property="*"/>
        注册成功:
        <hr/>
        使用 Bean 属性方法:
        <br/>
        用户名:<%=user.getUserName() %>
        <br/>
        密码:<%=user.getPassword() %>
        <br/>
        年龄:<%=user.getAge()%>
        <hr/>
        使用 getProperty 动作:
        <br/>
        用户名:<jsp:getProperty name="user" property="userName"/>
        <br/>
        密码:<jsp:getProperty name="user" property="password"/>
        <br/>
        年龄:<jsp:getProperty name="user" property="age"/>
        <br/>
    </body>
```

```
</html>
```

代码"＜jsp：useBean id＝"user" scope＝"page" class＝"ch05. UserRegisterBean"/＞",表示使用声明过的 JavaBean,id 为 user。

代码"＜jsp：setProperty name＝"user" property＝" * "/＞",用于设置 JavaBean 的属性。

可以使用 Bean 的方法获取属性值：例如,"用户名：＜%＝user. getUserName（）%＞＜br＞密码：＜%＝user. getPassword（）%＞＜br＞年龄：＜%＝user. getAge（）%＞＜br＞"。

也可以使用＜jsp：getProperty＞动作获取 Bean 的属性；例如,"用户名：＜jsp：getProperty name＝"user" property＝"userName"/＞＜br＞密码：＜jsp：getProperty name＝"user" property＝"password"/＞＜br＞年龄：＜jsp：getProperty name＝"user" property＝"age"/＞＜br＞"。

数据处理页面 register. jsp 使用 UserRegisterBean 来保存数据。

UserRegisterBean. java 代码如下：

```java
package ch05;

public class UserRegisterBean {
    private String userName;
    private String password;
    private int age;
    public String getUserName() {
        return userName;
    }
    public void setUserName(String userName) {
        this.userName =userName;
    }
    public String getPassword() {
        return password;
    }
    public void setPassword(String password) {
        this.password =password;
    }
    public int getAge() {
        return age;
    }
    public void setAge(int age) {
        this.age =age;
    }
}
```

register. html 运行效果如图 5-16 所示。在图 5-16 所示页面中输入数据后单击"提交"按钮运行,register. jsp 页面处理后的结果如图 5-17 所示。

图 5-16　register.html 运行效果

图 5-17　用户注册实例运行结果

5.4.6　＜jsp：forward＞动作

＜jsp：forward＞动作用于转发客户端的请求到另一个页面或者另一个 Servlet 文件中去。

＜jsp：forward＞动作的语法格式如下：

```
<jsp:forward page="地址或者页面" />
```

＜jsp：forward＞动作可以包含一个或多个＜jsp：param＞子动作，用于向要引导进入的页面传递参数。当＜jsp：forward＞动作发生时，如果已经有文本被写入输出流而且页面没有设置缓冲，将抛出异常。

page 属性

【功能说明】page 属性指定资源的相对路径，可接受动态值。

【例 5-17】　登录实例。

为了简化程序，本例没有连接数据库。假定用户名和密码正确，使用＜jsp：forward＞动作把页面跳转到 success.jsp 页面，否则返回 login.jsp 页面。三个页面分别是登录页面 login.jsp、对登录页面进行数据处理的页面 loginCheck.jsp 和登录成功页面 success.jsp。

login.jsp 代码如下：

```
<%@page contentType="text/html" pageEncoding="UTF-8"%>
```

```
<html>
    <head>
        <meta http-equiv="Content-Type" content="text/html; charset=UTF-8">
        <title>登录页面</title>
    </head>
    <body bgcolor="CCEEFF">
        <div align="center">
            <form action="logincheck.jsp">
                <table border="2">
                    <tr>
                        <td align="center" colspan="2">请登录</td>
                    </tr>
                    <tr>
                        <td>用户名:</td>
                        <td>
                            <input type="text" name="userName" size="16">
                        </td>
                    </tr>
                    <tr>
                        <td>密　码:</td>
                        <td>
                            <input type="password" name="password" size="18">
                        </td>
                    </tr>
                    <tr>
                        <td colspan="2"><input type="submit" value="登录"></td>
                    </tr>
                </table>
            </form>
        </div>
    </body>
</html>
```

处理登录页面所输入数据的 loginCheck.jsp 页面代码如下：

```
<%@page contentType="text/html" pageEncoding="UTF-8"%>
<html>
    <head>
        <meta http-equiv="Content-Type" content="text/html; charset=UTF-8">
        <title>数据处理页面</title>
    </head>
    <body>
        <%
            String name=request.getParameter("userName");
            String password=request.getParameter("password");
            if(name.equals("QQ")&&password.equals("123")){
```

```
%>
    <jsp:forward page="success.jsp">
        <jsp:param name="userName" value="<%=name%>"/>
    </jsp:forward>
<%
    }
    else{
%>
    <jsp:forward page="login.jsp">
        <jsp:param name="userName" value="<%=name%>"/>
    </jsp:forward>
<%
    }
%>
</body>
</html>
```

登录成功页面 success.jsp 代码如下:

```
<%@page contentType="text/html" pageEncoding="UTF-8"%>
<html>
    <head>
        <meta http-equiv="Content-Type" content="text/html; charset=UTF-8">
        <title>登录成功页面</title>
    </head>
    <body bgcolor="CCEEFF">
        登录成功
        <hr>
        欢迎你<%=request.getParameter("userName")%>!
    </body>
</html>
```

内置对象 request 调用 getParameter()方法获取参数值。关于内置对象请参考第 6 章。

login.jsp 运行效果如图 5-18 所示。输入用户名和密码后,单击"登录"按钮,如果用户名和密码均正确将转到登录成功页面,如图 5-19 所示。若用户名和密码不正确,将重新跳转到登录页面。

图 5-18   login.jsp 运行效果

图 5-19　登录成功页面

5.5　项 目 实 训

5.5.1　项目描述

本项目是一个网上购书系统,系统有一个登录页面 bookShopLogin.jsp,代码如例 5-18 所示。登录页面提交后转到 bookShopLoginCheck.jsp 页面,代码如例 5-19 所示,该页面对提交的用户信息进行处理。首先,使用动作把提交的用户信息保存在 UserInfoBean 类中,该类的代码如例 5-20 所示。然后,通过输入的用户信息判断用户账号和密码是否正确,若正确就进入购书页面 (bookShop.jsp)进行购书,代码如例 5-21 所示;否则使用动作把页面重新跳转到登录页面(bookShopLogin.jsp)。购书后信息提交到 bookShopCheck.jsp,代码如例 5-22 所示,该页面对提交的购书信息进行处理。使用动作把提交的购书信息保存在 BookShopBean 类中,该类中同时封装了对购书进行处理的其他方法,代码如例 5-23 所示。

项目的文件结构如图 5-20 所示。本项目分别使用 NetBeans 和 Eclipse 开发。

图 5-20　项目的文件结构

5.5.2　学习目标

本实训主要的学习目标是通过综合运用本章的知识点来巩固本章所学理论知识,要求在熟悉 JSP 页面结构的基础上熟练使用 JSP 中的脚本元素、指令和动作。

5.5.3　项目需求说明

本项目设计一个网上购书系统,用户通过账号和密码登录后进入购书页面。用户可以在购书页面选择自己需要购买的书籍。

5.5.4　项目实现

登录页面(bookShopLogin.jsp)运行效果如图 5-21 所示。

图 5-21　系统登录页面

【例 5-18】　登录页面（bookShopLogin.jsp）。

```jsp
<%@page contentType="text/html" pageEncoding="UTF-8"%>
<html>
    <head>
        <meta http-equiv="Content-Type" content="text/html; charset=UTF-8">
        <title>欢迎访问网上购书系统</title>
    </head>
    <body bgcolor="CCCFFF">
        <div align="center">
            <form action="bookShopLoginCheck.jsp" method="post">
                <table border="2">
                    <tr>
                        <td align="center" colspan="2">用户请先登录</td>
                    </tr>
                    <tr>
                        <td>用户账号:</td>
                        <td>
                            <input type="text" name="userName" size="16">
                        </td>
                    </tr>
                    <tr>
                        <td>用户密码:</td>
                        <td>
                            <input type="password" name="password" size="18">
                        </td>
                    </tr>
                    <tr>
                        <td align="center" colspan="2">
                            <input type="submit" value="登录">
                        </td>
                    </tr>
                </table>
            </form>
        </div>
    </body>
```

```
</html>
```

单击图 5-21 所示页面中的"登录"按钮,请求提交到 bookShopLoginCheck.jsp,并将数据保存在 UserInfoBean 类中,如果账号和密码正确,页面跳转到 bookShop.jsp,该页面实现效果如图 5-22 所示。

图 5-22　购书页面

【例 5-19】　对登录页面数据进行处理(bookShopLoginCheck.jsp)。

```jsp
<%@page contentType="text/html" pageEncoding="UTF-8"%>
<html>
    <head>
        <meta http-equiv="Content-Type" content="text/html; charset=UTF-8">
        <title>网上购书系统——处理登录的页面</title>
    </head>
<body bgcolor="CCCFFF">
    <jsp:useBean id="user" scope="page" class="bookShop.UserInfoBean"/>
    <jsp:setProperty name="user" property="*"/>
    <%
        if(user.getUserName()==null||user.getPassword()==null){
     %>
    <jsp:forward page="bookShopLogin.jsp"/>
    <%
        }
        if(user.getUserName().equals("QQ")){
            if(user.getPassword().equals("123")){
    %>
            <jsp:forward page="bookShop.jsp">
                <jsp:param name="userName"
                  value="<%=user.getUserName()%>"/>
            </jsp:forward>
    <%
            }else{
    %>
            <jsp:forward page="bookShopLogin.jsp"/>
    <%
```

```
                }
            }else{
    %>
                <jsp:forward page="bookShopLogin.jsp"/>
    <%
            }
    %>
        </body>
    </html>
```

【**例 5-20**】 保存用户信息的 JavaBean(UserInfoBean.java)。

```java
package bookShop;
public class UserInfoBean {
    private String userName;
    private String password;
    public String getUserName() {
        return userName;
    }
    public void setUserName(String userName) {
        this.userName =userName;
    }
    public String getPassword() {
        return password;
    }
    public void setPassword(String password) {
        this.password =password;
    }
}
```

【**例 5-21**】 选书页面(bookShop.jsp)。

```jsp
<%@page contentType="text/html" pageEncoding="UTF-8"%>
<html>
    <head>
        <meta http-equiv="Content-Type" content="text/html; charset=UTF-8">
        <title>在线购书系统</title>
    </head>
    <body bgcolor="CCCFFF">
        <form action="bookShopCheck.jsp" method="get">
            <hr>
            欢迎访问本网站!
            <hr>
            请选择要购买的图书:
            <hr>
            <select name="item">
                <option>《Java 程序设计与项目实训教程 (第 2 版)》</option>
```

```
            <option>《JSP 程序设计技术教程 (第 2 版)》</option>
            <option>《JSP 程序设计与项目实训教程 (第 2 版)》</option>
            <option>《JSP 程序设计实训与案例教程 (第 2 版)》</option>
            <option>《Struts2+Hibernate 框架技术教程 (第 2 版)》</option>
            <option>
                《Web 框架技术 (Struts2+Hibernate5+Spring5)教程 (第 2 版)》
            </option>
            <option>
                《Java Web 技术整合应用与项目实战 (JSP+Servlet+Struts2+
                    Hibernate5+Spring5) (第 2 版)》
            </option>
        </select>
        <br>
        <hr>
        <input type="submit" name="submit" value="购买"/>
    </form>
</body>
</html>
```

在图 5-22 所示页面中,选择要购买的书后单击"购买"按钮,请求提交到 bookShopCheck.jsp,并把数据保存在 BookShopBean 类中。

【例 5-22】 对购书页面数据进行处理(bookShopCheck.jsp)。

```
<%@page contentType="text/html" pageEncoding="UTF-8"%>
<html>
    <head>
        <meta http-equiv="Content-Type" content="text/html; charset=UTF-8">
        <title>已购书信息</title>
    </head>
    <body>
        <jsp:useBean id="cart" scope="session" class="bookShop.BookShopBean"/>
        <jsp:setProperty name="cart" property="*"/>
        <%
            cart.processRequest(request);
        %>
        <br>您已选购的书有:
        <ol>
            <%
            String[] items=cart.getItems();
            for (int i=0;i<items.length;i++){
            %>
            <li><%=items[i]%></li>
            <%
                }
            %>
        </ol>
```

```
        <br>
        <hr>
        <%@include file ="bookShop.jsp"%>
    </body>
</html>
```

【例 5-23】 处理购书的 JavaBean(BookShopBean.java)。

```java
package bookShop;
import java.util.Vector;
import javax.servlet.http.HttpServletRequest;
public class BookShopBean {
    private String item;
    private String submit;
    Vector v=new Vector();
    public String getItem() {
        return item;
    }
    public void setItem(String item){
        this.item=item;
    }
    public String getSubmit() {
        return submit;
    }
    public void setSubmit(String submit){
        this.submit=submit;
    }
    private void addItem(String item){
        v.addElement(item);
    }
    public String[] getItems(){
        String[] s=new String[v.size()];
        v.copyInto(s);
        return s;
    }
    public void processRequest(HttpServletRequest request){
        if(submit==null)
            addItem(item);
        if(submit.equals("购买"))
            addItem(item);
        reset();
    }
    private void reset() {
        setSubmit(null);
        setItem(null);
    }
}
```

在图 5-22 所示页面中选择需要选购的书后页面效果如图 5-23 所示。

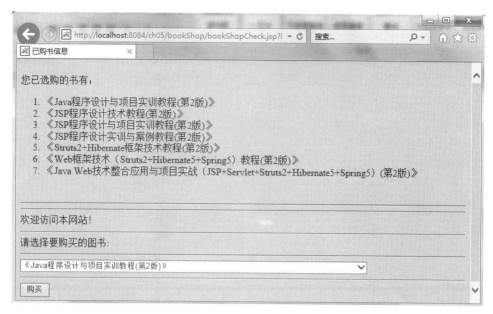

图 5-23 购书页面

5.5.5 项目实现过程中注意的问题

在项目实现的过程中要注意的问题有：首先，必须按照 JSP 基本语法编写 JSP 页面；其次，必须正确使用 JSP 的脚本元素、指令以及动作的名称和属性；再次，编写 JSP 页面时不能出现语法错误和拼写错误；最后，要规范使用 JSP 基本语法，包括对 JSP 页面命名、变量命名以及对 JavaBean 的命名等。

5.5.6 常见问题及解决方案

1. method 属性使用不当导致异常

解决方案：若出现如图 5-24 所示的异常情况，可检查 bookShop.jsp 页面中的＜form

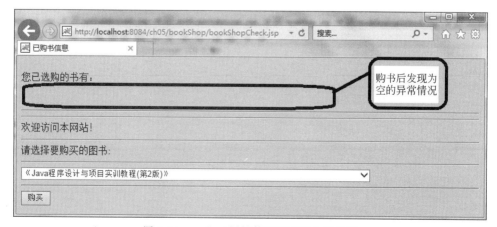

图 5-24 method 属性使用不当发生的异常

action＝"bookShopCheck. jsp" method＝"get"＞,这里 method 需要使用 get 方法,因为 get 方法传送数据的方式是以字符串形式传送过去,post 方法是以包的形式传送过去的。

2. scope 属性使用不当发生的异常

解决方案:若出现如图 5-25 所示的异常情况,即只能购买一本书,无法像图 5-23 所示那样可以购买多本书,一般原因在于 bookShopCheck. jsp 页面中的＜jsp:useBean id＝"cart" scope＝"session" class＝"bookShop. BookShopBean"/＞代码中 scope 属性使用不对,应使用 session 属性。

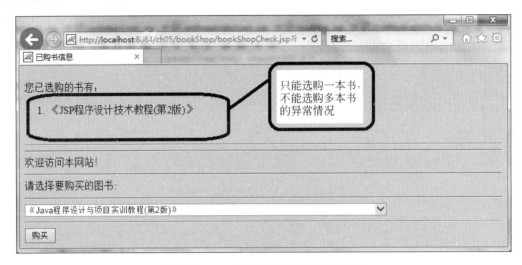

图 5-25　scope 属性使用不当发生的异常

5.5.7　拓展与提高

尝试为网上购书系统增加删除图书功能,即可以把已经选择而又不想购买的书在购书页面上删除,如图 5-26 所示。例如,可以在已选择的书中删除《JSP 程序设计技术教程(第 2 版)》,如图 5-27 所示。

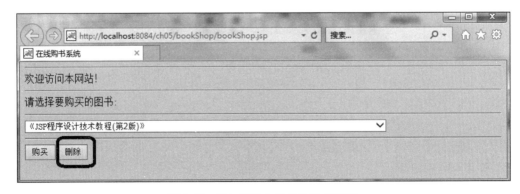

图 5-26　添加删除功能后的购书页面

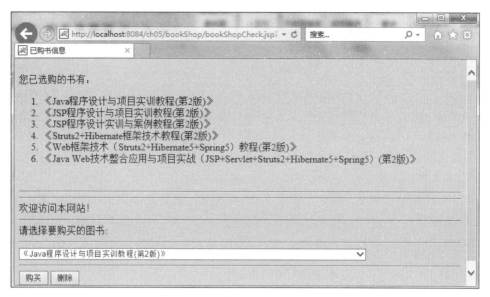

图 5-27　删除书后的页面信息

5.6　课外阅读(Sun 公司的发展史)

1982 年,Sun 公司诞生于美国斯坦福大学校园。Sun 公司于 1986 年上市,在 NASDAQ 的标识为 SUNW。创立伊始,Sun 公司的创立者就以与众不同的洞察力率先提出"网络就是计算机"的独特理念。如今,这一理念已驱使 Sun 公司成为向全球用户提供最具实力的硬件、软件与服务的领先供应商。Sun 公司是开放式网络计算的领导者。30 多年来,Sun 公司一直对客户恪守着体现"开放思想"的重要承诺:促进多种选择,提供创新技术,提升客户价值。

Sun 公司是世界上最大的 UNIX 系统供应商。主要产品有 UltraSPARC 系列工作站、服务器和存储器等计算机硬件系统,Sun ONE 品牌软件、Solaris 操作环境及 Java 系列开发工具和应用软件,以及各类服务等,并以其高度灵活性、缩放性、可靠性和可用性等特性赢得全球各个行业客户的青睐。Sun 公司还一直处于信息技术领先提供商的最佳位置之上。这缘于其拥有:以网络计算为核心的产品线,由解决方案所引领的销售模式,作为核心技术的基础设施系统,具有革新性的组织机构,研发上的巨大投入,以及以客户为中心的发展战略。

自 2003 年年初开始,Sun 公司将"低成本计算"作为其核心战略之一,从产品、技术、服务、与合作伙伴的联盟等各个方面全方位地为客户降低成本和复杂性,满足企业客户降低总拥有成本、提升企业效能的迫切需求。Sun 公司的足迹遍及全球 100 多个国家和地区,在美国、欧洲、中东和非洲、日本和亚太等地区,Sun 公司产品的市场份额都在攀升。众多客户的喜爱和欢迎,预示 Sun 公司在新的世纪中取得更加辉煌业绩的美好前程。

1982 年,Sun 公司由安迪·贝托斯黑姆(Andy Bechtolsheim)、比尔·乔伊(Bill Joy)、温诺德·科斯拉(Vinod Khosla)和斯科特·麦克尼利(Scott McNealy)在斯坦福大学创建,其第一台工作站问世。

1983 年,取得了第一个重大突破。Sun 公司和 Computer Vision 公司签署了 4000 万美元的协议,开始在欧洲开展业务。

1984 年,Sun 公司有了重要的创意。推出了 NFS 技术并免费授权给业界,这被认为是未来的网络文件共享标准。

1985 年,Sun 公司更加光芒四射。*Computer Systems News* 指出:"虽然其他公司仍然在寒意中颤抖,但是 Sun 公司比任何时候都要明亮。"Sun 公司开始在加拿大开展业务。

1986 年,Sun 公司继续扩展。推出了 PC-NFS 技术,给 PC 用户带来了网络计算的力量,为 Sun 公司开辟了一个全新的市场,Sun 公司的 IPO 取得了极大的成功。Sun 公司开始在亚洲和澳大利亚开展业务。公司上市后,每股 16 美元。

1987 年,Sun 公司和 AT&T 为未来 10 年的企业计算奠定了基础,它们结盟联合开发 UNIX 系统版本 4。Sun 公司在工作站市场取得了领先,并开始介入互联网。

1988 年,Sun 公司的年收入达到了 10 亿美元,这对一家直接销售的计算机公司来说是最快的纪录。

1989 年,Sun 公司推出了 SPARCstation 1 系统。其性能的集成性很高,大小只有 $3 \times 16 \times 16$(立方英寸),是第一款"比萨饼盒"。Sun 公司的盟友扩展到 Informix、Oracle、Sybase。Sun 公司还在法国建立了研发中心,成为独立、开放标准的组织 SPARC International 的执行委员。

1990 年,Sun 公司在 SPARCstation 1 取得成功之后推出了 4 种新型号,其中包括第一款 5000 美元以下的工作站,Sun 公司还在苏格兰建立了制造工厂。

1991 年,Sun 公司在 RISC 市场的份额达到了 63%,这是全球最快速、功能最强大的计算架构,销量已经超过了 50 万套。Sun 公司推出了 Solaris 2,它特别适合于多处理器系统。Sun 公司开始在拉丁美洲开展业务。

1992 年,Sun 公司推出了 SPARCstation 10 系统,在台式机性能上取得了领先,这是第一种具有多处理器的台式机。Sun 公司加入了标准普尔 500 指数。Sun 公司的装有多个微处理器的 UNIX 服务器的发货量打破了业界单一销售商的纪录。

1993 年,在仅仅 10 年时间里,Sun 公司达到了令人难以置信的里程碑:卖出 100 万套系统,Sun 公司进入了"财富 500 强"行列。Sun 公司多年以来的领导地位取得了成果,Sun 公司和 IBM 公司、惠普公司等把 UNIX 系统软件统一了起来。

1994 年,Sun 公司筹办了为期一周的"企业计算峰会",展示了网络计算方面的专业技术。Sun 公司的网页 http://www.sun.com/ 开始上线。随着 Sun 公司成为 1994 年世界杯的唯一计算机供应商,Sun 公司使成百万的球迷利用互联网获取最新消息。金门大桥采用了革命性的计算机设计来翻新,在 Sun 公司的工作站和服务器上采用 3D 动画进行结构分析,它大大节约了成本,同时也提高了安全性。

1995 年,Java 技术革命开始了。Sun 公司推出了第一种通用软件平台,这是为 Internet 和企业内联网设计的。Java 技术使开发人员能为所有计算机只编写一次程序。迪士尼为创作《玩具总动员》动用了超过 100 套 Sun 公司的系统。这是第一部完全由计算机生成的电影正片。Sun 公司和第三方合作者达到了另一个里程碑,在 SPARC/Solaris 平台上推出了 10000 种解决方案。Sun 公司通过互联网推出了可下载的"先试再买"软件。SunSolve Online 通过互联网推出了技术支持。在美国所有主要服务组织中,Sun 公司都获得了 ISO

9001 质量认证;在所有全球性的制造业务中,Sun 公司都获得了 ISO 9002 认证。

1996 年,"24 小时网络生存空间"是历史上最大的互联网活动,Sun 公司在互联网和企业内部网领域都具有很多的经验,因此 Against All Odds Productions 求助于 Sun 公司。Sun Ultra 工作站产品系列问世,它具有 64 位的 UltraSPARC 微处理器,芯片上安装有多媒体、图形和影像技术。Sun 公司将 Java 技术授权给所有主要软硬件公司。Sun 公司和 House of Blues 通过互联网为亚特兰大奥运会观众推出互动娱乐内容。Sun 公司工程师琼·博萨克领导万维网论坛的一个团队开发 XML,这种语言已成为企业数据的标准。

1997 年,NASA 工程师们利用 Java 技术开发了互动应用程序,允许互联网上的任何人成为火星探索计划的"虚拟参与者"。Sun 公司推出了新的服务器系列,其中包括采用 64 位芯片的 Sun Enterprise 10000,具有 4 台主机的处理能力。Sun 公司成为第一个在所有 4 个主要数据库平台上都取得最好 TPC-C 表现的系统公司。Solaris 环境问世后,由于做了 100 多处改进,该软件大大提高了软件的互联网性能。Sun StorEdge A5000 系统问世,这是业界第二代光通道存储磁盘。Sun 公司成为 UNIX 多用户存储子系统头号供应商。

1998 年,Sun 公司通过"Intelligent 存储网络"架构重新定义了网络时代的存储,它具有主机级别的可靠性,几乎无限的可扩展性和跨平台信息共享能力。Sun 公司新推出的 Jini 技术支持各种设备立即接入网络。Solaris 7 操作环境提高了网络软件的标准,先进的 64 位技术大幅度提高了性能、容量和规模的可升级性。AOL 收购了 Netscape,为了加速电子商务的增长,开发下一代互联网设备,Sun 公司和 AOL 结成三年联盟。新一代 Java 技术问世,Java 2 软件提高了速度和灵活性。

1999 年,SunTone 认证制度为建立高度可信的、规模高度可扩展的服务环境制定了严格的标准。Java 2 平台的 Micro 版、标准版和企业版为手机、数据中心服务器等一切设备提供了创建新程序的工具。Jiro 平台提供了开放存储设备管理的方法。首次推出了 Netra t1 服务器,这是为服务供应商设计的,也是由服务供应商设计的。Sun 公司免费提供 StarOffice 劳动生产率套装软件。采用 Hot Desk 技术的 Sun Ray 1 企业应用程序为企业工作组提供了理想的解决方案。Sun 公司收购了 Forte,这是一家擅长集成解决方案的企业软件公司。Sun/Netscape 联盟向服务供应商、门户网站、企业推出了即时信息解决方案。

2000 年,Sun 公司创建的 iForce 将一些处于领先地位的咨询公司、纯粹的技术出售商结合在一起,开发基于互联网的解决方案。Solaris 8 操作环境问世,这是唯一结合了数据中心和互联网条件的环境。Sun 公司的按需提供容量方案使客户能对不可预测的访问量激增迅速做出反应。Sun 公司收购了 Cobalt 网络公司,其拥有很受欢迎的服务器应用程序产品系列。Sun Sigma 则瞄准了网络经济最大的挑战——质量。Sun/Netscape 联盟共同推出的"iPlanet 电子商务解决方案"是业界第一种完整的 B2B 贸易平台,其中包括购买、出售、支付、市场价格制定、交易简化等软件。iPlanet 推出了业界第一种智能通信平台,可扩展的软件平台使快速传送无线和有线服务成为可能。

2001 年,Sun 公司在全球 170 个国家建立了办公机构,在网络计算解决方案领域有 182.5 亿美元的收入,是业界的领先者。Sun 公司推出 Sun 开放网络环境 Sun ONE,它是 Sun 公司在致力于在其系统和开发环境下为企业提供端到端架构的宏伟目标中的一项最重要的计划,为创建、组装、部署网络服务提供开放的软件平台。Sun 公司的 UltraSPARC Ⅲ 微处理器在 Sun Blade 1000 工作站和 Sun Fire 280R 工作组服务器中首次亮相。Sun 公司还推出了 Sun Fire 中档服务器系列，它结合了主机式的性能以及其他改进。Sun 公司收购了 HighGround，其基于万维网的管理解决方案支持很多存储技术和应用程序。有 250 多万程序员开发各种 Java 程序。SunTone 计划现在有了 1300 家服务供应商和应用程序供应商会员。iPlanet 推出了第一个集成的无线门户，允许用户在任何时候、任何地点通过任何设备访问。

1997—2004 年，Sun 公司起诉 Microsoft 公司使用 Java 语言推出只支持 Windows 功能的强化版本，双方为此争论了数年，最后以 Microsoft 公司支付 Sun 公司近 20 亿美元和解。

2000—2001 年，在互联网创业公司和大公司的助力下，对 Sun 公司价格高昂的服务器计算机需求强劲，在 2000 年 9 月将 Sun 公司的股价推到历史最高点——258.75 美元。然后就是.com 泡沫的破裂，使需求迅速下滑。

2005 年，Sun 公司以 40 亿美元收购了主流计算机使用的磁带存储系统生产厂商 StorageTek。

2006 年，原首席运营官施瓦兹（Jonathan Schwartz）出任 CEO，斯科特·麦克里尼卸任 CEO 后，继续担任董事长。

2007 年，Sun 公司将在纳斯达克的股票代码由 SUNW 改为 Java，声称这一开源软件品牌更能体现其战略含义。

2008 年，Sun 公司以 10 亿美元收购了开源数据库厂商 MySQL，这是通过将该软件与硬件和服务捆绑提升营收战略的一部分。但这一交易和其他举措未能振兴 Sun 公司的股价，其股价于 2008 年 11 月 24 日探底至 2.59 美元。2008 年 11 月 14 日，Sun 公司宣布将裁员 5000～6000 人，占其员工总数的 18%。其目标是每年节约 7～8 亿美元的成本。

2009 年 4 月 20 日，Oracle 公司宣布收购 Sun 公司，该交易价值约为 74 亿美元。甲骨文股份有限公司（NASDAQ：ORCL，Oracle）1977 年在加利福尼亚成立，是全球大型数据库软件公司。在 2008 年，Oracle 公司是继 IBM 公司、Microsoft 公司后，全球收入第三多的软件公司。

2010 年 1 月 21 日，Oracle 宣布正式完成对 Sun 公司的收购。昔日的"红色巨人"Sun 公司走过了 Java 发展的核心时期。"太阳落山了，红色巨人崛起"也许是未来人们对此次收购的评价。Sun 公司说"这是一个旅途的开始"，希望红色巨人能够崛起，希望这场旅途不会结束。我们期待 Java 能够迎来新的发展机遇。正如 Oracle CEO 拉里·埃里森（Larry Ellison）所说，"我们收购 Sun 公司将改变 IT 业，整合第一流的企业软件和关键任务计算系统。Oracle 将成为业界唯一一家提供综合系统的厂商，系统的性能、可靠性和安全性将有所提高，而价格将会下滑。"自 2005 年以来，Oracle 已经收购了 51 家公司，如仁科、BEA 等，Sun 公司是第 52 家，整合被收购者的产品线，一旦整合完成，Oracle 就有了成为 IT 界巨人的资格。

5.7　本　章　小　结

本章主要介绍了 JSP 基本语法部分，通过本章的学习应熟练掌握 JSP 的基本语法知识。通过本章的学习应掌握以下内容。

（1）JSP 的页面结构。

（2）JSP 的脚本元素。

（3）JSP 的指令。

（4）JSP 的动作。

5.8 习　　题

5.8.1　选择题

1. 对 JSP 中的 HTML 注释叙述正确的是(　　)。
   - A. 发布网页时看不到,在源文件中也看不到
   - B. 发布网页时看不到,在源文件中能看到
   - C. 发布网页时能看到,在源文件中看不到
   - D. 发布网页时能看到,在源文件中也能看到

2. JSP 支持的语言是(　　)。
   - A. C 语言　　　　　　B. C++ 语言　　　　　C. C♯ 语言　　　　　D. Java 语言

3. 在同一个 JSP 页面中,page 指令的属性中可以使用多次的是(　　)。
   - A. import　　　　　　B. session　　　　　　C. extends　　　　　D. info

4. 用于获取 Bean 属性的动作是(　　)。
   - A. <jsp:useBean>　　　　　　　　　　B. <jsp:getProperty>
   - C. <jsp:setProperty>　　　　　　　　 D. <jsp:forward>

5. 用于为其他动作传送参数的动作是(　　)。
   - A. <jsp:include>　　　　　　　　　　 B. <jsp:plugin>
   - C. <jsp:param>　　　　　　　　　　　D. <jsp:useBean>

5.8.2　填空题

1. JSP 标记都是以_____或_____开头,以_____或_____结尾的。
2. JSP 页面就是在_____或_____代码中嵌入 Java 或 JSP 元素。
3. JSP 的指令描述_____转换成 JSP 服务器所能执行的 Java 代码时使用的控制信息,用于指定整个 JSP 页面的相关信息,并设置 JSP 页面的相关属性。
4. JSP 程序中的注释有_____、_____和_____注释。
5. JSP 表达式常用在_____、生成动态链接地址和动态指定 Form 表单处理页面。

5.8.3　论述题

1. 论述 JSP 程序中的 3 种注释。
2. 论述 page 指令、include 指令和 taglib 指令的作用。
3. JSP 常用基本动作有哪些?简述其作用。

5.8.4　操作题

1. 设计并实现你熟悉的购物网站并实现部分业务功能。
2. 设计并实现你所在学校的校园网站并实现部分业务功能。

第 6 章　JSP 内置对象

学习目的与要求

本章学习的主要目的是了解和掌握 JSP 的常用内置对象,要求能够熟练使用 JSP 常用内置对象进行案例开发。

本章主要内容

(1) request 对象介绍及实训。

(2) response 对象介绍及实训。

(3) session 对象介绍及实训。

(4) out 对象介绍及实训。

(5) pageContext 对象介绍及实训。

(6) exception 对象介绍及实训。

(7) application 对象介绍及实训。

6.1　request 对象

JSP 提供了一些由 JSP 容器实现和管理的内置对象,在 JSP 应用程序中不需要预先声明和创建这些对象就能直接使用。JSP 程序人员不需要对这些内部对象进行实例化,只需调用其方法就能实现特定的功能,使 Java Web 编程更加快捷、方便。

6.1.1　request 对象介绍

request 对象可获取通过 HTTP 协议传送到客户端的信息。当客户端通过 HTTP 协议请求一个 JSP 页面时,服务器端就会创建 request 对象并将客户端请求的信息封装到 request 对象中;当请求处理完该 request 对象将自动销毁。可以通过 request 对象提供的方法对保存在该对象中的数据进行操作。

request 对象提供很多方法,常用的方法如下。

(1) getParameter(String name):用于获取表单提交的信息,以字符串形式返回客户端传来的某一个请求参数的值,该参数名由 name 指定。当传递给此方法的参数名没有实际参数与之对应时,返回 null。

(2) getParameterNames():用于获取客户端传送给服务器端的所有参数值,其结果是一个 Enumeration(枚举)实例。

(3) getCharacterEncoding():用于返回客户端请求中的字符编码方式。

(4) getContentLength():用于以字节为单位返回客户端请求的大小。如果无法得到该请求的大小,则返回 -1。

(5) getHeader(String name):用于获取 HTTP 协议定义的文件头信息中指定名字的值。

(6) getHeaderNames():用于返回 HTTP 协议所有文件头信息,其结果是一个

Enumeration 实例。

（7）getMethod()：用于获取客户端向服务器端传送数据的方法，如 get、post 等方法。

（8）getProtocol()：用于获取客户端向服务器端传送数据所使用的协议名称。

（9）getRequestURL()：用于获取客户端的 URL 地址。

（10）getRemoteAddr()：用于获取客户端的 IP 地址。

（11）getRemoteHost()：用于获取客户端的主机名字。

（12）getServerName()：用于获取服务器的主机名字。

（13）getServerPort()：用于获取服务器的端口号。

（14）removeAttribute(String name)：用于删除请求中的一个属性。

（15）setAttribute(String name，Object obj)：用于为 request 对象设置属性值。

（16）getAttribute(String name)：用于返回 name 指定 request 对象的属性值，若不存在指定的属性，就返回 null。

（17）getAttributeNames()：用于返回 request 对象保持的所有属性值，其结果集是一个 Enumeration 实例。

6.1.2 request 对象实训

本节通过 3 个实训来了解和掌握 request 对象常用方法的使用。

【例 6-1】 request 对象实训 1（request1.jsp 和 requestCheck1.jsp）。

本实训使用 request 对象的 getParameter()方法获取通过 HTTP 协议传送过来的客户端的信息。实训包括两个文件：request1.jsp（主页面）和 requestCheck1.jsp（处理 request1.jsp 页面数据的页面）。在 request1.jsp 页面中输入数据并单击"提交"按钮后，请求提交到 requestCheck1.jsp，该页面对提交的数据进行处理，并输出结果。

request1.jsp 代码如下：

```
<%@page contentType="text/html" pageEncoding="UTF-8"%>
<html>
    <head>
        <meta http-equiv="Content-Type" content="text/html; charset=UTF-8">
        <title>request 对象实训 1——页面</title>
    </head>
<body bgcolor="pink">
    <div align="center">
        <form action="requestCheck1.jsp" method="post">
            <table border="2" bgcolor="CCCFFF">
                <tr>
                    <td>
                        请输入您的姓名：
                        <input type="text" name="userName"/>
                    </td>
                </tr>
                <tr>
                    <td align="center">
                        <input type="submit" name="submit" value="提交"/>
```

```
                    </td>
                </tr>
            </table>
        </form>
    </div>
</body>
</html>
```

requestCheck1.jsp 代码如下：

```jsp
<%@page contentType="text/html" pageEncoding="UTF-8"%>
<html>
    <head>
        <meta http-equiv="Content-Type" content="text/html; charset=UTF-8">
        <title>request 对象实训 1——数据处理页面</title>
    </head>
    <body bgcolor="pink">
        <%
            String name=request.getParameter("userName");
            //把 name 的值转换为标准字节
            byte n[]=name.getBytes("ISO-8859-1");
            //把字节转换为 UTF-8 编码的字符串,解决中文乱码问题
            name=new String(n,"UTF-8");
            String buttonName=request.getParameter("submit");
            byte bn[]=buttonName.getBytes("ISO-8859-1");
            buttonName=new String(bn,"UTF-8");
        %>
        获取到客户端输入的用户名和按钮信息如下：
        <hr>
        欢迎你：<%=name%>
        <hr>
        单击的是：<%=buttonName%>按钮！
        <hr>
    </body>
</html>
```

request1.jsp 运行效果如图 6-1 所示。输入数据单击"提交"按钮后请求提交到 requestCheck1.jsp 页面,该页面对提交的数据进行处理,处理后输出数据如图 6-2 所示。

图 6-1　request1.jsp 运行效果

图 6-2　requestCheck1.jsp 对提交过来的数据处理并输出

【例 6-2】　实训 2(request2.jsp 和 requestCheck2.jsp)。

本实训模拟在线考试系统,包括两个文件:request2.jsp(主页面)和 requestCheck2.jsp (数据处理页面)。request2.jsp 是单选题页面,题目答完后单击"考试完成"按钮,页面请求提交到 requestCheck2.jsp 页面,该页面对提交的数据进行处理,并将处理的数据即本次测试成绩输出。

request2.jsp 代码如下:

```
<%@page contentType="text/html" pageEncoding="UTF-8"%>
<html>
    <head>
        <meta http-equiv="Content-Type" content="text/html; charset=UTF-8">
        <title>request 对象实训 2——考试系统主页面</title>
    </head>
<body bgcolor="pink">
    <h3>第 6 章测试题</h3>
    <hr>
    <form action="requestCheck2.jsp" method="get">
        1. response 对象的 setHeader(String name,String value)方法的作用是(    )。
        <br>
        <input type="radio" name="1" value="A">
        添加 HTTP 文件头
        <br>
        <input type="radio" name="1" value="B">
        设定指定名字的 HTTP 文件头的值
        <br>
        <input type="radio" name="1" value="C">
        判断指定名字的 HTTP 文件头是否存在
        <br>
        <input type="radio" name="1" value="D">
        向客户端发送错误信息<br>
        2. 设置 session 的有效时间(也叫超时时间)的方法是(    )。
        <br>
        <input type="radio" name="2" value="A">
        setMaxInactiveInterval(int interval)
        <br>
```

```
<input type="radio" name="2" value="B">getAttributeName()
<br>
<input type="radio" name="2" value="C">
setAttributeName(String name,Java.lang.Object value)
<br>
<input type="radio" name="2" value="D">getLastAccessedTime()
<br>
3.能清除缓冲区中的数据,并且把数据输出到客户端的 out 对象中的方法是(        )。
<br>
<input type="radio" name="3" value="A">out.newLine()
<br>
<input type="radio" name="3" value="B">out.clear()
<br>
<input type="radio" name="3" value="C">out.flush()
<br>
<input type="radio" name="3" value="D">out.clearBuffer()
<br>
4. pageContext 对象的 findAttribute()方法的作用是(        )。
<br>
<input type="radio" name="4" value="A">
用来设置默认页面的范围或指定范围之中已命名的对象
<br>
<input type="radio" name="4" value="B">
用来删除默认页面的范围或指定范围之中已命名的对象
<br>
<input type="radio" name="4" value="C">
按照页面请求、会话以及应用程序范围的顺序实现对某个已命名属性的搜索
<br>
<input type="radio" name="4" value="D">
以字符串的形式返回一个对异常的描述
<br>
<input type="submit" value="考试完成">
    </form>
  </body>
</html>
```

requestCheck2.jsp 代码如下:

```
<%@page contentType="text/html" pageEncoding="UTF-8"%>
<html>
  <head>
    <meta http-equiv="Content-Type" content="text/html; charset=UTF-8">
    <title>request 对象实训 2——考试系统数据处理页面</title>
  </head>
  <body bgcolor="pink">
    <%
      int examResults=0;                              //测试成绩
      String str1=request.getParameter("1");  //获取单选按钮
```

```
            String str2=request.getParameter("2");
            String str3=request.getParameter("3");
            String str4=request.getParameter("4");
            if(str1==null)
                str1="";
            if(str2==null)
                str2="";
            if(str3==null)
                str3="";
            if(str4==null)
                str4="";
            if(str1.equals("B"))
                examResults++;
            if(str2.equals("A"))
                examResults++;
            if(str3.equals("D"))
                examResults++;
            if(str4.equals("C"))
                examResults++;
        %>
        <h3 align="center">本次测试成绩是:</h3>
        <p align="center"><%=examResults/4 * 100%>分</p>
    </body>
</html>
```

request2.jsp 运行效果如图 6-3 所示。在图 6-3 所示页面中完成答题后单击"考试完成"按钮交由 requestCheck2.jsp 处理,运行结果如图 6-4 所示。

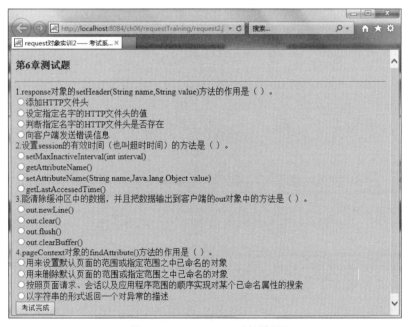

图 6-3　request2.jsp 运行效果

图 6-4　测试成绩

【例 6-3】　request 对象实训 3(request3.jsp)。

本实训综合使用了 request 对象中的 13 个方法。

```
<%@page import="java.util.Enumeration"%>
<%@page contentType="text/html" pageEncoding="UTF-8"%>
<html>
    <head>
        <meta http-equiv="Content-Type" content="text/html; charset=UTF-8">
        <title>request 对象实训 3</title>
    </head>
    <body bgcolor="pink">
        <%
            request.setAttribute("name","有一种爱叫放手");
            request.setAttribute("password","666666");
            request.setAttribute("mail","yyzajfs@163.com");
            request.removeAttribute("password");
            Enumeration e=request.getAttributeNames();
            String attrName;
            while(e.hasMoreElements()) {
                attrName=e.nextElement().toString();
                out.print(attrName +" =" +request.getAttribute(attrName) +"<br>");
            }
            request.setCharacterEncoding("ISO-8859-1");
        %>
        <hr>
        编码方式:<%=request.getCharacterEncoding()%>
        <br>
        请求大小:<%=request.getContentLength()%>
        <br>
        传送数据方法:<%=request.getMethod()%>
        <br>
        协议:<%=request.getProtocol()%>
        <br>
        客户端地址:<%=request.getRemoteAddr()%>
        <br>
        客户端名称:<%=request.getRemoteHost()%>
        <br>
```

```
        客户端端口:<%=request.getRemotePort()%>
        <br>
        服务器名字:<%=request.getServerName()%>
        <br>
        服务器端口:<%=request.getServerPort()%>
        <hr>
    </body>
</html>
```

request3.jsp 运行效果如图 6-5 所示。

图 6-5 request3.jsp 运行效果

6.2 response 对象

当用户访问一个服务器页面时,会通过 HTTP 协议提交请求,服务器获取到请求后返回一个 HTTP 响应。response 对象将服务器端发送到客户端的数据保存起来,并发送到客户端以响应客户的请求。

6.2.1 response 对象介绍

response 对象用于向客户端发送数据,用户可以使用该对象将服务器的数据以 HTML格式发送到客户端,它与 request 组成了一对接收、发送数据的对象,这也是实现动态页面的基础。当服务器向客户端传送数据时,将把数据信息封装到 response 对象;当请求完成后 response 对象就会被自动销毁。可以通过 response 对象提供的方法对保存在该对象中的数据进行操作。

response 对象提供很多方法,常用的方法如下。

(1) addCookie(Cookie cook):用于给用户添加一个 Cookie 对象,保存客户端的相关信息。

(2) addHeader(String name,String value):用于添加带有指定名称和字符串的HTTP 文件头信息,该 Header 信息将传送到客户端,如果不存在就添加,存在就覆盖。

(3) flushBuffer():用于强制把当前缓冲区的所有内容发送到客户端。

(4) getBufferSize():用于获取缓冲区实际的大小,如果未使用缓冲区则返回 0。

(5) getCharacterEncoding()：用于获取响应的字符编码方式。

(6) sendError()：用于向客户端发送错误信息，如 404 指网页找不到错误。

(7) sendRedirect()：用于重新定向客户端的请求。

(8) setCharacterEncoding()：用于设置响应的字符编码方式。

(9) setContentLength()：用于设置响应内容的长度(字节数)。

(10) setHeader()：用于设置指定名称和字符串的 HTTP 文件头信息，该 Header 信息将传送到客户端，如果不存在就添加，存在就设置。

6.2.2　response 对象实训

本节通过两个实训来了解和掌握 response 对象常用方法的使用。

【例 6-4】　response 对象实训 1(response1.jsp)。

本实训的功能是实现页面定时刷新，每隔 1s 刷新一次，服务器就重新执行一次该程序，产生新的当前时间，然后输出到客户端。当希望获取实时信息时就可以使用该功能，如网上的聊天室、论坛、股票信息等。某次刷新后的页面如图 6-6 所示。

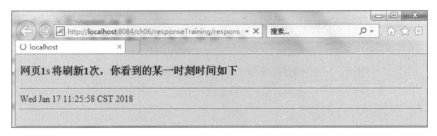

图 6-6　response1.jsp 运行效果

```jsp
<%@page import="java.util.Date"%>
<%@page contentType="text/html" pageEncoding="UTF-8"%>
<html>
    <head>
        <meta http-equiv="Content-Type" content="text/html; charset=UTF-8">
        <title>response 对象实训 1——页面刷新功能</title>
    </head>
    <body bgcolor="pink">
        <h3>网页 1s 将刷新 1 次,你看到的某一时刻时间如下</h3>
        <hr>
<%=new Date()%>
        <%
            response.setHeader("refresh","1");      //每隔 1s 重新对 refresh 赋值
        %>
        <hr>
    </body>
</html>
```

【例 6-5】　response 对象实训 2(response2.jsp 和 responseCheck2.jsp)。

本实训包括两个文件：response2.jsp 与 responseCheck2.jsp。response2.jsp 页面综合使用了 response 对象的多个方法。在该页面单击"确定"按钮后页面请求提交到

responseCheck2.jsp,该页面根据选择的数据调用 sendRedirect()方法进行页面重定向。

response2.jsp 代码如下：

```jsp
<%@page contentType="text/html" pageEncoding="UTF-8"%>
<html>
    <head>
        <meta http-equiv="Content-Type" content="text/html; charset=UTF-8">
        <title>response 对象实训 2——主页面</title>
    </head>
    <body bgcolor="pink">
        <hr>
        <%
            response.setBufferSize(10240);
        %>
        缓存大小:<%=response.getBufferSize()%>
        <hr>
        <%
            response.setCharacterEncoding("UTF-8");
        %>
        编码方式:<%=response.getCharacterEncoding()%>
        <hr>
        网站友情链接:
        <hr>
        <form action="responseCheck2.jsp" method="post">
            <select name="link">
                <option value="moe" selected>中华人民共和国教育部</option>
                <option value="tup">清华大学出版社</option>
            </select>
            <input type="submit" name="submit" value="确定">
        </form>
        <hr>
    </body>
</html>
```

response2.jsp 运行效果如图 6-7 所示。单击"确定"按钮后出现如图 6-8 所示的结果，在友情链接的下拉列表中可以选择其他网站的链接。

图 6-7　response2.jsp 运行效果

图 6-8　友情链接的页面

responseCheck2.jsp 代码如下：

```
<%@page contentType="text/html" pageEncoding="UTF-8"%>
<html>
    <head>
        <meta http-equiv="Content-Type" content="text/html; charset=UTF-8">
        <title>response 对象实训 2——数据处理页面</title>
    </head>
    <body>
        <%
            String address =request.getParameter("link");
            if(address!=null) {
                if(address.equals("tup"))
                    response.sendRedirect("http://www.tup.com.cn/");
                else
                    response.sendRedirect("http://www.moe.edu.cn/");
            }
        %>
    </body>
</html>
```

6.3　session 对象

　　HTTP 协议是一种无状态协议，即一个用户向服务器发送请求(request)，服务器返回响应(response)，然后连接就被关闭，在服务器端不保留连接的有关信息。因此，当下一次请求连接时，服务器端已没有以前的连接信息，无法判断这一次连接和以前的连接是否属于同一用户，所以必须使用会话记录有关连接的信息。session 对象用于存储特定的用户会话所需的信息。当用户在应用程序的 Web 页之间跳转时，存储在 session 对象中的变量将不会丢失，而是在整个用户会话中一直存在下去。当用户请求来自应用程序的 Web 页时，如果该用户还没有会话，Web 服务器将自动创建一个 session 对象。当会话过期或被放弃后，服务器将终止该会话。

6.3.1 session 对象介绍

session 对象处理客户端与服务器的会话，从客户端连到服务器开始，直到客户端与服务器断开连接为止。session 对象用来保存每个用户的信息，以便跟踪每个用户的操作状态。其中，session 信息保存在容器里，session 的 ID 保存在客户计算机的 Cookie 中。用户首次登录系统时容器会给用户分配一个唯一的 session ID 标识用于区别其他用户。当用户退出系统时，这个 session 就会自动消失。

当一个用户首次访问服务器上的一个 JSP 页面时，就会产生一个 session 对象，同时分配一个 String 类型的 ID 号，并将这个 ID 号发送到客户端，存放在 Cookie 中，这样 session 对象和用户之间就建立了一一对应的关系。当用户再访问连接该服务器的其他页面时，不再分配给其新的 session 对象。直到关闭浏览器后，服务器端该用户的 session 对象才取消，与用户的对应关系也一并消失。当重新打开浏览器再连接到该服务器时，服务器会为该用户再创建一个新的 session 对象。

session 对象提供很多方法，常用的方法如下。

（1）getAttribute(String name)：用于获取与指定名字相联系的属性，如果属性不存在，将会返回 null。

（2）getAttributeNames()：用于返回 session 对象中存储的每一个属性对象，结果集是一个 Enumeration 类的实例。

（3）getCreateTime()：用于返回 session 对象被创建的时间，单位为毫秒。

（4）getId()：用于返回 session 对象在服务器端的编号。每生成一个 session 对象，服务器为其分配一个唯一编号，根据编号来识别 session，并且正确地处理某一特定的 session 及其提供的服务。

（5）getLastAccessedTime()：用于返回和当前 session 对象相关的客户端最后发送请求的时间。

（6）getMaxInactiveInterval()：用于返回 session 对象的生存时间，单位为秒。

（7）setAttribute(String name,java.lang.Object value)：用于设定指定名字的属性值，并且把它存储在 session 对象中。

（8）setMaxInactiveInterval(int interval)：用于设置 session 的有效时间，单位为秒。

（9）removeAttribute(String name)：用于删除指定的属性（包含属性名、属性值）。

（10）isNew()：用于判断目前 session 是否为新的 session,若是则返回 true,否则返回 false。

6.3.2 session 对象实训

本节通过 3 个实训来了解和掌握 session 对象常用方法的使用。

【例 6-6】 session 对象实训 1(session1.jsp)。

本实训实现的功能是统计页面访问次数，页面每被访问一次数值加 1。

```
<%@page contentType="text/html" pageEncoding="UTF-8"%>
<html>
```

```html
<head>
    <meta http-equiv="Content-Type" content="text/html; charset=UTF-8">
    <title>session 对象实训 1——统计网页访问次数</title>
</head>
<body bgcolor="pink">
    <%
        int number =10000;
        //从 session 对象获取 number
        Object obj =session.getAttribute("number");
        if(obj ==null){
            //设定 session 对象的变量值
            session.setAttribute("number",String.valueOf(number));
        }
        else {
            //取得 session 对象中的 number 变量
            number=Integer.parseInt(obj.toString());
            //统计页面访问次数
            number+=1;
            //设定 session 对象的 number 变量值
            session.setAttribute("number",String.valueOf(number));
        }
    %>
    <br><br><br><br><br><br>
    <div align="center">
        <table border="2">
            <tr>
                <th>
                        您是第<%=number%>个用户访问本网站。
                </th>
            </tr>
        </table>
    </div>
</body>
</html>
```

session1.jsp 运行后刷新的效果如图 6-9 所示。

图 6-9　页面访问统计

【例 6-7】 session 对象实训 2(session2.jsp)。

本实训综合使用了 session 对象的多个方法。

```jsp
<%@page contentType="text/html" pageEncoding="UTF-8" import="java.util.Date"%>
<html>
    <head>
        <meta http-equiv="Content-Type" content="text/html; charset=UTF-8">
        <title>session 对象实训 2</title>
    </head>
    <body bgcolor="pink">
        <hr>
        session 的创建时间是:<%=session.getCreationTime()%> 
        <%=new Date(session.getCreationTime())%>
        <br>
        session 的 ID 号:<%=session.getId()%>
        <br>
        客户最近一次访问时间是:<%=session.getLastAccessedTime()%> 
        <%=new java.sql.Time(session.getLastAccessedTime())%>
        <br>
        两次请求间隔多长时间 session 将被取消(ms):
        <%=session.getMaxInactiveInterval()%>
        <br>
        是否新创建的 session:<%=session.isNew()?"是":"否"%>
        <hr>
        <%
            session.setAttribute("name","哥只是传说");
            session.setAttribute("password","1008610001");
        %>
        姓名:<%=session.getAttribute("name") %>
        <br>
        密码:<%=session.getAttribute("password") %>
        <br>
        ID 号:<%=session.getId() %>
        <br>
        <%
            session.setMaxInactiveInterval(500);
        %>
            最大有效时间:<%=session.getMaxInactiveInterval()%>
        <br>
        <%
            session.removeAttribute("name");
        %>
        姓名:<%=session.getAttribute("name") %>
        <hr>
    </body>
```

```
</html>
```

session2.jsp 运行效果如图 6-10 所示。

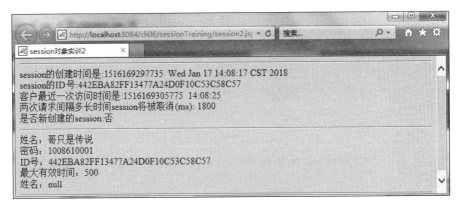

图 6-10   session2.jsp 运行效果

【例 6-8】   session 对象实训 3(session3Login.jsp、shop.jsp、account.jsp)。

本实训包括 3 个文件：session3Login.jsp、shop.jsp、account.jsp。本实例模拟网上购物系统功能，客户登录(登录页面为 session3Login.jsp)后方可在网上购物(购物页面为 shop.jsp)，购物完成后进行结账(结账页面为 account.jsp)。

session3Login.jsp 代码如下：

```jsp
<%@page contentType="text/html" pageEncoding="UTF-8"%>
<html>
    <head>
        <meta http-equiv="Content-Type" content="text/html; charset=UTF-8">
        <title>session 对象实训 3——登录页面</title>
    </head>
    <body bgcolor="pink">
        <%
            session.setAttribute("customer","客户");   //为 customer 变量传值"客户"
        %>
        <h3>请先登录后购物:</h3>
        <hr>
        <form action="shop.jsp" method="get">
            客户名:<input type="text" name="loginName">
            <input type="submit" value="登录">
        </form>
    </body>
</html>
```

shop.jsp 代码如下：

```jsp
<%@page contentType="text/html" pageEncoding="UTF-8"%>
<html>
    <head>
```

```
        <meta http-equiv="Content-Type" content="text/html; charset=UTF-8">
        <title>session 对象实训 3——购物</title>
    </head>
    <body bgcolor="pink" >
        <%
            String na=request.getParameter("loginName");
            session.setAttribute("name",na);
        %>
        <h3>请输入想购买的商品:</h3>
        <hr>
        <form action="account.jsp" method="get">
            要购买的商品:<input type="text" name="goodsName">
            <input type="submit" value="购物">
        </form>
    </body>
</html>
```

account. jsp 代码如下:

```
<%@page contentType="text/html" pageEncoding="UTF-8"%>
<html>
    <head>
        <meta http-equiv="Content-Type" content="text/html; charset=UTF-8">
        <title>session 对象实训 3——结账</title>
    </head>
    <body bgcolor="pink">
        <%
            String gn=request.getParameter("goodsName");
            session.setAttribute("goods",gn);
            String 客户=(String)session.getAttribute("customer");
            String 姓名=(String)session.getAttribute("name");
            String 商品=(String)session.getAttribute("goods");
        %>
        <h3>结账信息:</h3>
        <hr>
        <%=客户%>的姓名是:<%=姓名%>
        <br>
        你购买的商品是:<%=商品%>
    </body>
</html>
```

session3Login. jsp 运行效果如图 6-11 所示,输入客户名后单击"登录"按钮,请求提交到 shop. jsp 页面进行处理。shop. jsp 运行效果如图 6-12 所示,输入数据后单击"购物"按钮,请求提交到 account. jsp 页面进行处理,如图 6-13 所示。

图 6-11　登录页面

图 6-12　购物页面

图 6-13　结账页面

6.4　out 对象

out 对象用来向客户端输出数据。

6.4.1　out 对象介绍

out 对象主要用于向客户端输出各种数据,同时管理应用服务器上的输出缓冲区(buffer)。应用服务器缓冲区默认值是 8KB,可以通过 page 指令中的 buffer 属性来设置缓冲区大小。

out 对象提供很多方法,常用的方法如下。

（1）print()/println()：用于输出数据。print()方法把数据输出到客户端,而 println()方法把数据输出到客户端并换行。

（2）newLine()方法：用于输出一个换行符,实现换行功能。

（3）flush()：用于输出缓冲区里的数据。该方法先把缓冲区里的数据输出到客户端,然后再清除缓冲区中的数据。

（4）clearBuffer()：先用于清除缓冲区里的数据,然后把数据输出到客户端。

（5）clear()：用于清除缓冲区里的数据,但是不会把缓冲区的数据输出到客户端。

（6）getBufferSize()：用于获取缓冲区的空间大小。

（7）getRemaining()：用于获取缓冲区剩余大小。

（8）isAutoFlush()：用于判断是否自动刷新缓冲区。自动刷新返回 true,否则返回 false。

（9）close()：用于关闭输出流。

6.4.2 out 对象实训

本节通过两个实训来了解和掌握 out 对象常用方法的使用。

【例 6-9】 out 对象实训 1(out1.jsp)。

```jsp
<%@page contentType="text/html" pageEncoding="UTF-8"%>
<html>
    <head>
        <meta http-equiv="Content-Type" content="text/html; charset=UTF-8">
        <title>out 对象实训 1</title>
    </head>
    <body bgcolor="pink">
        <%
            out.print("<hr>");
            String str="我一定学好 JSP 程序设计课程!";
            String str1="我将成为一名优秀的 Java 工程师!";
            out.print(str+"<br>");
            out.println(str1);
            out.print("<hr>");
            for(int i=0;i<2;i++)
                out.println("<h2>有志者立长志,无志者常立志!</h2>");
            out.print("<hr>");
            out.println("加油,相信自己!");
            out.print("<hr>");
        %>
    </body>
</html>
```

out1.jsp 运行效果如图 6-14 所示。

图 6-14　out1.jsp 运行效果

【例 6-10】 out 对象实训 2(out2.jsp)。

```jsp
<%@page contentType="text/html" pageEncoding="UTF-8"%>
<html>
    <head>
        <meta http-equiv="Content-Type" content="text/html; charset=UTF-8">
        <title>out 对象实训 2</title>
    </head>
    <body bgcolor="pink">
        以下是 out 对象其他常用方法的使用:
        <hr>
        获取缓存大小:<%=out.getBufferSize()%>
        <hr>
        获取剩余缓存区大小:<%=out.getRemaining()%>
        <hr>
        判断是否自动刷新:<%=out.isAutoFlush()%>
        <hr>
        <%
            out.print("知识改变命运,学习改变生活!<br>");
            out.print("有志者事竟成,苦心人天不负!<br>");
            out.print("<hr>");
            out.print("当前可用缓冲区大小: "+out.getRemaining()+"<br>");
            out.print("<hr>");
            out.flush();
            out.print("当前可用缓冲区空间大小: "+out.getRemaining()+"<br>");
            out.print("<hr>");
            out.clearBuffer();
            out.print("当前可用缓冲区空间大小: "+out.getRemaining()+"<br>");
            out.flush();
        %>
        <hr>
    </body>
</html>
```

out2.jsp 运行效果如图 6-15 所示。

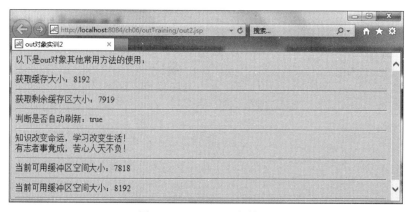

图 6-15　out.jsp 运行效果

6.5　pageContext 对象

如果要操作 request、response、session、out 等对象中的数据,需要使用它们的相应对象进行操作。有一种对象可操作 request、response、session、out 等对象中的数据,这种对象就是 pageContext 对象。

6.5.1　pageContext 对象介绍

pageContext 对象提供了对 JSP 页面所有的对象及命名空间的访问途径,如访问 out 对象、request 对象、response 对象、session 对象、application 对象,即使用 pageContext 对象可以获取其他内置对象中的数据。

pageContext 对象提供很多方法,常用的方法如下。

(1) getRequest():用于返回当前页面的 request 对象。

(2) getResponse():用于返回当前页面的 response 对象。

(3) getSession():用于返回当前页面的 session 对象。

(4) getOut():用于返回当前页面的 out 对象。

(5) getException():用于返回当前页面的 exception 对象。

(6) getServletContext():用于返回当前页面的 application 对象。

(7) findAttribute(String name):用于按照页面、请求、会话以及应用程序范围的顺序实现对某个已命名属性的搜索,返回其属性值或 null。

(8) forward(String relativeUrlPath):用于把页面重定向到另一个页面或者 Servlet 组件上。

(9) moveAttribute(String name):用于删除默认页面范围或特定对象范围之中的已命名对象。

(10) release():用于释放 pageContext 所占资源。

(11) include(String relativeUrlPath):用于在当前位置包含另一文件。

(12) setAttribute(String name,Object attribute):用于设置指定属性及属性值。

(13) setAttribute(String name,Object obj,int scope):用于在指定范围内设置指定属性及属性值。

(14) getAttribute(String name,int scope):用于在指定范围内获取指定属性的值。

(15) getAttribute(String name):用于获取指定属性的值。

6.5.2　pageContext 对象实训

本节通过一个实训来了解和掌握 pageContext 对象的常用方法的使用。

【例 6-11】　pageContext 对象实训(pageContext.jsp)。

本实训使用 pageContext 对象的方法获取数据。

```
<%@page contentType="text/html" pageEncoding="UTF-8"%>
```

```html
<html>
    <head>
        <meta http-equiv="Content-Type" content="text/html; charset=UTF-8">
        <title>pageContext 对象实训</title>
    </head>
    <body bgcolor="pink">
        <h3>使用 pageContext 对象获取其他内置对象中的值:</h3>
        <hr>
        <%
            request.setAttribute("name","Java 程序设计与项目实训教程(第 2 版)
                            (清华大学出版社)");
            session.setAttribute("name","JSP 程序设计实训与案例教程(第 2 版)
                            (清华大学出版社)");
            application.setAttribute("name","Web 框架技术(Struts2+Hibernate5+
            Spring5)教程(第 2 版)(清华大学出版社)");
        %>
        request 对象中的值:<%=pageContext.getRequest().getAttribute("name")%>
        <hr>
        session 对象中的值:<%=pageContext.getSession().getAttribute("name")%>
        <hr>
        application 对象中的值:
        <%=pageContext.getServletContext().getAttribute("name")%>
        <hr>
    </body>
</html>
```

pageContext.jsp 运行效果如图 6-16 所示。

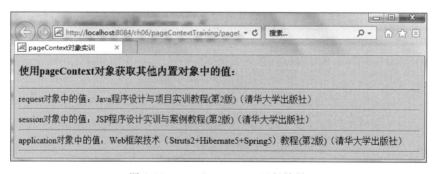

图 6-16　pageContext.jsp 运行效果

6.6　exception 对象

exception 对象用来处理 JSP 文件的异常,当一个页面在运行过程中发生了异常,就产生该对象。exception 对象可以配合 page 指令一起使用,此时 page 指令中 isErrorPage 属性应设为 true,否则无法通过编译。

6.6.1　exception 对象介绍

通过 exception 对象的方法指定某一个页面为错误处理页面,把所有的错误都集中到该页面进行处理,可以使整个系统的健壮性得到加强,也使程序的流程更加简单明晰。

exception 对象提供很多方法,常用的方法如下。

(1) getMessage():用于返回描述异常错误的提示信息。

(2) getlocalizedMessage():用于获取本地化错误信息。

(3) printStackTrace():用于输出异常对象及其堆栈跟踪信息。

(4) toString():返回关于异常的简短描述消息。

6.6.2　exception 对象实训

本节通过一个实训来了解和掌握 exception 对象的常用方法的使用。

【例 6-12】　exception 对象实训(exception. jsp)。

本实训使用 exception 对象的方法处理异常信息。

```jsp
<%@page contentType="text/html" pageEncoding="UTF-8"%>
<html>
    <head>
        <meta http-equiv="Content-Type" content="text/html; charset=UTF-8">
        <title>exception 对象实训</title>
    </head>
    <body bgcolor="pink">
        <h3>以下是异常信息:</h3>
        <hr>
        <%
            int x=6;
            int y=0;
            int z;
            try{
                    z=x/y;
                }catch(Exception e){
                    out.println(e.toString());
                }
                finally{
                    out.println("产生了除以 0 的错误!");
                }
        %>
        <hr>
    </body>
</html>
```

exception. jsp 运行效果如图 6-17 所示。

图 6-17　exception.jsp 运行效果

6.7　application 对象

application 对象用来保存 Java Web 应用程序使用的变量,所有用户不论何时皆可存取使用该对象的数据。application 对象最大的特点是没有生命周期,即不论客户端的浏览器是否被关闭,application 对象都存在于服务器上。

6.7.1　application 对象介绍

application 对象保存 Java Web 应用程序中的公有数据,可存放全局变量。服务器启动后自动创建 application 对象,该对象将一直有效,直到服务器关闭。不同用户可以对该对象的同一属性进行操作;在任何地方对该对象属性的操作,都将影响其他用户对该对象的访问。

session 对象和 application 对象的区别是:在使用 session 对象时,一个客户对应一个session 对象,而 application 对象为多个应用程序保存信息,对于一个容器而言,在同一个服务器中的多个 JSP 文件共享同一个 application 对象。

application 对象提供很多方法,常用的方法如下。

(1) getAttribute(String name):用于返回指定 application 对象的属性值。

(2) getAttributeNames():用于以 Enumeration 类型返回 application 对象属性的所有值。

(3) getServerInfo():用于返回 Servlet 编译器的版本信息。

(4) setAttribute(String name,Object obj):用于设定 application 对象的指定属性及其属性值。

(5) removeAttribute(String name):用于删除 application 对象指定属性及其属性值。

6.7.2　application 对象实训

本节通过两个实训来了解和掌握 application 对象常用方法的使用。

【例 6-13】　application 对象实训 1(application1.jsp)。

本实训实现一个页面访问计数器,每访问一次页面计数器值增 1。

```
<%@page contentType="text/html" pageEncoding="UTF-8"%>
<html>
    <head>
        <meta http-equiv="Content-Type" content="text/html; charset=UTF-8">
        <title>application 对象实训 1——网页计数器</title>
    </head>
```

```
<body bgcolor="pink">
    <%
        //获取一个 Object 对象
        String strNum=(String)application.getAttribute("count");
        int count=26150;
        //如果一个 Object 对象存在,说明有用户访问
        if(strNum!=null)
            //类型转化后值加 1
            count=Integer.parseInt(strNum)+1;
        //人数值加 1 后重新对 count 赋值
        application.setAttribute("count",String.valueOf(count));
    %>
        <br><br>
        <br><br>
    <div align="center">
        <table border="2">
            <tr>
                <th>
                    您是第<%=application.getAttribute("count")%>位访问者!
                </th>
            </tr>
        </table>
    </div>
</body>
</html>
```

application1.jsp 运行效果如图 6-18 所示。

图 6-18　页面访问计数器

【例 6-14】　application 对象实训 2(application2.jsp)。
本实训是对 application 对象方法的综合运用。

```
<%@page contentType="text/html" pageEncoding="UTF-8"%>
<html>
    <head>
        <meta http-equiv="Content-Type" content="text/html; charset=UTF-8">
        <title>application 对象实训 2</title>
    </head>
    <body bgcolor="pink">
        <hr>
        JSP 引擎名及 Servlet 版本号:<%=application.getServerInfo()%>
```

```
        <hr>
        <%
            application.setAttribute("name","Java 程序设计与项目实训教程(第 2 版)");
            out.print(application.getAttribute("name")+"<br>");
            application.removeAttribute("name");
            out.print(application.getAttribute("name")+"<br>");
        %>
        <hr>
    </body>
</html>
```

application2.jsp 运行效果如图 6-19 所示。

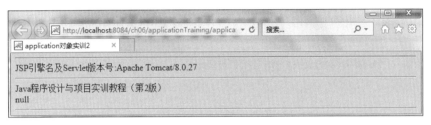

图 6-19　application2.jsp 运行效果

6.8　项　目　实　训

6.8.1　项目描述

　　本项目是一个带验证功能和验证码生成功能的登录系统,系统有一个登录页面 login. jsp,代码如例 6-15 所示。登录页面提交后转到 loginCheck.jsp,代码如例 6-16 所示。该页面对提交的用户信息进行处理,如果输入的用户名、密码以及验证码正确将进入系统主页面 (main.jsp),代码如例 6-17 所示,否则页面重新跳转到登录页面(login.jsp)。另外,在主页面中可以退出系统(exit.jsp),代码如例 6-18 所示。项目的文件结构如图 6-20 所示。本项目分别使用 NetBeans 和 Eclipse 开发。

6.8.2　学习目标

　　本实训主要的学习目标是掌握应用 request 对象获取表单提交的数据,使用 session 对象记录用户的状态以及使用 JavaScript 脚本语言(JavaScript 脚本编写是未来 Java Web 项目开发中必备的技能,请根据自己的情况自主学习 JavaScript 或者 Ajax、jQuery,为完成本实训可参考 6.9 节对 JavaScript 的介绍),要求在熟悉 JSP 常用内置对象基础上熟练运用 JSP 内置对象来开发项目,尤其是对 request、session 对象的使用。

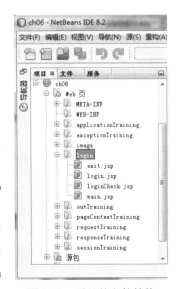

图 6-20　项目的文件结构

6.8.3 项目需求说明

本项目设计一个具有登录功能的系统,用户通过用户名、密码和验证码登录后进入系统主页面,并通过 session 对象把登录的用户信息(用户状态)传递到下一个页面中。

6.8.4 项目实现

登录页面(login.jsp)运行效果如图 6-21 所示。

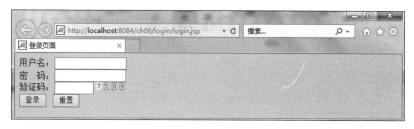

图 6-21　系统登录页面

【例 6-15】　登录页面(login.jsp)。

```
<%@page contentType="text/html" pageEncoding="UTF-8"%>
<html>
    <head>
        <meta http-equiv="Content-Type" content="text/html; charset=UTF-8">
        <title>登录页面</title>
        <style type="text/css">
            body{font-size: 16px;}
        </style>
        <script type="text/javascript">
            function mycheck() {
                //判断用户名是否为空
                if (form1.userName.value==""){
                    alert("用户名不能为空,请输入用户名!");
                    form1.userName.focus();
                    return;
                }
                //判断密码是否为空
                if (form1.password.value=="") {
                    alert("密码不能为空,请输入密码!");
                    form1.password.focus();
                    return;
                }
                //判断验证码是否为空
                if (form1.validationCode.value==""){
                    alert("验证码不能为空,请输入验证码!");
                    form1.validationCode.focus();
                    return;
```

```
                }
                //判断验证码是否正确
                if (form1.validationCode.value != form1.validationCode1.value){
                    alert("请输入正确的验证码!!");
                    form1.validationCode.focus();
                    return;
                }
                form1.submit1();
            }
        </script>
    </head>
    <body bgcolor="pink">
        <form action="loginCheck.jsp" name="form1" method="post">
            用户名:<input type="text" name="userName" size="16">
            <br>
            密     码:
            <input type="password" name="password" size="18">
            <br>
            验证码:<input type="text" name="validationCode"
            onKeyDown="if(event.keyCode==13){form1.submit.focus();}" size="6">
            <%
                int intmethod1 = (int) ((((Math.random()) * 11)) -1);
                int intmethod2 = (int) ((((Math.random()) * 11)) -1);
                int intmethod3 = (int) ((((Math.random()) * 11)) -1);
                int intmethod4 = (int) ((((Math.random()) * 11)) -1);
                //将得到的随机数进行连接
                String intsum = intmethod1 +""+ intmethod2+intmethod3+intmethod4;
            %>
            <!--设置隐藏域,验证比较时使用-->
            <input type="hidden" name="validationCode1" value="<%=intsum%>">
            <!--将图片名称与得到的随机数相同的图片显示在页面上 -->
            <img src="../image/<%=intmethod1%>.gif">
            <img src="../image/<%=intmethod2%>.gif">
            <img src="../image/<%=intmethod3%>.gif">
            <img src="../image/<%=intmethod4%>.gif">
        <br>
            <input type="submit" name="submit1" value="登录" onClick="mycheck()">
             
            <input type="reset" value="重置">
        </form>
        </body>
</html>
```

单击图 6-21 所示页面中的"登录"按钮后,如果用户名为空将提示用户名为空,如图 6-22 所示;如果密码为空将提示密码为空,如图 6-23 所示;如果验证码为空将提示验证码为空, 如图 6-24 所示;如果用户名、密码以及验证码不空,请求提交到 loginCheck.jsp,如果用户名、密码以及验证码正确,页面将跳转到 main.jsp,页面如图 6-25 所示。

图 6-22 提示用户名不能为空

图 6-23 提示密码不能为空

图 6-24 提示验证码不能为空

图 6-25 系统主页面

【例 6-16】 对登录页面进行数据处理(loginCheck.jsp)。

```
<%@page contentType="text/html" pageEncoding="UTF-8"%>
<!DOCTYPE html>
<html>
    <head>
        <meta http-equiv="Content-Type" content="text/html; charset=UTF-8">
        <title>处理登录页面的数据</title>
```

```
    </head>
    <body bgcolor="pink">
        <%
            //设置请求的编码,用于解决中文乱码问题
            request.setCharacterEncoding("UTF-8");
            String name = request.getParameter("userName");
            String password = request.getParameter("password");
            if(request.getParameter("validationCode1").equals(request
            .getParameter("validationCode"))){
                if(name.equals("QQ")&&(password.equals("123"))){
                    //把用户名保存到 session 中
                    session.setAttribute("userName",name);
                    response.sendRedirect("main.jsp");
                }else{
                    response.sendRedirect("login.jsp");
                }
            }else{
                response.sendRedirect("login.jsp");
            }
        %>
    </body>
</html>
```

【例 6-17】 系统主页面(main.jsp)。

```
<%@page contentType="text/html" pageEncoding="UTF-8"%>
<html>
    <head>
        <meta http-equiv="Content-Type" content="text/html; charset=UTF-8">
        <title>系统主页面</title>
    </head>
    <body bgcolor="pink">
        <%
            //获取保存在 session 中的用户名
            String name=(String)session.getAttribute("userName");
        %>
        您好<%=name%>,欢迎您访问!<br>
        <a href="exit.jsp">[退出系统]</a>
    </body>
</html>
```

单击图 6-25 所示页面中的"退出系统"将链接到 exit.jsp 页面。

【例 6-18】 退出系统页面(exit.jsp)。

```
<%@page contentType="text/html" pageEncoding="UTF-8"%>
<html>
```

```
<head>
    <meta http-equiv="Content-Type" content="text/html; charset=UTF-8">
    <title>退出系统</title>
</head>
<body>
    <%
        session.invalidate();      //销毁 session
        response.sendRedirect("login.jsp");
    %>
</body>
</html>
```

6.8.5 项目实现过程中注意的问题

在项目实现的过程中需要注意的问题有：首先，在使用 JavaScript 脚本语言时不要把函数名、变量名拼写错误，拼写错误时将无法获取表单中的数据，即和表单中的属性值对应；其次，使用 request 对象获取表单数据时参数名要和表单标签的值一致，否则无法获取表单中的值；最后，在使用 request 和 session 对象时要熟练运用其常用方法。

6.8.6 常见问题及解决方案

1. 无法正常显示验证码异常

解决方案：出现如图 6-26 所示的异常情况时，可检查路径是否正确<img src="../image/<%=intmethod1%>. gif">或者检查文件夹名是否有拼写错误。

图 6-26　无法正常显示验证码异常

2. 空指针异常

解决方案：如图 6-27 所示的异常情况即空指针异常。导致空指针异常的原因有很多，图 6-27 所示的异常提示是第 17 行有误，主要原因是 loginCheck. jsp 页面中"String name = request. getParameter("name");"的值为空，这是因为在 login. jsp 页面中用户名对应的文本框名为 userName，见代码<input type="text" name="userName" size="16">，由于拼写错误导致 request. getParameter("name")获取的值为空，所以产生空指针异常。切记在使用 request 和 session 获取数据时一定不要把参数名拼写错。

6.8.7 拓展与提高

使用 JavaScript 脚本，完成如图 6-28 所示的功能。

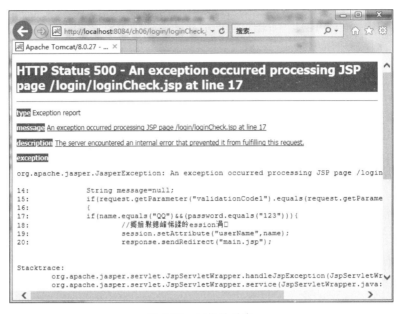

图 6-27　空指针异常

图 6-28　添加提示用户名和密码错误的功能

6.9　课外阅读（了解 JavaScript）

在介绍 JavaScript 之前，首先让我们来简单了解一下脚本语言。大家知道，HTML 通常用于格式化和链接文本，各种编程语言通常用于向机器发出一系列复杂的指令，而脚本语言是介于 HTML 和 C++、Java 等编程语言之间的语言。脚本语言是一种简单的语言，其语法和规则没有编程语言严格和复杂。用 C++、Java 等编写的程序必须先经过编译，将源代码转换为二进制代码之后才可执行，而脚本语言是一种解释性的语言，其程序不需要事先编译，可以直接运行，只要使用合适的解释器来解释便可以执行；脚本语言由一些 ASCII 码组成，以文本形式存在。常用的脚本语言有 JavaScript、VBScript 等。

因为脚本语言是在客户端被解释执行的，所以人们通常用脚本语言来实现客户端动态网页。网站发展的初期，所有的程序都是在服务器端执行，然后再将执行结果发送到客户端。随着客户端计算机的功能越来越强大，CPU 速度越来越快，如果将部分简单的操作交给客户端的计算机处理，就可以大大提高服务器的工作效率。这样网页脚本语言就应运而生了，因为这种脚本语言能够与一般的 HTML 语言交互使用。在读取网页的同时，脚本语言编写的小程序也被传输到客户机上，并在客户机上执行。

6.9.1　JavaScript 简介

通过 HTML 标签的描述可以实现文字、表格、声音、图像、动画等信息的浏览，然而这只是一种静态信息资源的提供，缺少动态交互。JavaScript 的出现，使得信息和用户之间不仅仅是一种显示和浏览的关系，而且实现了一种实时的、动态的、可交互式的表达。从而使得基于 CGI 的静态 HTML 页面被可提供动态实时信息、并对客户操作进行反应的 Web 页面所取代。

JavaScript 早期是由 Netscape(网景)公司研发出来的一种在 Netscape 浏览器上执行的程序语言。它不仅包含了数组对象、数学对象，还包括一般语言所包含的操作数、控制流程等结构组件。用户可以利用它设计出交互式的网页内容，但这些网页不能单独执行，必须由浏览器或服务器执行。

开发 JavaScript 的最初动机是想要减轻服务器数据处理的负荷，能够完成如在网页上显示时间、动态广告、处理表单传送数据等工作。随着 JavaScript 所支持的功能日益增多，不少网页编制人员转而利用它来进行动态网页的设计。Microsoft 公司所研发的 IE 网络浏览器早期版本是不支持 JavaScript 语言的，但在 IE 4.0 之后也开始全面支持 JavaScript，这使得 JavaScript 成为两大浏览器的通用语言。

1. JavaScript

JavaScript 是一种基于对象(Object)和事件驱动(Event Driven)，并具有安全性能的脚本语言。使用它的目的是与 HTML、Java 脚本语言(Java 小程序)一起实现在一个 Web 页面中链接多个对象，与 Web 客户交互作用，从而可以开发客户端的应用程序等。它是通过嵌入在标准的 HTML 语言中实现的，它的出现弥补了 HTML 语言的缺陷。

2. JavaScript 与 Java 的区别

很多人看到 Java 和 JavaScript 中都有 Java，就以为它们是同一样东西，实际上，Java 之与 JavaScript 就好比 Car(汽车)之于 Carpet(地毯)。虽然 JavaScript 与 Java 有紧密的联系，但却是两个公司开发的不同的两个产品。Java 是 Sun 公司推出的新一代面向对象的程序设计语言，特别适合于 Internet 应用程序开发；而 JavaScript 是 Netscape 公司的产品，是为了扩展 Netscape Navigator 功能而开发的一种可以嵌入 Web 页面中的基于对象和事件驱动的解释性语言。下面对两种语言间的异同进行如下比较。

1) 基于对象和面向对象

Java 是完全面向对象的语言，即使是开发简单的程序，也必须设计类和对象。JavaScript 是基于对象的脚本语言，它虽然基于对象和事件驱动，但由于脚本语言的特性，在功能上与 Java 相比要差得多。

2) 解释和编译

两种语言在其浏览器中执行的方式不一样。Java 的源代码在传递到客户端执行之前，必须经过编译，因而客户端上必须具有相应平台上的仿真器或解释器，它可以通过编译器或解释器实现独立于某个特定的平台编译代码。JavaScript 是一种解释性编程语言，其源代码在发往客户端执行之前不需要经过编译，而是将文本格式的字符代码发送给客户端由浏览器解释执行。

3）强变量和弱变量

两种语言所采用的变量是不一样的。Java 采用强类型变量检查,即所有变量在编译之前必须做声明。JavaScript 中的变量是弱类型的,即变量在使用前不需要做声明。

4）代码格式不一样

Java 的格式与 HTML 无关,其代码以字节形式保存在独立的文档中。JavaScript 的代码是一种文本字符格式,可以直接嵌入 HTML 文档中,并且可动态装载。

5）嵌入方式不一样

在 HTML 文档中,通过不同的标签标识两种编程语言,JavaScript 使用＜script＞＜/script＞标签对,而 Java 使用＜applet＞＜/applet＞标签对。

6）静态联编和动态联编

Java 采用静态联编,即 Java 的对象引用必须在编译时进行,以使编译器能够实现强类型检查。JavaScript 采用动态联编,即 JavaScript 先编译,再在运行时对对象引用进行检查。

6.9.2 JavaScript 语言基础知识

1. JavaScript 代码的加入

6.9.1 节已经提到 JavaScript 嵌入在 HTML 文档中使用,那么,在 HTML 文档的什么地方插入 JavaScript 脚本呢? 实际上,使用标签对＜script＞＜/script＞,你可以在 HTML文档的任意地方插入 JavaScript,甚至在＜html＞之前插入也不成问题,多数情况下将其放于＜head＞＜/head＞中,因为一些代码可能需要在页面装载起始就开始运行。不过如果要在声明框架的网页中插入,就一定要在＜frameset＞之前插入,否则不会运行。脚本代码插入的基本格式如下:

```
<script language ="JavaScript">
JavaScript 代码;
  ⋮
</script>
```

标签对＜script＞＜/script＞指明其间放入的是脚本源代码;属性 language 说明标签中使用的是何种脚本语言,这里是 JavaScript 语言,也可以不写,因为目前大部分浏览器都将其设为默认值。

另外,还可以把 JavaScript 代码写到一个单独的文件中(此文件通常应该用 js 作为扩展名),然后用下面所示的格式在 HTML 文档中调用。

```
<script language="JavaScript" src="url">
  ⋮
</script>
```

其中,url 属性指明 JavaScript 文档的地址。这种方式非常适合多个网页调用同一个JavaScript 程序的情况。

【例 6-19】 JavaScript 简单实例(js. html)。

```
<html>
    <head>
```

```
    <title>JavaScript 实例</title>
    <meta http-equiv="Content-Type" content="text/html; charset=UTF-8">
    </head>
    <body>
      <script language="JavaScript">
          document.write("<h2>JavaScript 的第一个网页!</h2>");
          document. close();
      </script>
    </body>
</html>
```

运行效果如图 6-29 所示。

说明：

（1）document.write()：文档对象的输出函数，其功能是将括号中的字符或变量值输出到窗口。

（2）document. close()：将输出关闭。

（3）分号";"：JavaScript 语句结束符。

（4）JavaScript 区分大小写。

图 6-29　使用 JavaScript 的第一个网页

2. 基本数据类型

JavaScript 中有 4 种基本数据类型：数值型（整数和实数）、字符串型（用""号括起来的字符或数值）、布尔型（用 true 或 false 表示）、空值。JavaScript 的基本类型数据可以是常量，也可以是变量。JavaScript 采用弱类型的形式，所以一个变量或常量不必在使用前声明，而是在使用或赋值时确定其数据类型。当然，用户也可以先声明该数据的类型，然后再进行赋值，也可以在声明变量的同时为其赋值。

3. 常量

和其他语言一样，常量的值在程序执行过程中不会发生改变。

1）整型常量

（1）十进制：例如，666。

（2）八进制：由 0 开始，例如，0222。

（3）十六进制：由 0x 开始，例如，0x33。

2）实型常量

例如，0.002。实型常量也可以使用科学计数法来表示，即写成指数形式。例如，0.002可以写成 2e−3 或 2E−3。

3）布尔常量

布尔常量只有两个值：true、false。不能用 0 表示假、用非 0 表示真。

4）字符型常量

使用单引号（'）括起来的一个字符或使用双引号（"）括起来的一个或若干个字符。例如，"3a6e"。转义字符用反斜杠（\）开头，例如，\n 表示换行，\r 表示回车。

5）未定义（undefined）

变量定义后没有赋初值，变量的值便是 undefined。

6）空值（null）

null 表示什么也没有，如果试图引用没有定义的变量，则返回一个 null 值。

4. 变量

变量的值在程序执行过程中可以发生改变，其命名必须满足合法标识符要求，即以字母或下画线开头，只包含字母、数字和下画线，不能使用 JavaScript 中的关键字作为变量名。在 JavaScript 中，变量的定义方式有 3 种。

（1）用关键字 var 定义变量，但不赋初值，使用时再赋值。

例如：var sample;

此时变量 sample 的值是 undefined。

（2）用关键字 var 定义变量的同时给变量赋初值，这样就定义了变量的数据类型，使用时也可再赋其他类型的值。

例如：var sample＝99;

（3）变量不事先定义，而是在使用时通过给变量赋值来定义变量，同时确定变量类型。

例如：temp＝true;

该语句定义变量 temp，变量数据类型是布尔型。

和其他语言一样，JavaScript 中有全局变量和局部变量。全局变量定义在所有函数体之外，其作用范围是整个文档；局部变量定义在函数体之内，其作用范围是定义它的函数内部。

5. 运算符

JavaScript 运算符按操作数个数可分为一元、二元、三元运算符，按类型可分为算术运算符、关系运算符、逻辑运算符、位运算符、赋值运算符。在运算时按优先级顺序进行，表 6-1 中按优先级从高到低对各种运算符进行了简单介绍。

表 6-1　JavaScript 运算符

运　算　符	示　　例	运算符说明
括号	(x)［x］	中括号只用于指明数组的下标
求反	－x	返回 x 的相反数
	!x	返回与 x（布尔值）相反的布尔值
自加、自减	x＋＋	x 值加 1，但仍返回原来的 x 值
	x－－	x 值减 1，但仍返回原来的 x 值
	＋＋x	x 值加 1，返回最新的 x 值
	－－x	x 值减 1，返回最新的 x 值
乘、除、模	x＊y	返回 x 乘以 y 的值
	x/y	返回 x 除以 y 的值
	x％y	返回 x 与 y 的模（x 除以 y 的余数）
加、减	x＋y	返回 x 加 y 的值
	x－y	返回 x 减 y 的值

续表

运　算　符	示　　例	运算符说明
关系运算	x＜y x＜＝y x＞＝y x＞y	当符合条件时返回 true,否则返回 false
等于、不等于	x＝＝y	当 x 等于 y 时返回 true,否则返回 false
	x!＝y	当 x 不等于 y 时返回 true,否则返回 false
按位与	x&y	当两个数位同时为 1 时,返回的数据的当前数位为 1,其他情况都为 0
按位异或	x^y	两个数位中有且只有一个为 0 时,返回 1,否则返回 0
按位或	x｜y	两个数位中只要有一个为 1,则返回 1;当两个数位都为 0 时才返回 0
逻辑与	x&&y	当 x 和 y 同时为 true 时返回 true,否则返回 false
逻辑或	x‖y	当 x 和 y 任意一个为 true 时返回 true,当两者同时为 false 时返回 false
条件	c?x:y	当条件 c 为 true 时返回 x 的值(执行 x 语句),否则返回 y 的值(执行 y 语句)
赋值、复合运算	x＝y	把 y 的值赋给 x,返回所赋的值
	x＋＝y x−＝y x＊＝y x/＝y x%＝y	x 与 y 相加/减/乘/除/求余,所得结果赋给 x,并返回 x 赋值后的值

除此之外,JavaScript 里还有一些特殊运算符。

(1) 字符串连接运算符“＋”:该运算符可以将多个字符串连接在一起。

例如,"Java"＋"Script"的结果为"JavaScript"。

(2) delete:删除对象。

(3) typeof:返回一个可以标识类型的字符串。

(4) void:函数无返回值。

6. 控制语句

和其他语言一样,JavaScript 控制语句包括选择语句、循环语句、跳出语句。

1) 选择语句

* if(条件判定)

　　语句 1(条件为 true 时)

　else

　　语句 2(条件为 false 时)

* 嵌套的 if…else 结构

* switch(表达式)

　{

　　case 常量 1:语句

　　　break;

　　case 常量 2:语句

　　　break;

⋮

    default：语句

   }

2）循环语句

- do{

    语句

   }while(条件判断)

- while(条件判断) 语句

- for([初始表达式];[条件];[增量表达式])

    语句

3）跳出语句

- break 语句：跳出并结束本层循环。

- continue 语句：跳出并结束本层的本次循环,开始下一次循环。

7. 函数

函数是一个执行特定任务的过程,它是 JavaScript 中最基本的成员。使用函数前,必须先定义,然后再在脚本中调用。JavaScript 中支持的函数分为两大类：一类是 JavaScript 预定义函数,另一类是用户自定义函数。

1）函数定义

函数定义语法格式如下：

```
function 函数名(参数集合)
{
    函数体
    return 表达式;
}
```

（1）函数由关键字 function 来定义,定义形式与其他语言类似。

（2）函数定义位置通常在文档的头部,以便当文档被载入时首先载入函数；否则,有可能文档正在被载入时,用户已经触发了一个事件而调用了一个还没有定义的函数,导致一个错误产生。

（3）可使用 arguments. Length 来获得参数集合中参数的个数。

2）预定义函数

下面介绍几种常用的预定义函数。

（1）eval 函数：对包含数字表达式的字符串求值。其语法格式如下：

```
eval(参数)
```

如果参数是数字表达式字符串,那么对该表达式求值；如果该参数代表一个或多个 JavaScript 语句,则执行这些语句；eval 还可以把一个日期从一种格式转换为数值表达式或数字。

（2）Number 和 String 函数：用来将一个对象转换为一个数字或字符串。其语法格式如下：

```
Number(对象)
String(对象)
```

（3）parseInt 和 parseFloat 函数：用来将字符串参数转换为一个数值。其语法格式如下：

```
parseInt(str[,radix])
parseFloat(str)
```

parseFloat 将字符串转换为一个浮点数。parseInt 基于指定的基数 radix 或底数之上返回一个整数。例如，若基数为 10 则将其转化为十进制，为 8 则转化为八进制。

6.9.3 JavaScript 对象

JavaScript 中的对象是对客观事物或事物之间关系的描述，对象可以是一段文字、一幅图片、一个表单(form)，每个对象有它自己的属性、方法和事件。对象的属性是指该对象具有的特性，例如，图片的地址；对象的方法指该对象具有的行为，例如，表单的"提交"(submit)；对象的事件指外界对该对象所做的动作，例如，单击 button 产生的"单击事件"。JavaScript 中可以使用以下几种对象。

（1）内置对象，例如，Date、Math、String。

（2）用户自定义的对象。

（3）由浏览器根据页面内容自动提供的对象。

（4）服务器上固有的对象。

在 JavaScript 中提供了几个对象处理的语句，例如，this(返回当前对象)、with(为一个或一组语句指定默认对象)、new(创建对象)等。但 JavaScript 没有提供继承、重载等面向对象语言所必须具有的功能，所以它只是基于面向对象的语言。

1. 创建对象

在 JavaScript 中创建一个新的对象，首先需定义一个类，然后再为该类创建一个实例。定义类用关键字 function，格式如下：

```
function 类名(类中属性的值的集合)
{
  属性定义、赋值
  方法定义
}
```

创建对象使用关键字 new，格式为

```
对象实例名=new 类名(参数表);
```

例如，定义类 person，它的属性包括 name、age、sex、depart，则：

```
function person(name,age,sex,depart)
{
  this.name=name;
  this.age=age;
  this.sex=sex;
```

```
        this.depart=depart;
    }
```

然后再创建该类对象 sample,方法如下:

```
sample=new person("peter",22,"female","personnel department");
```

2. 引用对象属性

引用对象属性的语法格式如下:

```
对象名.属性名
```

3. 引用对象方法

引用对象方法的语法格式如下:

```
对象名.方法名
```

4. 删除对象

删除对象用 delete 运算符。例如,删除前面创建的对象 sample,可使用下面语句:

```
delete sample;
```

5. 内置对象

下面介绍几种内置对象。

1) String 对象

String 对象即字符串对象,用于处理或格式化文本字符串,以及确定和定位子串。

(1) 属性。

length:保存字符串的长度。格式:

```
字符串对象名.length;
```

例如:

```
var str="helloworld";
```

则 str.length 的值为 10。

(2) 方法。

① charAt(position):返回该字符串第 position 位的字符。

② indexOf(substring[,startpos]):返回字符串中第 startpos 位开始的第一个子串 substring 的位置,如果该子串存在,就返回它的位置,不存在就返回 −1。

例如:

```
str.indexOf("llo",1);    //结果为 2
```

③ lastIndexOf(substring[,startpos]):与 indexOf() 相似,不过是从 startpos 位开始从后边往前查找第一个 substring 出现的位置。

④ split(字符串分隔符集合):返回一个数组,该数组的值是按"字符串分隔符"从原字符串对象中分离开来的子串。

例如:

```
str.split('o');
```

则返回的数组值是"hell"、"w"、"rld"。

⑤ substring(startpos[,endpos])：返回原字符串的子串,子串是原字符串从 startpos 位置到 endpos 位置的字符序列。如果没有指定 endpos 或指定的超过字符串长度,则子字符串一直取到原字符串尾;如果所指定的位置不能返回字符串,则返回空字符串。

⑥ toLowerCase()：返回把原字符串所有大写字母都变成小写字母的字符串。

⑦ toUpperCase()：返回把原字符串所有小写字母都变成大写字母的字符串。

2）Array 对象

Array 对象即数组对象,是一个对象的集合,里边的对象可以是不同类型的。数组的每一个成员对象都有一个"下标",用来表示它在数组中的位置。创建数组有两种方法:

```
arrName=new Array(element0,element1,…,elementN)
arrName=new Array(arrLength)
```

这里 arrName 既可以是存在的对象,也可以是一个新对象。而 element0,element1,…,elementN 是数组元素的值,arrLength 则是数组初始化的长度。

除了在创建数组时给它赋值以外,也可以直接通过数组名加下标的方法给数组元素赋值,例如:

```
arr=new Array(6);
arr[0]="sample";
```

（1）属性。

length：返回数组的长度。

（2）方法。

① join(分隔符)：返回一个字符串,该字符串把数组中的各个元素串起来,用分隔符置于元素与元素之间。

② reverse()：返回将原数组元素顺序反转后的新数组。

③ sort()：返回排序后的新数组。

3）Math 对象

Math 对象即算术对象,提供常用的数学常量和数学函数。

例如,E 返回 2.718281828…,PI 返回 3.1415926535…,abs(x) 返回 x 的绝对值,max(a,b)返回 a、b 中较大的数,random()返回大于 0 且小于 1 的一个随机数等。

4）Date 对象

Date 对象即日期对象,可以存储任意一个日期,从 0001 年到 9999 年,并且可以精确到毫秒数(0.001 秒)。Date 对象有许多方法来设置、提取和操作时间。

6. 文档对象

文档对象是指在网页文档里划分出来的对象,在 JavaScript 中文档对象主要有 window、document、location、navigator、screen、history 等。

1）navigator 对象

navigator 对象即浏览器对象,包含了当前使用的浏览器的版本信息。

（1）appName 属性：返回浏览器的名字。

（2）appVersion 属性：返回浏览器的版本。

（3）platform 属性：返回浏览器的操作系统平台。

（4）javaEnabled 属性：返回一个布尔值，代表当前浏览器是否允许使用 Java。

【例 6-20】 navigator 对象使用（navigator.html）。

```html
<html>
    <head>
    <title>navigator 对象使用</title>
    <meta http-equiv="Content-Type" content="text/html; charset=UTF-8">
    <script language="JavaScript">
        document.write("浏览器是: " +navigator.appName+"<br>");
        document.write("浏览器的版本是: " +navigator.appVersion+"<br>");
        document.write("浏览器所处操作系统是: " +navigator.platform+"<br>");
        if (document.javaEnabled==true)
            document.write("你的浏览器允许使用 Java");
        else
            document.write("你的浏览器不允许使用 Java");
    </script>
    </head>
    <body>

    </body>
</html>
```

运行效果如图 6-30 所示。

图 6-30　navigator 对象使用

2）screen 对象

screen 对象即屏幕对象，包含了当前用户的屏幕设置信息。

（1）width 属性：返回屏幕的宽度，单位为像素。

（2）height 属性：返回屏幕的高度，单位为像素。

（3）colorDepth 属性：保存当前颜色设置，取值可为 -1（黑白）、8（256 色）、16（增强色）、24/32（真彩色）。

3）window 对象

window 对象即窗口对象，它是所有对象的"父"对象，可以在 JavaScript 应用程序中创建多个窗口，而一个框架页面也是一个窗口。

（1）open（参数表）：该方法用来创建一个新的窗口，其中参数表提供窗口的尺寸、内容以及是否有按钮、地址框等属性。

（2）close（）：该方法用来关闭一个窗口。其中，window.close（）或 self.close（）用来关闭当前窗口；窗口对象名.close（）用来关闭指定的窗口。

（3）alert（字符串）：该方法弹出一个只包含"确定"按钮的对话框，并显示"字符串"的内容,同时整个文档的读取和 Script 的运行暂停,直到用户单击"确定"按钮。

(4) confirm(字符串):该方法弹出一个包含"确定"和"取消"按钮的对话框,并显示"字符串"的内容,同时整个文档的读取和 Script 的运行暂停,等待用户的选择。如果用户单击"确定"按钮,则返回 true;如果单击"取消"按钮,则返回 false。

(5) prompt(字符串[,初始值]):该方法弹出一个包含"确认"按钮、"取消"按钮和一个文本框的对话框,并显示"字符串"的内容,要求用户在文本框中输入数据,同时整个文档的读取和 Script 的运行暂停。如果用户单击"确认"按钮,则返回文本框里已有的内容,如果用户单击"取消"按钮,则返回 null 值。如果指定"初始值",则文本框里将用初始值作为默认值。

(6) blur()和 focus():使窗口失去或得到焦点。

(7) scrollTo(x, y):该方法使窗口滚动到指定的坐标。

【例 6-21】 window 对象使用(window. html)。

```html
<html>
    <head>
        <title>window 对象使用</title>
        <meta http-equiv="Content-Type" content="text/html; charset=UTF-8">
        <script language="JavaScript">
        alert("window 对象使用");
        </script>
    </head>
</html>
```

图 6-31 window 对象使用

运行效果如图 6-31 所示。

4) history 对象

history 对象即历史对象,包含浏览器的浏览历史。其 length 属性返回历史记录的项数。

5) location 对象

location 对象即地址对象,它描述的是某一个窗口对象所打开页面的 URL 地址信息。

(1) protocol 属性:返回地址的协议,取值为 http、https、file 等。

(2) hostname 属性:返回地址的主机名。

(3) reload():强制窗口重载当前文档。

(4) replace():从当前历史记录装载指定的 URL。

6) document 对象

document 对象即文档对象,它描述当前窗口或指定窗口对象从<head>到</body>的文档信息。

(1) open():打开文档。

(2) write()/writeln():向文档写入数据。writeln()在写入数据以后换行。

(3) clear():清空当前文档。

(4) close():关闭文档,停止写入数据。

6.9.4　JavaScript 事件

用户与网页交互时产生的动作,称为事件。事件可以由用户引发,例如,用户单击鼠标按钮引发 click 事件;事件也可以由页面自身引发。事件引发后所执行的程序或函数称为事件处理程序,指定事件的处理程序的一般方法是直接在 HTML 标签中指明函数名或程序,格式如下:

<标签 … 事件="事件处理程序" [事件="事件处理程序" …]>

例如:

<body … onload="alert('欢迎 !')" onunload="alert('bye!')">

该例在文档读取完毕时弹出一个对话框,对话框里写着"欢迎!";当用户关闭窗口或访问另一个页面时弹出"bye!"。

经常引发的事件如下。

(1) onfocus 事件:窗口获得焦点时引发,应用于 window 对象。

(2) onload 事件:文档全部载入时引发,应用于 window 对象,写在<body>标签中。

(3) onmousedown 事件:鼠标在对象上按下时引发,应用于 Button 对象、Link 对象。

(4) onmouseout 事件:鼠标离开对象时引发,应用于 Link 对象。

(5) onmouseover 事件:鼠标进入对象时引发,应用于 Link 对象。

(6) onmouseup 事件:鼠标在对象上按下后弹起时引发,应用于 Button 对象、Link 对象。

(7) onreset 事件:"重置"按钮被单击时引发,应用于 Form 对象。

(8) onresize 事件:窗口被调整大小时引发,应用于 window 对象。

(9) onsubmit 事件:"提交"按钮被单击时引发,应用于 Form 对象。

(10) onunload 事件:卸载文档时引发,应用于 window 对象,写在<body>标签中。

6.10　本 章 小 结

本章主要介绍了 JSP 的常用内置对象,通过本章的学习应熟练掌握 JSP 内置对象的基本知识。通过本章的学习应掌握以下内容。

(1) request 对象介绍及实训。

(2) response 对象介绍及实训。

(3) session 对象介绍及实训。

(4) out 对象介绍及实训。

(5) pageContext 对象介绍及实训。

(6) exception 对象介绍及实训。

(7) application 对象介绍及实训。

6.11 习 题

6.11.1 选择题

1. response 对象的 setHeader(String name,String value)方法的作用是( )。
   A. 添加 HTTP 文件头
   B. 设定指定名字的 HTTP 文件头的值
   C. 判断指定名字的 HTTP 文件头是否存在
   D. 向客户端发送错误信息
2. 设置 session 的有效时间(也叫超时时间)的方法是( )。
   A. setMaxInactiveInterval(int interval)
   B. getAttributeName()
   C. setAttributeName(String name,Java.lang.Object value)
   D. getLastAccessedTime()
3. out 对象的方法中能清除缓冲区中的数据,并且把数据输出到客户端的是( )。
   A. out.newLine()   B. out.clear()
   C. out.flush()   D. out.clearBuffer()
4. pageContext 对象的 findAttribute()方法的作用是( )。
   A. 用来设置默认页面的范围或指定范围之中的已命名对象
   B. 用来删除默认页面的范围或指定范围之中的已命名对象
   C. 按照页面请求、会话以及应用程序范围的顺序实现对某个已命名属性的搜索
   D. 以字符串的形式返回一个对异常的描述

6.11.2 填空题

1. request 内置对象代表了_____的请求信息,主要用于获取通过 HTTP 传送给_____的数据。
2. _____对象主要用来向客户端输出各种数据类型的内容。
3. _____对象提供了对 JSP 页面内使用到的所有对象及名字空间的访问。
4. _____对象保存应用程序中公有的数据。
5. exception 对象用来处理 JSP 文件在执行时_____。

6.11.3 论述题

1. 简述 out 对象、request 对象和 response 对象的作用。
2. 简述 session 对象、pageContext 对象、exception 对象和 application 对象的作用。

6.11.4 操作题

1. 设计与实现一个计算器系统,能够实现对数的加、减、乘、除功能。
2. 设计与实现一个考试系统,能够提供选择题和填空题进行考试并计算考试成绩。
3. 设计与实现一个留言板系统,能够实现用户留言以及查看留言功能。

第 7 章　JDBC 技术

学习目的与要求

本章学习的主要目的是了解数据库在 JSP 中的操作及其应用,要求理解 JDBC 技术并能够熟练运用 JDBC 技术进行 JSP 案例开发。

本章主要内容

(1) JDBC 基础知识。

(2) 通过 JDBC 驱动程序访问数据库。

(3) 数据查询的实现。

(4) 数据更新的实现。

(5) JSP 中数据库操作的常见问题。

7.1　JDBC 简介

Java 数据库连接(Java DataBase Connectivity,JDBC)是面向应用程序开发人员和数据库驱动程序开发人员的应用程序接口(Application Programming Interface,API)。

7.1.1　什么是 JDBC

JDBC 是一种用于执行 SQL 语句的 Java API,可以为多种关系型数据库提供统一访问,它由一组用 Java 语言编写的类和接口组成。JDBC 为开发人员提供了一个标准的 API,据此可以构建更高级的工具和接口,使数据库开发人员能够用纯 Java API 编写数据库应用程序,同时,JDBC 也是个商标名。有了 JDBC,向各种数据库发送 SQL 语句就是一件很容易的事。换言之,有了 JDBC API,就不必为访问 MySQL 数据库专门写一个程序,为访问 Oracle 数据库又专门写一个程序,或为访问 SQL Server 数据库又编写另一个程序等,程序员只需用 JDBC API 写一个程序就够了,它可向相应数据库发送 SQL 调用。同时,将 Java 语言和 JDBC 结合起来使程序员不必为不同的平台编写不同的应用程序,只需编写一个程序就可以让它在任何平台上运行,这也体现了 Java 语言"一次编写,到处运行"的优势。

自从于 1995 年 5 月正式公布以来,Java 风靡全球。出现大量的用 Java 语言编写的程序,其中也包括数据库应用程序。由于没有一个 Java 语言的 API,编程人员不得不在 Java 程序中加入 C 语言的开放数据库互连(Open DataBase Connectivity,ODBC)函数调用。这就使很多 Java 的优秀特性无法充分发挥,比如平台无关性、面向对象特性等。随着越来越多的编程人员对 Java 语言的日益喜爱,越来越多的公司在 Java 程序开发上投入的精力日益增加,对 Java 语言访问数据库 API 的需求越来越强烈。也由于 ODBC 有其不足之处,如它并不容易使用,没有面向对象的特性等,Sun 公司决定开发以 Java 语言为接口的数据库应用程序开发接口。在 JDK 1.0 版本中,JDBC 只是一个可选部件,到了 JDK 1.1 公布时,SQL 类(也就是 JDBC API)就成为 Java 语言的标准部件。

简单地说,JDBC 能完成下列三件事情。

（1）与一个数据库建立连接。

（2）向数据库发送 SQL 语句。

（3）处理数据库返回的结果。

7.1.2　JDBC 的结构

JDBC 的结构如图 7-1 所示。

图 7-1　JDBC 的结构

1. 应用程序

应用程序实现 JDBC 的连接、发送 SQL 语句,然后获取结果的过程中要执行以下任务:与数据库请求建立连接;向数据库发送 SQL 请求;为结果集定义存储应用和数据类型;询问结果;处理错误;控制传输,提交操作;关闭连接。

2. JDBC API

JDBC API 是一个标准统一的 SQL 数据存取接口。为 Java 程序提供统一的操作各种数据库的接口。程序员编程时,不用关心它所要操作的数据库是哪种数据库,从而提高了软件的通用性。只要系统里安装了正确的驱动器组件,JDBC 应用程序就可以访问相关的数据库。

3. JDBC 驱动程序管理器

JDBC 驱动程序管理器的主要作用是代表用户的应用程序调入特定驱动程序,要完成的任务包括:为特定数据库定位驱动程序;处理 JDBC 初始化调用等。

4. 驱动程序

驱动程序实现 JDBC 的连接,向特定数据库发送 SQL 声明,并且为应用程序获取结果。

5. 数据库

数据库是应用程序要访问的数据源(如 Oracle、Microsoft SQL Server、MySQL)。

7.2　通过 JDBC 驱动访问数据库

在实际访问数据库时每个数据库厂商都提供了数据库的 JDBC 驱动程序,可以使用 DBMS 厂商提供的 JDBC 驱动程序直接访问这些数据库。下面就分别介绍如何通过 JDBC 驱动程序访问 MySQL、Microsoft SQL Server 数据库。

7.2.1 访问 MySQL 数据库

1. MySQL JDBC 驱动程序下载和配置

本书使用的是 MySQL 5.5，下载支持 5.5 版本的 JDBC 驱动程序，其文件名是 mysql-connector-java-5.1.39-bin.jar。下载完 MySQL 的 JDBC 驱动后，可以把该文件放到任意目录下，这里假设为"D:\ JSP 程序设计实训与案例教程"（第 2 版）。

如果开发 Java Web 项目使用的是 NetBeans、Eclipse，MySQL 的 JDBC 驱动程序配置如下。

1）MySQL 的 JDBC 驱动程序在 NetBeans 中的配置

单击 NetBeans 项目的 ch07→WEB-INF→"新建"→"文件夹"命令，如图 7-2 所示，弹出图 7-3。在如图 7-3 所示的文件夹名称框中将文件夹命名为 lib，该文件夹所在的路径为 D:\JSP程序设计实训与案例教程（第 2 版）\NetBeans 版本\ch07\web\WEB-INF\lib。然后把 JDBC 驱动程序复制到 lib 文件夹中。

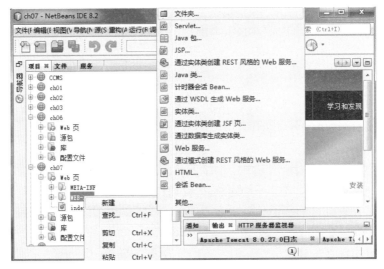

图 7-2　新建文件夹

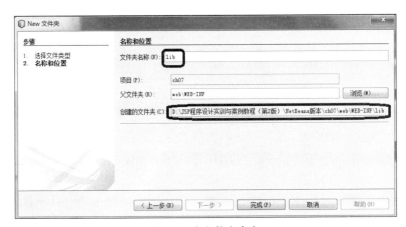

图 7-3　为文件夹命名

备注：使用工具开发项目时，一般都把所需的 JAR 文件放到 WEB-INF\lib 下，然后把需要的 JAR 文件导入库中。

单击 NetBeans 项目的 ch07→"库"→"添加 JAR/文件夹"命令，如图 7-4 所示，弹出如图 7-5 所示的"添加 JAR/文件夹"对话框，找到 JDBC 驱动程序所在的位置（参考图 7-3），找到所需的 JDBC 驱动程序后单击"打开"按钮，MySQL 的 JDBC 驱动程序配置完成。

图 7-4　选择"添加 JAR/文件夹"

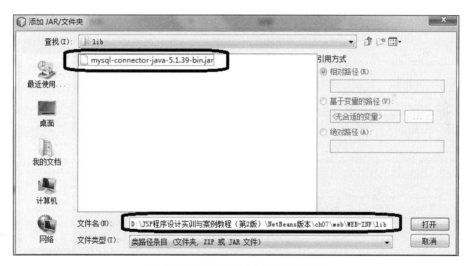

图 7-5　"添加 JAR/文件夹"对话框

2）MySQL 的 JDBC 驱动程序在 Eclipse 中的配置

使用 Eclipse 新建项目 ch7 后工具会自动在 WEB-INF 下面建一个 lib 文件夹，只需把 JDBC 驱动程序复制到该 lib 文件夹中。然后单击 Eclipse 项目的 ch7→ Build Path→ Configure Build Path 命令，如图 7-6 所示，弹出如图 7-7 所示的对话框，在该对话框中选择选项卡 Libraries→Add External JARs，找到 MySQL 的 JDBC 驱动程序所在位置，如图 7-8 所示。然后单击"打开"按钮，MySQL 的 JDBC 驱动程序在 Eclipse 中配置完成。

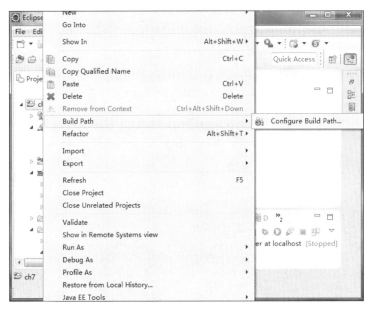

图 7-6　查找 Configure Build Path 属性

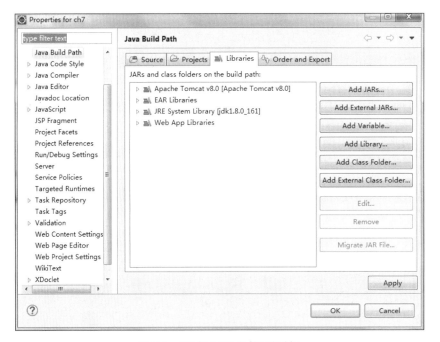

图 7-7　"添加 JAR 文件"对话框

2. 使用 MySQL 5.5 建立数据库和表

使用 MySQL 5.5 建立数据库 student 和表 stuinfo。数据库、表以及表的字段名和字段类型如图 7-9 所示。安装完 MySQL 以后,最好再安装一个 MySQL 的插件——Navicat V8.2.12 For MySQL. exe,该插件能够在使用 MySQL 时提供可视化、友好的图形用户界面。

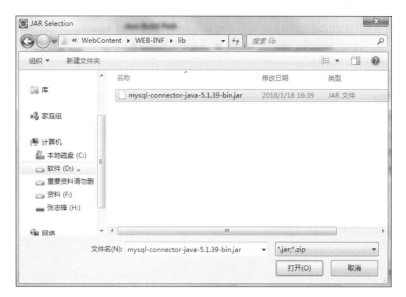

图 7-8　添加 JDBC 驱动程序

图 7-9　用 MySQL 创建数据库和表

3. 编写 JSP 文件访问数据库（accessMySQL.jsp）

【例 7-1】　使用 JDBC 驱动程序访问 MySQL 的 JSP 页面（accessMySQL.jsp）。

```jsp
<%@page import="java.sql.DriverManager"%>
<%@page import="java.sql.ResultSet"%>
<%@page import="java.sql.Statement"%>
<%@page import="java.sql.Connection"%>
<%@page contentType="text/html" pageEncoding="UTF-8"%>
```

```html
<html>
    <head>
        <meta http-equiv="Content-Type" content="text/html; charset=UTF-8">
        <title>通过 MySQL 的 JDBC 驱动程序访问数据库</title>
    </head>
    <body bgcolor="pink">
        <h3 align="center">使用 MySQL 的 JDBC 驱动程序访问 MySQL 数据库</h3>
        <hr>
        <table border="1" bgcolor="#ccceee" align="center">
            <tr>
                <th width="87" align="center">学号</th>
                <th width="87" align="center">姓名</th>
                <th width="87" align="center">性别</th>
                <th width="87" align="center">年龄</th>
                <th width="87" align="center">体重</th>
            </tr>
            <%
            Connection con=null;
            Statement stmt=null;
            ResultSet rs=null;
            Class.forName("com.mysql.jdbc.Driver");
            /*
                3306 为端口号,student 为数据库名,url 后面添加的?useUnicode=
                true&characterEncoding=gbk 用于处理向数据库中添加中文数据时
                出现乱码的问题
            */
            String url="jdbc:mysql://localhost:3306/student?
                        useUnicode=true&characterEncoding=gbk";
            con=DriverManager.getConnection(url,"root","root");
            stmt=con.createStatement();
            String sql="select * from stuinfo";
            rs=stmt.executeQuery(sql);
            while(rs.next()){
            %>
            <tr>
                <td><%=rs.getString("SID")%></td>
                <td><%=rs.getString("SName")%></td>
                <td><%=rs.getString("SSex")%></td>
                <td><%=rs.getString("SAge")%></td>
                <td><%=rs.getString("SWeight")%></td>
            </tr>
            <%
                }
            rs.close();
            stmt.close();
            con.close();
            %>
```

```
        </table>
        <hr>
    </body>
</html>
```

accessMySQL.jsp 运行效果如图 7-10 所示。

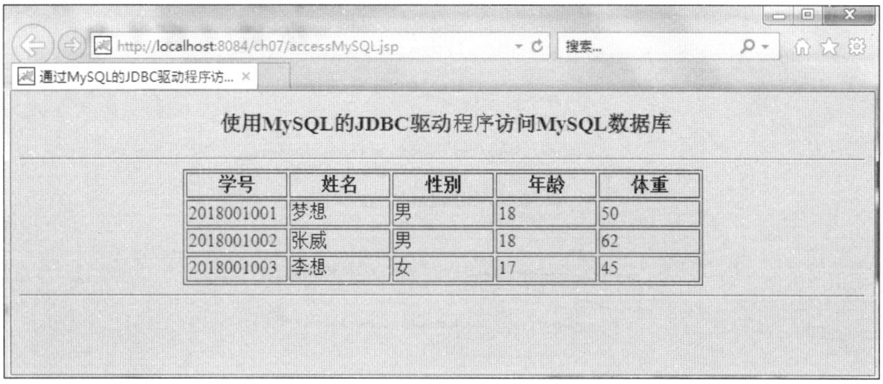

图 7-10 accessMySQL.jsp 运行效果

7.2.2 访问 Microsoft SQL Server 2012 数据库

1. Microsoft SQL Server JDBC 驱动程序下载和配置

本书使用的是 Microsoft SQL Server 2012 数据库,下载支持 SQL Server 2012 版本的 JDBC 驱动程序,其文件名是 Microsoft JDBC Driver 6.0 for SQL Server。所需的驱动程序为如图 7-11 所示文件。

图 7-11 SQL Server 2012 驱动程序所需的 JAR 文件

如果开发 Java Web 项目使用的是 NetBeans 或者 Eclipse,在其中加载 SQL Server 2012 的 JDBC驱动程序的方法与加载 MySQL 的 JDBC 驱动程序的方法相似,如图 7-12 所示。

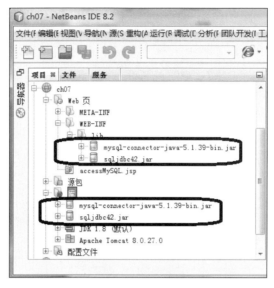

图 7-12　在库中加载 sqljdbc42.jar 文件

2. 使用 Microsoft SQL Server 2012 建立数据库和表

要使用的数据库、表以及表的字段如图 7-13 所示。表中数据如图 7-14 所示。

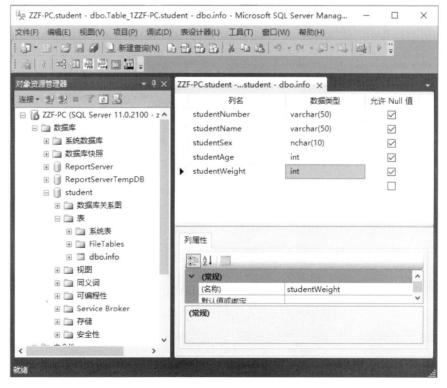

图 7-13　数据库、表以及表的字段

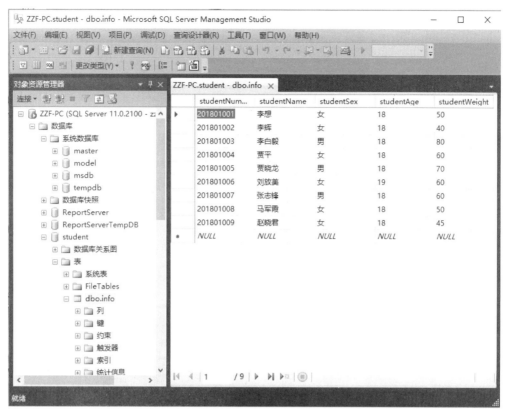

图 7-14　表中数据

登录模式和 sa 设置步骤如下。

1）打开属性配置界面

单击"开始"→"所有程序"→Microsoft SQL Server 2012→SQL Server Management
Studio，如图 7-15 所示，弹出如图 7-16 所示的"连
接到服务器"对话框。选择服务器名称和身份验证
后单击"连接"按钮，弹出如图 7-17 所示的管理界
面，右击其中的服务器名称弹出图 7-18，单击"属
性"后弹出图 7-19。

2）设置混合登录模式

在图 7-19 所示对话框中，单击"选择页"中的
"安全性"后选中"SQL Server 和 Windows 身份验
证模式"单选按钮。

3）登录设置

sa 是 SQL Server 默认的数据库管理员用户
名。在图 7-17 中，单击"安全性"→"登录名"，右击
sa 弹出快捷菜单，如图 7-20 所示，在其中单击"属
性"命令，弹出图 7-21，在其中设置数据库连接密

图 7-15　启动 SQL Server 2012

图 7-16 "连接到服务器"对话框

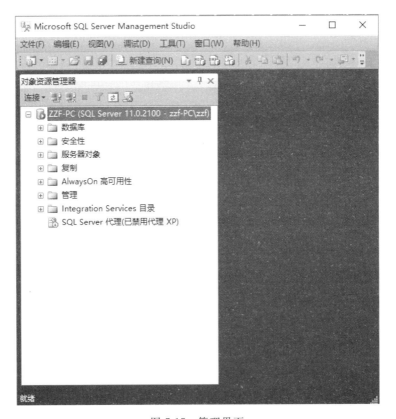

图 7-17 管理界面

码,选择要操作的数据库为 student;单击"状态"弹出如图 7-22 所示的界面,把登录设置为
"已启用"。

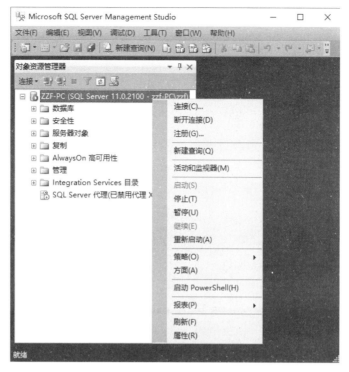

图 7-18　服务器属性

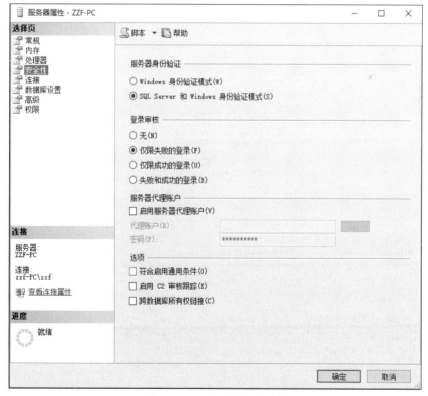

图 7-19　设置混合登录模式

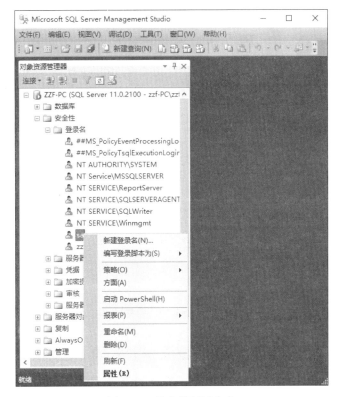

图 7-20　单击"属性"命令

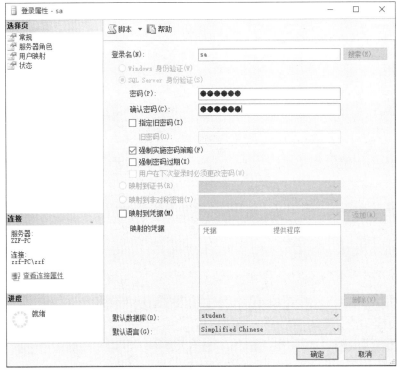

图 7-21　设置密码

图 7-22　登录启用界面

3. 编写 JSP 文件访问数据库（accessSQLServer. jsp）

【例 7-2】　使用驱动程序访问 SQL Server 的 JSP 页面（accessSQLServer. jsp）。

```
<%@ page import="java.sql. * "%>
<%@ page contentType="text/html" pageEncoding="UTF-8"%>
<html>
    <head>
        <meta http-equiv="Content-Type" content="text/html; charset=UTF-8">
        <title>通过 JDBC 驱动程序访问 SQL Server </title>
    </head>
    <body bgcolor="pink" >
        <center>
            <br><br><br>
            <h2>使用 JDBC 驱动程序访问 SQL Server 数据库</h2>
            <hr>
            <table border=2 bgcolor="#ccceee" align="center">
                <tr>
                    <th>学号</th>
                    <th>姓名</th>
                    <th>性别</th>
                    <th>年龄</th>
                    <th>体重</th>
                </tr>
                <%
```

```
                    //SQL Server 2012 的驱动程序名
                    Class.forName("com.microsoft.sqlserver.jdbc.SQLServerDriver");
                    //SQL Server 2012 的 URL
                    String url="jdbc:sqlserver://localhost:1433;databasename=student";
                    String user="sa";              //数据库登录用户名
                    String password="123456";      //数据库登录密码
                    Connection conn=
                    DriverManager.getConnection(url,user,password);
                    Statement stmt=conn.createStatement();
                    String sql="select * from info";
                    ResultSet  rs=stmt.executeQuery(sql);
                    while(rs.next()){
            %>
              <tr>
                  <td><%=rs.getString("studentNumber")%></td>
                  <td><%=rs.getString("studentName")%></td>
                  <td><%=rs.getString("studentSex")%></td>
                  <td><%=rs.getString("studentAge")%></td>
                  <td><%=rs.getString("studentWeight")%></td>
              </tr>
            <%
              }
                rs.close();
                stmt.close();
                conn.close();
            %>
          </table>
          <hr>
        </center>
      </body>
    </html>
```

accessSQLServer.jsp 运行效果如图 7-23 所示。

图 7-23　accessSQLServer.jsp 运行效果

7.3 查询数据库

数据查询是数据库的一项基本操作,通常使用结构化查询语言(Structure Query Language,SQL)语句和 ResultSet 对记录进行查询。查询数据库的方法很多,可以分为顺序查询、带参数查询、模糊查询和查询分析等。

SQL 是标准的结构化查询语言,可以在任何数据库管理系统中使用,因此被普遍使用,其语法格式如下:

```
select list from table
[where search_condition]
[group by group_by_expression] [having search_condition]
[order by order_expression [asc/desc] ];
```

各参数的含义如下。

(1) list:目标列表达式。用来指明要查询的列名,或者有列名参与的表达式。用 * 代表所有列。

(2) table:指定要查询的表名称。可以是一张表,也可以是多张表。如果不同表中有相同列,需要用"表名.列名"的方式指明该列来自哪张表。

(3) search_condition:查询条件表达式,用来设定查询的条件。

(4) group_by_expression:分组查询表达式。按表达式条件将记录分为不同的记录组参与运算,通常与目标列表达式中的函数配合使用,实现分组统计的功能。

(5) order_expression:排序查询表达式。按指定表达式的值来对满足条件的记录进行排序,默认是升序(asc)。

SQL 中的查询语句除了可以实现单表查询以外,还可以实现多表查询和嵌套查询,使用起来比较灵活,可以参考其他资料了解较复杂的查询方式。

JDBC 提供 3 种接口实现 SQL 语句的发送执行,分别是 Statement、PreparedStatement 和 CallableStatement。Statement 接口的对象用于执行简单的不带参数的 SQL 语句;PreparedStatement 接口的对象用于执行带有 IN 类型参数的预编译过的 SQL 语句;CallableStatement 接口的对象用于执行一个数据库的存储过程。PreparedStatement 继承了 Statement,而 CallableStatement 又从 PreparedStatement 继承而来。通过上述对象发送 SQL 语句,由 JDBC 提供的 ResultSet 接口对结果集中的数据进行操作。下面分别对 JDBC 中发送执行 SQL 语句以及实现结果集操作的接口进行介绍。

1. Statement

使用 Statement 发送要执行的 SQL 语句前,首先要创建 Statement 对象实例,然后根据参数 type、concurrency 的取值情况返回 Statement 类型的结果集。语法格式如下:

```
Statement stmt = con.createStatement(type,concurrency);
```

其中,type 属性用来设置结果集的类型。type 属性有 3 种取值:取值为 ResultSet. TYPE_FORWORD_ONLY 时,代表结果集的记录指针只能向下滚动;取值为 ResultSet. TYPE_SCROLL_INSENSITIVE 时,代表结果集的记录指针可以上下滚动,数据库变化时,当前结果集不变;取值为 ResultSet. TYPE_SCROLL_SENSITIVE 时,代表结果集的记录指针可以上下滚动,数据库变化时,结果集随之变化。

Concurrency 属性用来设置结果集更新数据库的方式。它也有两种取值:当Concurrency 属性取值为 ResultSet. CONCUR_READ_ONLY 时,代表不能用结果集更新数据库中的表;而当 Concurrency 属性的取值为 ResultSet. CONCUR_UPDATETABLE 时,代表可以更新数据库。

Statement 还提供了一些操作结果集的方法,Statement 的常用方法如表 7-1 所示。

表 7-1 Statement 的常用方法

方　　法	说　　明
executeQuery( )	用来执行查询
executeUpdate( )	用来执行更新
execute( )	用来执行动态的未知操作
setMaxRow( )	设置结果集容纳的最多行数
getMaxRow( )	获取结果集的最多行数
setQueryTimeOut( )	设置一个语句执行的等待时间
getQueryTimeOut( )	获取一个语句的执行等待时间
close( )	关闭 Statement 对象,释放其资源

2. PreparedStatement

PreparedStatement 可以将 SQL 语句传给数据库做预编译处理,即在执行的 SQL 语句中包含一个或多个 IN 参数,可以通过设置 IN 参数值多次执行 SQL 语句,而不必重新编译 SQL 语句,这样可以大大提高执行 SQL 语句的速度。

所谓 IN 参数就是指那些在 SQL 语句创建时尚未指定值的参数,在 SQL 语句中 IN 参数用"?"代替。

例如:

```
PreparedStatement pstmt=connection.preparedStatement("select * from student
where 年龄>=? and 性别=? ");
```

这个 PreparedStatement 对象用来查询表中符合指定条件的信息,在执行查询之前必须对每个 IN 参数进行设置,设置 IN 参数的语法格式如下:

```
pstmt.set×××(position,value);
```

其中,×××为要设置数据的类型,position 为 IN 参数在 SQL 语句中的位置,value 指该参数被设置的值。

例如:

```
pstmt.setInt(1,20);
```

【例 7-3】 利用 PreparedStatement 对象查询 info 表信息(PreparedStatementSQL. jsp)。

```jsp
<%@ page import="java.sql.*"%>
<%@ page contentType="text/html" pageEncoding="UTF-8"%>
<html>
    <head>
        <meta http-equiv="Content-Type" content="text/html; charset=UTF-8">
        <title>PreparedStatement 类的使用</title>
    </head>
        bgcolor="pink"
    <body>
        <br>
        <br>
        <center>
            <h2>使用 PreparedStatement 类访问 SQL Server</h2>
            <hr>
            <table border=2  bgcolor="#ccceee"  align="center">
                <tr>
                    <th>学号</th>
                    <th>姓名</th>
                    <th>性别</th>
                    <th>年龄</th>
                    <th>体重</th>
                </tr>
            <%
                Class.forName("com.microsoft.sqlserver.jdbc.SQLServerDriver");
                String url="jdbc:sqlserver://localhost:1433;databasename=student";
                String user="sa";
                String password="123456";
                Connection conn=DriverManager.getConnection(url,user,password);
                String sql="select *  from  info where studentAge>=? and
                studentAge<=?";
                PreparedStatement stmt=conn.prepareStatement(sql);
                stmt.setInt(1,18);
                stmt.setInt(2,20);
                ResultSet rs=stmt.executeQuery();
                while(rs.next()){
            %>
                <tr>
                    <td><%=rs.getString("studentNumber")%></td>
                    <td><%=rs.getString("studentName")%></td>
                    <td><%=rs.getString("studentSex")%></td>
                    <td><%=rs.getString("studentAge")%></td>
                    <td><%=rs.getString("studentWeight")%></td>
                </tr>
            <%
                }
```

```
                rs.close();
                stmt.close();
                conn.close();
            %>
            </table>
            <hr>
        </center>
    </body>
</html>
```

PreparedStatementSQL.jsp 运行效果如图 7-24 所示。

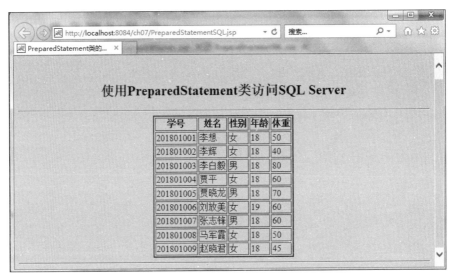

图 7-24　PreparedStatementSQL.jsp 运行效果

3. ResultSet

可以通过 ResultSet 的方法在结果集中进行滚动查询。常用的查询方法如表 7-2 所示。

表 7-2　ResultSet 提供的常用查询方法

方　　法	说　　明
next()	将记录指针向下移动,当移动到结果集最后一行之后时返回 false
previous()	将记录指针向上移动,当移动到结果集第一行之前时返回 false
beforeFirst()	将记录指针移动到结果集的第一行之前
afterLast()	将记录指针移动到结果集的最后一行之后
first()	将记录指针移动到结果集的第一行
last()	将记录指针移动到结果集的最后一行
isAfterLast()	判断记录指针是否到达结果集的最后一行之后
isFirst()	判断记录指针是否到达结果集的第一行
isLast()	判断记录指针是否到达结果集的最后一行

续表

方　　法	说　　明
getRow()	返回当前记录指针所指向的行号,行号从 1 开始,如果没有记录返回结果为 0
absolute(int row)	将记录指针移动到指定的第 row 行
close()	关闭 ResultSet 对象,并释放它所占的资源

【例 7-4】 ResultSet 对象的游标滚动(ResultSetSQL.jsp)。

```
<%@ page import="java.sql. * "%>
<%@ page contentType="text/html" pageEncoding="UTF-8"%>
<html>
    <head>
        <meta http-equiv="Content-Type" content="text/html; charset=UTF-8">
        <title>ResultSet 方法使用</title>
    </head>
        bgcolor="pink"
    <body>
        <h2>使用 ResultSet 方法访问 SQL Server</h2>
        <hr>
        <table border="2" bgcolor="#ccceee" align="center">
            <tr>
                <th>学号</th>
                <th>姓名</th>
                <th>性别</th>
                <th>年龄</th>
                <th>体重</th>
            </tr>
            <%
            Class.forName("com.microsoft.sqlserver.jdbc.SQLServerDriver");
            String url="jdbc:sqlserver://localhost:1433;databasename=student";
            String user="sa";
            String password="123456";
            Connection conn=DriverManager.getConnection(url,user,password);
            Statement stmt=conn.createStatement(
            ResultSet.TYPE_SCROLL_SENSITIVE,
            ResultSet.CONCUR_READ_ONLY);
            String sql="select * from info";
            ResultSet rs=stmt.executeQuery(sql);
            rs.last();
            rs.afterLast();
            while(rs.previous()){
            %>
```

```
        <tr>
            <td><%=rs.getString("studentNumber")%></td>
            <td><%=rs.getString("studentName")%></td>
            <td><%=rs.getString("studentSex")%></td>
            <td><%=rs.getString("studentAge")%></td>
            <td><%=rs.getString("studentWeight")%></td>
        </tr>
        <%
            }
            rs.close();
            stmt.close();
            conn.close();
        %>
    </table>
    <hr>
    </center>
    </body>
</html>
```

ResultSetSQL.jsp 运行效果如图 7-25 所示。

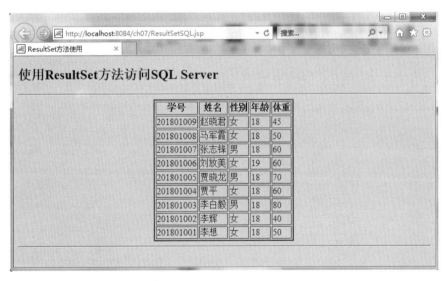

图 7-25　ResultSetSQL.jsp 运行效果

7.4　更新数据库

更新数据库是数据库的基本操作,因为数据库中的数据是不断变化的。通过执行增加、修改、删除操作,可以使数据库中的数据保持动态更新。

1. 添加操作

在 SQL 中,使用 insert 语句可以将新行添加到表或视图中,语法格式如下:

```
insert into table_name column_list values({default|null|expression} [,…n]);
```

其中,table_name 指定将要插入数据的表或 table 变量的名称;column_list 是要在其中插入数据的一列或多列的列表。必须用圆括号将 column_list 括起来,并且用逗号进行分隔;values({default|null | expression } [,…n])引入要插入数据值的列表。对 column_list(如果已指定)中或者表中的每个列,都必须有一个数据值,且必须用圆括号将值列表括起来。如果 values 列表中的值与表中列的顺序不相同,或者未包含表中所有列的值,那么必须使用 column_list 明确地指定存储每个传入值的列。

例如,在学生信息表中添加一个学生的信息('00001','david','male'),则对应的 SQL 语句应为

```
insert into student values('00001','david','male');
```

2. 修改操作

SQL 中的更新语句是 update 语句,其语法格式如下:

```
update table_name set column_name=expression[,column_name1=expression]
[where search_condition];
```

其中,table_name 用来指定需要更新的表的名称;set column_name＝expression[,column_name1＝expression]指定要更新的列或变量名称的列表,column_name 指定要更改数据列的名称;where search_condition 指定条件来限定所要更新的行。

例如,修改所有学生的年龄,将年龄都增加一岁,则对应的 SQL 语句应为

```
update student set 年龄=年龄+1;
```

3. 删除操作

在 SQL 中,使用 delete 语句删除数据表中的行。delete 语句的语法格式如下:

```
delete from table_name [WHERE search_condition];
```

其中,table_name 用来指定表;where 用来指定限制删除操作的条件。如果没有提供 where 子句,则 delete 删除表中的所有记录。

例如,要从学生信息表中删除学号为 00001 的学生信息,则对应的 SQL 语句应为

```
delete from stuInfo where 学号='000001';
```

4. 应用实例

更新数据库实例。本例使用 SQL Server 2012 数据库,数据库、表以及表中记录参考图 7-13 和图 7-14。本例有一个添加学生信息页面(input.jsp),如图 7-26 所示。

在图 7-26 所示页面中输入信息。单击"提交"按钮后请求提交到 inputcheck.jsp 页面,inputCheck.jsp 页面中实现了对数据的添加、更改和删除操作。运行效果如图 7-27 所示。

【例 7-5】 添加学生信息页面(input.jsp)。

```
<%@page contentType="text/html" pageEncoding="UTF-8"%>
<html>
    <head>
```

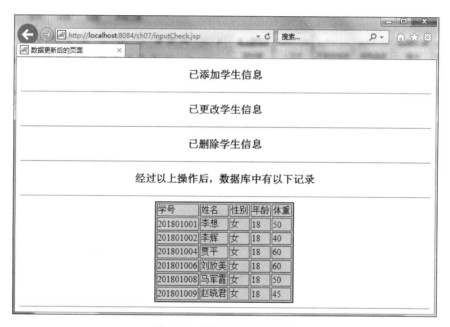

图 7-26 添加学生信息页面

图 7-27 数据更新后的页面

```
    <meta http-equiv="Content-Type" content="text/html; charset=UTF-8">
    <title>JSP中更新数据库</title>
</head>
<body  bgcolor="CCCFFF">
  <br><br>
  <center>
    <form action="inputCheck.jsp"  method="post">
        <h2>输入要添加学生的信息</h2>
        <hr>
        <table border="0" width="200">
            <tr>
```

```
            <td>学号</td>
            <td><input type="text" name="studentNumber"></td>
        </tr>
        <tr>
            <td>姓名</td>
            <td><input type="text" name="studentName"></td>
        </tr>
        <tr>
            <td>性别</td>
            <td><input type="text" name="studentSex" ></td>
        </tr>
        <tr>
            <td>年龄</td>
            <td><input type="text" name="studentAge"></td>
        </tr>
        <tr>
            <td>体重</td>
            <td><input type="text" name="studentWeight"></td>
        </tr>
        <tr align="center">
            <td colspan="2">
                <input name="sure" type="submit" value="提  交">
                    
                <input name="clear" type="reset" value="取  消">
            </td>
        </tr>
        </table>
        <hr>
    </form>
    </center>
    </body>
</html>
```

【例 7-6】 处理数据页面(inputCheck.jsp)。

```
<%@ page import="java.sql. * "%>
<%@ page contentType="text/html" pageEncoding="UTF-8"%>
<html>
    <head>
        <meta http-equiv="Content-Type" content="text/html; charset=UTF-8">
        <title>数据更新后的页面</title>
    </head>
    <body>
        <center>
            <h3>已添加学生信息</h3>
            <hr>
```

```
<%
    String studentNumber=request.getParameter("studentNumber");
    byte b[]=studentNumber.getBytes("ISO-8859-1");
    studentNumber=new String(b,"UTF-8");
    String studentName=request.getParameter("studentName");
    byte b1[]=studentName.getBytes("ISO-8859-1");
    studentName=new String(b1,"UTF-8");
    String studentSex=request.getParameter("studentSex");
    byte b2[]=studentSex.getBytes("ISO-8859-1");
    studentSex=new String(b2,"UTF-8");
    String studentAge=request.getParameter("studentAge");
    byte b3[]=studentAge.getBytes("ISO-8859-1");
    studentAge=new String(b3,"UTF-8");
    String studentWeight=request.getParameter("studentWeight");
    byte b4[]=studentWeight.getBytes("ISO-8859-1");
    studentWeight=new String(b4,"UTF-8");
    Class.forName("com.microsoft.sqlserver.jdbc.SQLServerDriver");
    String url="jdbc:sqlserver://localhost:1433;databasename=student";
    String user="sa";
    String password="123456";
    Connection conn=DriverManager.getConnection(url,user,password);
    Statement stmt=conn.createStatement();
    String sql="insert into info
    values('"+studentNumber+"','"+studentName+"','"+studentSex+"',
    "+studentAge+","+studentWeight+")";
    stmt.executeUpdate(sql);
    stmt.close();
    conn.close();
%>
<h3>已更改学生信息</h3>
<hr>
<%
    Class.forName("com.microsoft.sqlserver.jdbc.SQLServerDriver");
    String url1="jdbc:sqlserver://localhost:1433;databasename=student";
    String user1="sa";
    String password1="123456";
    Connection conn1=
    DriverManager.getConnection(url1,user1,password1);
    Statement stmt1=conn1.createStatement();
    String sql1="update info set studentAge=18";
    stmt1.executeUpdate(sql1);
    stmt1.close();
    conn1.close();
%>
```

<h3>已删除学生信息</h3>
<hr>
<%

```
    Class.forName("com.microsoft.sqlserver.jdbc.SQLServerDriver");
    String url2="jdbc:sqlserver://localhost:1433;databasename=student";
    String user2="sa";
    String password2="123456";
    Connection conn2=
    DriverManager.getConnection(url2,user2,password2);
    Statement stmt2=conn2.createStatement();
    String sql2="delete from info where studentSex='男'";
    stmt2.executeUpdate(sql2);
    stmt2.close();
    conn2.close();
```

%>
<h3>经过以上操作后,数据库中有以下记录</h3>
<hr>
<table border=2 bgcolor="ccceee" align="center">
    <tr>
        <td>学号</td>
        <td>姓名</td>
        <td>性别</td>
        <td>年龄</td>
        <td>体重</td>
    </tr>
    <%

```
        Class.forName(
        "com.microsoft.sqlserver.jdbc.SQLServerDriver");
                String url3="jdbc:sqlserver://localhost:1433;
                databasename= student";
        String user3="sa";
        String password3="123456";
        Connection conn3=
        DriverManager.getConnection(url3,user3,password3);
        Statement stmt3=conn3.createStatement();
        String sql3="select * from info";
        ResultSet rs=stmt3.executeQuery(sql3);
        while(rs.next()){
```

    %>
    <tr>
        <td><%=rs.getString("studentNumber")%></td>
        <td><%=rs.getString("studentName")%></td>
        <td><%=rs.getString("studentSex")%></td>
        <td><%=rs.getString("studentAge")%></td>
```
```

```
                <td><%=rs.getString("studentWeight")%></td>
            </tr>
            <%
                }
                rs.close();
                stmt3.close();
                conn3.close();
            %>
        </table>
        <hr>
    </center>
    </body>
</html>
```

7.5　JSP 中数据库应用的常见问题

7.5.1　JSP 的分页技术

在实际应用中，如果从数据库中查询得到的记录特别多，甚至超过了显示器屏幕范围，可将结果分页显示。本例使用的数据库以及表是前面使用的 student 数据库和 info 表。

假设总记录数为 intRowCount，每页显示记录的数量为 intPageSize，总页数为 intPageCount，那么总页数的计算公式如下。

如果（intRowCount％intPageSize）＞0，则 intPageCount＝intRowCount/intPageSize＋1。

如果（intRowCount％intPageSize）＝0，则 intPageCount＝intRowCount/intPageSize。

翻页后显示第 intPage 页的内容，将记录指针移动到（intPage－1）＊intPageSize＋1。

本实例使用的是 MySQL 数据库，数据库、表以及表的字段和类型如图 7-9 所示。

【例 7-7】　分页显示实例（pageBreak.jsp）。

```
<%@page import="java.sql.*"%>
<%@page contentType="text/html" pageEncoding="UTF-8"%>
<!DOCTYPE html>
<html>
    <head>
        <meta http-equiv="Content-Type" content="text/html; charset=UTF-8">
        <title>分页实例</title>
    </head>
    <body bgcolor="CCBBDD">
        <center>
            分页显示记录内容
            <hr>
            <table border="1"  width="50%" bgcolor="cccfff"  align="center">
                <tr>
```

```
        <th>学号</th>
        <th>姓名</th>
        <th>性别</th>
        <th>年龄</th>
        <th>体重</th>
</tr>
<%
    Class.forName("com.mysql.jdbc.Driver");
    String url="jdbc:mysql://localhost:3306/student?
                useUnicode=true&characterEncoding=gbk";
    String user="root";
    String password="root";
    Connection conn=DriverManager.getConnection(
                    url,user,password);
    int intPageSize;              //一页显示的记录数
    int intRowCount;              //记录总数
    int intPageCount;             //总页数
    int intPage;                  //待显示页码
    String strPage;
    int i;
    intPageSize =2;               //设置一页显示的记录数
    strPage =request.getParameter("page");  //取得待显示页码
    if(strPage==null){
     //表明 page 的参数值为空,此时显示第一页数据
        intPage =1;
    } else{
        //将字符串转换成整型
        intPage =java.lang.Integer.parseInt(strPage);
        if(intPage<1)
            intPage=1;
    }
    Statement stmt=conn.createStatement(
            ResultSet.TYPE_SCROLL_SENSITIVE,
            ResultSet.CONCUR_READ_ONLY);
    String  sql="select * from stuinfo";
    ResultSet  rs=stmt.executeQuery(sql);
    rs.last();                    //光标指向查询结果集中最后一条记录
    intRowCount =rs.getRow();     //获取记录总数
    intPageCount = (intRowCount+intPageSize-1) / intPageSize;
    //计算总页数
    if(intPage>intPageCount)
        intPage =intPageCount;    //调整待显示的页码
    if(intPageCount>0){
        rs.absolute((intPage-1) * intPageSize +1);
```

```
                    //将记录指针定位到待显示页的第一条记录上
                    //显示数据
                    i=0;
                    while(i<intPageSize && !rs.isAfterLast()){
            %>
            <tr>
                <td><%=rs.getString("SID")%></td>
                <td><%=rs.getString("SName")%></td>
                <td><%=rs.getString("SSex")%></td>
                <td><%=rs.getString("SAge")%></td>
                <td><%=rs.getString("SWeight")%></td>
            </tr>
            <%
                rs.next();
                i++;
                }
              }
            %>
        </table>
        <hr>
        <div align="center">
            第<%=intPage%>页 共<%=intPageCount%>页
            <%
                if(intPage<intPageCount){
            %>
            <a href="pageBreak.jsp?page=<%=intPage+1%>">下一页</a>
            <%
              }
              if(intPage>1){
            %>
            <a href="pageBreak.jsp?page=<%=intPage-1%>">上一页</a>
            <%
             }
                rs.close();
                stmt.close();
                conn.close();
             %>
        </div>
    </center>
  </body>
</html>
```

pageBreak.jsp 运行效果如图 7-28 所示。

图 7-28 pageBreak.jsp 运行效果

7.5.2 MySQL 数据库中常见中文乱码处理方法

在使用 MySQL 数据库时若出现中文乱码，可以通过以下几种方法来解决。

1. 安装 MySQL 时设置编码方式

在安装 MySQL 时设置编码方式，如图 7-29 所示，设置为 gb2312 或者 utf8。

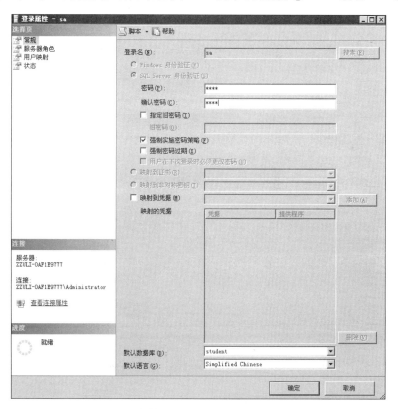

图 7-29 安装 MySQL 时设置 Character Set

2. 创建数据库时设置字符集和整理

在创建数据库时字符集和整理都设置为 gb2312，如图 7-30 所示。

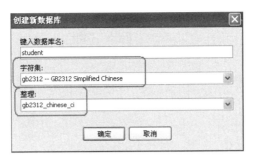

图 7-30　设置数据库的编码方式

3. 创建数据表时设置字符集和整理

创建表时如果有字段需要输入中文,也需要把该字段的字符集和整理设置为 gb2312,如图 7-31 所示。

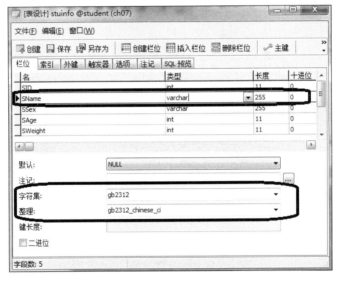

图 7-31　设置数据表的编码方式

4. 传参数

获取连接时通过传送参数设置数据库的编码方式,即在数据库 url 后面指定编码方式,方法如下:

```
jdbc:mysql://localhost/student?useUnicode=true&characterEncoding=gbk
```

5. 代码转换

把中文转换为标准的字符方式。

例如:

```
String name=request.getParameter("StudentName");
Byte b[]=name.getBytes("ISO-8859-1");
name=new String(b,"UTF-8");
```

或者

```
String name=new
String(request.getParameter("StudentName ").getBytes("ISO-8859-1"),"UTF-8");
```

备注：在处理 MySQL 数据库使用时出现的中文乱码问题时，应从上述方式 1 到方式 5 逐一尝试。有时不需要使用代码转换，使用后反而会出现乱码问题。另外，在实现登录功能时，如果使用的是 SQL Server 数据库，数据库中的数据和输入的数据明明一致但是提示用户名和密码不对或者无法登录，其中一个原因是在设计表时字段过长，这样数据后有空格，所以操作表时需要去掉空格，或者输入数据时后面加空格。一般建议去掉空格。

7.6 项目实训

7.6.1 项目描述

本项目是一个基于 MVC 设计模式的学生信息管理系统，系统主页面为 stuAdmin.jsp，该主页面由框架组成，子窗口页面分别为 top.jsp、left.jsp 和 bottom.jsp。系统实现对学生信息的添加、查询、修改和删除功能，项目所有页面均在文件夹 studentManage 中，项目所需的 JavaBean 和 Servlet 文件均在包 studentManage 中。项目使用的数据库是 MySQL，数据库、表以及表的字段如图 7-9 所示。项目的文件结构如图 7-32 所示。本项目分别使用 NetBeans 和 Eclipse 开发。

7.6.2 学习目标

本实训主要的学习目标是通过综合使用本章的知识点完成实训项目来巩固本章所学理论知识，为第 8 章和第 12 章的案例开发奠定基础。要求预习第 9 章和第 10 章的知识并在熟悉本章知识的基础上预习 MVC 设计模式及 JavaBean 和 Servlet 技术。

7.6.3 项目需求说明

本项目设计一个基于 MVC 设计模式的学生信息管理系统，该系统能够实现对学生信息的添加、查询、修改和删除功能。

7.6.4 项目实现

1. 学生信息管理系统主页面功能的实现

系统主页面(stuAdmin.jsp)运行效果如图 7-33 所示。

图 7-32 项目的文件结构

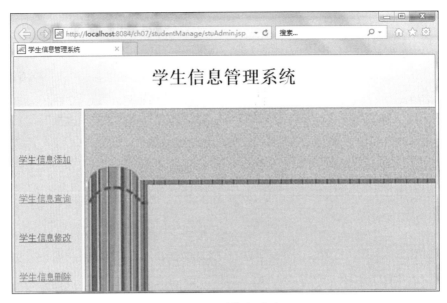

图 7-33　系统主页面

【例 7-8】　系统主页面（stuAdmin.jsp）。

```
<%@page contentType="text/html" pageEncoding="UTF-8"%>
<html>
    <head>
        <meta http-equiv="Content-Type" content="text/html; charset=UTF-8">
        <title>学生信息管理系统</title>
    </head>>
    <frameset rows="90,*">
        <frame src="../studentManage/top.jsp" scrolling="no">
        <frameset cols="126,*">
            <frame src="../studentManage/left.jsp" scrolling="no">
            <frame src="../studentManage/bottom.jsp" name="main" scrolling="no">
        </frameset>
    </frameset>
</html>
```

主页面 stuAdmin.jsp 使用框架，由 3 个 JSP 页面构成，分别是 top.jsp、left.jsp 和 bottom.jsp，代码分别如下。

【例 7-9】　top.jsp 页面（top.jsp）。

```
<%@page contentType="text/html" pageEncoding="UTF-8"%>
<html>
    <head>
        <meta http-equiv="Content-Type" content="text/html; charset=UTF-8">
        <title>JSP Page</title>
    </head>
    <body background="../image/top.jpg">
```

```
            <center>
                <h1>学生信息管理系统</h1>
            </center>
        </body>
</html>
```

【例 7-10】 left.jsp 页面(left.jsp)。

```
<%@ page contentType="text/html" pageEncoding="UTF-8"%>
<html>
    <head>
        <meta http-equiv="Content-Type" content="text/html; charset=UTF-8">
        <title>JSP Page</title>
    </head>
    <body bgcolor="CCCFFF">
        <br><br><br>
        <p>
            <a href="addStudent.jsp" target="main">学生信息添加</a>
        </p>
        <br>
        <p>
            <a href="../LookStudentServlet" target="main">学生信息查询</a>
        </p>
        <br>
        <p>
            <a href="lookUpdateStudent.jsp" target="main">学生信息修改</a>
        </p>
        <br>
        <p>
            <a href="../LookDeleteStudentServlet" target="main">学生信息删除</a>
        </p>
    </body>
</html>
```

【例 7-11】 bottom.jsp 页面(bottom.jsp)。

```
<%@ page contentType="text/html" pageEncoding="UTF-8"%>
<html>
    <head>
        <meta http-equiv="Content-Type" content="text/html; charset=UTF-8">
        <title>JSP Page</title>
    </head>
    <body background="../image/bottom.jpg">
    </body>
</html>
```

2. 学生信息添加功能的实现

单击图 7-33 所示页面中的"学生信息添加"出现如图 7-34 所示的页面。参考 left.jsp

中的"＜a href＝"addStudent.jsp" target＝"main"＞学生信息添加＜/a＞"。超链接页面是
addStudent.jsp。

图 7-34　学生信息添加

【例 7-12】　addStudent.jsp 页面(addStudent.jsp)。

```jsp
<%@page contentType="text/html" pageEncoding="UTF-8"%>
<html>
    <head>
        <meta http-equiv="Content-Type" content="text/html; charset=UTF-8">
        <title>学生信息管理系统</title>
    </head>
<body bgcolor="CCCFFF">
    <center>
        <br>
        <br>
        <br>
        <h3>  添加学生信息</h3>
        <form action="../AddStudentServlet"  method="get">
            <table border="1" width="230">
                <tr>
                    <td>学号:</td>
                    <td><input type="text" name="studentNumber"/></td>
                </tr>
                <tr>
                    <td>姓名:</td>
                    <td><input type="text" name="studentName"/></td>
                </tr>
                <tr>
                    <td>性别:</td>
```

```
            <td><input type="text" name="studentSex"/></td>
        </tr>
        <tr>
            <td>年龄:</td>
            <td><input type="text" name="studentAge"/></td>
        </tr>
        <tr>
            <td>体重:</td>
            <td><input type="text" name="studentWeight"/></td>
        </tr>
        <tr align="center">
            <td colspan="2">
                <input name="sure" type="submit" value="提　交"/>
                    
                <input name="clear" type="reset" value="取　消"/>
            </td>
        </tr>
    </table>
</form>
</center>
</body>
</html>
```

在图 7-34 所示页面中输入数据后单击"提交"按钮,请求提交到 AddStudentServlet,即提交到 Servlet 文件处理数据并对下一步操作进行处理,如图 7-35 所示。单击"确定"按钮返回系统主页面。

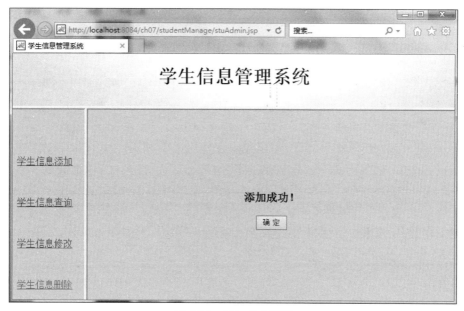

图 7-35　添加成功页面

【**例 7-13**】 addStudent.jsp 页面对应的控制器 Servlet(AddStudentServlet.java)。

```
package studentManage;
import java.io.IOException;
import javax.servlet.ServletException;
import javax.servlet.http.HttpServlet;
import javax.servlet.http.HttpServletRequest;
import javax.servlet.http.HttpServletResponse;
public class AddStudentServlet extends HttpServlet {
    protected void doGet(HttpServletRequest request, HttpServletResponse response)
    throws ServletException, IOException {
        String studentNumber=request.getParameter("studentNumber");
        String studentName=request.getParameter("studentName");
        String studentSex=request.getParameter("studentSex");
        String studentAge=request.getParameter("studentAge");
        String studentWeight=request.getParameter("studentWeight");
        DBJavaBean db=new DBJavaBean();
if(db.addStudent(studentNumber,studentName,studentSex,studentAge,
studentWeight)){
            response.sendRedirect("studentManage/message1.jsp");
        }else{
            response.sendRedirect("studentManage/addStudent.jsp");
        }
    }
    protected void doPost(HttpServletRequest request, HttpServletResponse
    response) throws ServletException, IOException {
        doGet(request, response);
    }
}
```

从例 7-13 所示代码中看出，该 Servlet(控制器)调用 DBJavaBean 类来处理添加学生信息的业务逻辑，即 DBJavaBean 封装处理 V(页面)的功能，这是 MVC 设计模式的基本思想。本例把对所有 V 的业务处理功能都封装到该 JavaBean 中了。在 MVC 设计模式中，一个 V 对应一个处理 V 的 M(完成 V 功能的 JavaBean)，V 提交到 C，C 获取 V 的数据后并调用 M 在 C 中进行业务逻辑的处理，处理完后进行下一步的页面跳转，若添加成功页面跳转到 message1.jsp，否则跳转到 addStudent.jsp。另外，使用 Servlet 文件需要在 web.xml 中配置，下面的 web.xml 文件提供了本实例用到的所有 Servlet 文件的配置。

【**例 7-14**】 处理添加学生信息页面的 DBJavaBean 类(DBJavaBean.java)。

```
package studentManage;
import java.sql.Connection;
import java.sql.DriverManager;
import java.sql.ResultSet;
import java.sql.Statement;
import javax.swing.JOptionPane;
```

```java
public class DBJavaBean {
    private String driverName="com.mysql.jdbc.Driver";
    private String url=
        "jdbc:mysql://localhost:3306/student? useUnicode = true&characterEncoding
        =gbk";
    private String user="root";
    private String password="root";
    private Connection con=null;
    private Statement st=null;
    private ResultSet rs=null;
    public String getDriverName() {
        return driverName;
    }
    public void setDriverName(String driverName) {
        this.driverName =driverName;
    }
    public String getUrl() {
        return url;
    }
    public void setUrl(String url) {
        this.url =url;
    }
    public String getUser() {
        return user;
    }
    public void setUser(String user) {
        this.user =user;
    }
    public String getPassword() {
        return password;
    }
    public void setPassword(String password) {
        this.password =password;
    }
    public Connection getCon() {
        return con;
    }
    public void setCon(Connection con) {
        this.con =con;
    }
    public Statement getSt() {
        return st;
    }
    public void setSt(Statement st) {
        this.st =st;
```

```
    }
    public ResultSet getRs() {
        return rs;
    }
    public void setRs(ResultSet rs) {
        this.rs =rs;
    }
//完成连接数据库操作,并生成容器返回
    public Statement getStatement(){
        try{
            Class.forName(getDriverName());
            con=DriverManager.getConnection(getUrl(), getUser(), getPassword());
            return con.createStatement();
        }catch(Exception e){
            e.printStackTrace();
            message("无法完成数据库的连接或者无法返回容器,请检查 getStatement()
            方法!");
            return null;
        }
    }
//添加学生信息的方法
    public boolean addStudent(String studentNumber,String studentName,String
    studentSex,String studentAge,String studentWeight){
        try{
            String sql="insert into stuinfo"+
                    "(SID, SName, SSex, SAge, SWeight)" +" values ( " +" ' " +
                    studentNumber+"'"+","+"'"+ studentName +"'"+","+"'"+
                    studentSex +"'"+","+"'"+ studentAge +"'"+","+"'"+
                    studentWeight+"'"+")";
            st=getStatement();
            int row=st.executeUpdate(sql);
            if(row==1){
                st.close();
                con.close();
                return true;
            }else{
                st.close();
                con.close();
                return false;
            }
        }catch(Exception e){
            e.printStackTrace();
            message("无法添加学生信息,请检查 addStudent()方法!");
            return false;
        }
```

```
}
//查询所有学生信息,并返回 rs
public ResultSet selectStudent(){
    try{
        String sql="select * from stuinfo";
        st=getStatement();
        return st.executeQuery(sql);
    }catch(Exception e){
        e.printStackTrace();
        message("无法查询学生信息,请检查 aselectStudent()方法!");
        return null;
    }
}
//查询要修改的学生信息
public ResultSet selectUpdateStudent(String NO){
    try{
        String sql="select * from stuinfo where SID='"+NO+"'";
        st=getStatement();
        return st.executeQuery(sql);
    }catch(Exception e){
        e.printStackTrace();
        message("无法查询到要修改学生的信息,请检查输入学生学号!");
        return null;
    }
}
//修改学生信息
public boolean updateStudent(String studentNumber,String studentName,String
studentSex,String studentAge,String studentWeight){
    try{
        String sql="update stuinfo set SID=
                    '"+studentNumber+"',SName='"+studentName+"',SSex='"+
                    studentSex+"', SAge = '" + studentAge +"', SWeight = '" +
                    studentWeight+"'";
        st.executeUpdate(sql);
        return true;
    }catch(Exception e){
        e.printStackTrace();
        message("无法进行修改学生的信息,请检查 updateStudent()方法!");
        return false;

    }
}
//查询要删除的学生信息
public ResultSet lookDeleteStudent(){
    try{
```

```
                String sql="select * from stuinfo";
                st=getStatement();
                return st.executeQuery(sql);
            }catch(Exception e){
                e.printStackTrace();
                message("无法查询到要删除学生的信息,请检查 LookDeleteStudent()方法!");
                return null;
            }
        }
    //删除学生信息
    public boolean DeleteStudent(String NO){
        try{
                String sql="delete  from stuinfo where SID="+NO;
                st=getStatement();
                st.executeUpdate(sql);
                return true;
            }catch(Exception e){
                e.printStackTrace();
                message("无法删除学生的信息,请检查 DeleteStudent()方法!");
                return false;
            }
        }
    //一个带参数的信息提示框,供排错使用
    public void message(String msg){
        int type=JOptionPane.YES_NO_OPTION;
        String title="信息提示";
        JOptionPane.showMessageDialog(null,msg,title,type);
        }
    }
```

【例 7-15】 添加学生信息成功后跳转到的页面(message1.jsp)。

```
<%@page contentType="text/html" pageEncoding="UTF-8"%>
<html>
    <head>
        <meta http-equiv="Content-Type" content="text/html; charset=UTF-8">
        <title>JSP Page</title>
    </head>
    <body bgcolor="CCCFFF">
        <br><br><br>
        <br><br><br>
        <center>
            <h3>添加成功!</h3>
            <form action="../studentManage/bottom.jsp">
                <input type="submit" value="确 定">
        </center>
```

```
    </body>
</html>
```

【例 7-16】 在 web.xml 中配置 Servlet 文件(web.xml)。

```
<?xml version="1.0" encoding="UTF-8"?>
<web-app version="3.1" xmlns="http://xmlns.jcp.org/xml/ns/javaee"
    xmlns:xsi="http://www.w3.org/2001/XMLSchema-instance"
    xsi:schemaLocation="http://xmlns.jcp.org/xml/ns/javaee
    http://xmlns.jcp.org/xml/ns/javaee/web-app_3_1.xsd">
    <servlet>
        <servlet-name>AddStudentServlet</servlet-name>
        <servlet-class>studentManage.AddStudentServlet</servlet-class>
    </servlet>
    <servlet>
        <servlet-name>LookStudentServlet</servlet-name>
        <servlet-class>studentManage.LookStudentServlet</servlet-class>
    </servlet>
    <servlet>
        <servlet-name>UpdateStudentServlet</servlet-name>
        <servlet-class>studentManage.UpdateStudentServlet</servlet-class>
    </servlet>
    <servlet>
        <servlet-name>SelectUpdateStudentServlet</servlet-name>
        <servlet-class>studentManage.SelectUpdateStudentServlet</servlet-class>
    </servlet>
    <servlet>
        <servlet-name>DeleteStudentServlet</servlet-name>
        <servlet-class>studentManage.DeleteStudentServlet</servlet-class>
    </servlet>
    <servlet>
        <servlet-name>LookDeleteStudentServlet</servlet-name>
        <servlet-class>studentManage.LookDeleteStudentServlet</servlet-class>
    </servlet>
    <servlet-mapping>
        <servlet-name>AddStudentServlet</servlet-name>
        <url-pattern>/AddStudentServlet</url-pattern>
    </servlet-mapping>
    <servlet-mapping>
        <servlet-name>LookStudentServlet</servlet-name>
        <url-pattern>/LookStudentServlet</url-pattern>
    </servlet-mapping>
    <servlet-mapping>
        <servlet-name>UpdateStudentServlet</servlet-name>
        <url-pattern>/UpdateStudentServlet</url-pattern>
    </servlet-mapping>
    <servlet-mapping>
```

```
    <servlet-name>SelectUpdateStudentServlet</servlet-name>
    <url-pattern>/SelectUpdateStudentServlet</url-pattern>
</servlet-mapping>
<servlet-mapping>
    <servlet-name>DeleteStudentServlet</servlet-name>
    <url-pattern>/DeleteStudentServlet</url-pattern>
</servlet-mapping>
<servlet-mapping>
    <servlet-name>LookDeleteStudentServlet</servlet-name>
    <url-pattern>/LookDeleteStudentServlet</url-pattern>
</servlet-mapping>
<session-config>
    <session-timeout>
        30
    </session-timeout>
</session-config>
</web-app>
```

3. 学生信息查询功能的实现

单击图 7-35 所示页面中的"学生信息查询"出现如图 7-36 所示的页面。参考 left. jsp 中的"<a href="../LookStudentServlet" target="main">学生信息查询</a>"。超链接到 LookStudentServlet 控制器(C)。

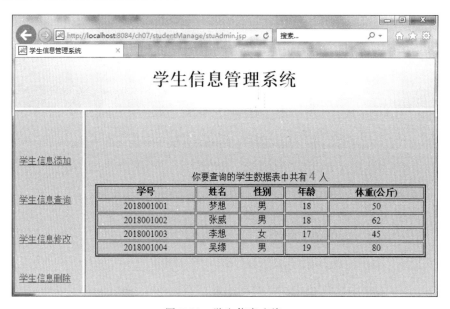

图 7-36　学生信息查询

【例 7-17】 LookStudentServlet 控制器(LookStudentServlet. java)。

```
package studentManage;
import java.io.IOException;
import java.sql.ResultSet;
```

```
import java.util.ArrayList;
import javax.servlet.ServletException;
import javax.servlet.http.HttpServlet;
import javax.servlet.http.HttpServletRequest;
import javax.servlet.http.HttpServletResponse;
import javax.servlet.http.HttpSession;
public class LookStudentServlet extends HttpServlet {
    protected void doGet(HttpServletRequest request, HttpServletResponse
    response) throws ServletException, IOException {
        try{
            DBJavaBean db=new DBJavaBean();
            ResultSet rs=db.selectStudent();
            //获取 session 对象
            HttpSession session=request.getSession();
            //声明一个集合对象保存数据
            ArrayList al=new ArrayList();
            while(rs.next()){
                //实例化学生对象用于保存记录
                Student st=new Student();
                st.setStudentNumber(rs.getString("SID"));
                st.setStudentName(rs.getString("SName"));
                st.setStudentSex(rs.getString("SSex"));
                st.setStudentAge(rs.getString("SAge"));
                st.setStudentWeight(rs.getString("SWeight"));
                //把有数据的学生对象保存在集合中
                al.add(st);
                /* 把集合对象保存在 session 中,以便于在 lookStudent.jsp 中获取保存的
                   数据 */
                session.setAttribute("al", al);
            }
            rs.close();
            response.sendRedirect("studentManage/lookStudent.jsp");
        }catch(Exception e){
            e.printStackTrace();
        }
    }
    protected void doPost(HttpServletRequest request, HttpServletResponse
    response) throws ServletException, IOException {
        doGet(request, response);
    }
}
```

【例 7-18】 保存数据的 Student 类(Student.java)。

```
package studentManage;
public class Student {
```

```
        private String studentNumber;
        private String studentName;
        private String studentSex;
        private String studentAge;
        private String studentWeight;
        public String getStudentNumber() {
            return studentNumber;
        }
        public void setStudentNumber(String studentNumber) {
            this.studentNumber =studentNumber;
        }
        public String getStudentName() {
            return studentName;
        }
        public void setStudentName(String studentName) {
            this.studentName =studentName;
        }
        public String getStudentSex() {
            return studentSex;
        }
        public void setStudentSex(String studentSex) {
            this.studentSex =studentSex;
        }
        public String getStudentAge() {
            return studentAge;
        }
        public void setStudentAge(String studentAge) {
            this.studentAge =studentAge;
        }
        public String getStudentWeight() {
            return studentWeight;
        }
        public void setStudentWeight(String studentWeight) {
            this.studentWeight =studentWeight;
        }
    }
```

获取数据后跳转到 lookStudent.jsp。

【例 7-19】　LookStudentServlet 控制器将页面跳转到 lookStudent.jsp(lookStudent.jsp)。

```
<%@page import="studentManage.Student"%>
<%@page import="java.util.ArrayList"%>
<%@page import="java.sql. * "%>
<%@page contentType="text/html" pageEncoding="UTF-8"%>
<html>
```

```
<head>
    <meta http-equiv="Content-Type" content="text/html; charset=UTF-8">
    <title>学生信息查询</title>
</head>
<body bgcolor="CCCFFF">
    <center>
        <br><br><br><br><br>
        <%
            //获取 al 中的数据,即集合中的数据
            ArrayList al=(ArrayList)session.getAttribute("al");
        %>
        你要查询的学生数据表中共有
        <font size="5" color="red">
            <%=al.size()%>
        </font>
        人
        <table border="2" bgcolor="CCCEEE" width="600">
            <tr bgcolor="CCCCCC" align="center">
                <th>学号</th>
                <th>姓名</th>
                <th>性别</th>
                <th>年龄</th>
                <th>体重(公斤)</th>
            </tr>
            <%
                for(int i=0;i<al.size();i++){
                    Student st=(Student)al.get(i);
            %>
            <tr align="center">
                <td><%=st.getStudentNumber()%></td>
                <td><%=st.getStudentName()%></td>
                <td><%=st.getStudentSex()%></td>
                <td><%=st.getStudentAge()%></td>
                <td><%=st.getStudentWeight()%></td>
            </tr>
            <%
                }
            %>
        </table>
    </center>
</body>
</html>
```

4. 学生信息修改功能的实现

单击图 7-36 所示页面中的"学生信息修改"出现如图 7-37 所示的页面。参考 left.jsp

中的"<a href="lookUpdateStudent.jsp" target="main">学生信息修改</a>"。超链接到 lookUpdateStudent.jsp 页面。

图 7-37　输入要修改学生信息的学号

【例 7-20】　输入要修改学生学号信息页面（lookUpdateStudent.jsp）。

```
<%@ page contentType="text/html" pageEncoding="UTF-8"%>
<html>
    <head>
        <meta http-equiv="Content-Type" content="text/html; charset=UTF-8">
        <title>学生信息修改</title>
    </head>
    <body bgcolor="CCCFFF">
        <center>
            <br><br><br>
            <br><br><br>
            <form  action="../SelectUpdateStudentServlet" method="post">
                <p>请输入要修改学生的学号：
                <input type="text" name="studentNumber">
                </p>
                <p>
                    <input type="submit" value="确定"> 
                    <input type="button" value="返回"
                        onClick="javascript:history.go(-1)">
                </p>
            </form>
        </center>
    </body>
</html>
```

在图 7-37 所示页面中输入要修改的学生学号后单击"确定"按钮，请求提交到
SelectUpdateStudentServlet 控制器进行处理并将页面跳转到如图 7-38 所示的修改页面
（selectUpdateStudent. jsp）。

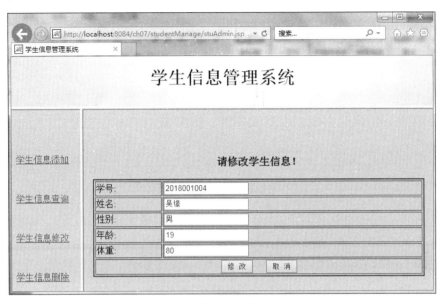

图 7-38 修改学生信息页面

【例 7-21】 lookUpdateStudent. jsp 对应的控制器（SelectUpdateStudentServlet. java）。

```java
package studentManage;
import java.io.IOException;
import java.sql.ResultSet;
import java.util.ArrayList;
import javax.servlet.ServletException;
import javax.servlet.http.HttpServlet;
import javax.servlet.http.HttpServletRequest;
import javax.servlet.http.HttpServletResponse;
import javax.servlet.http.HttpSession;
public class SelectUpdateStudentServlet extends HttpServlet {
    protected void doGet(HttpServletRequest request, HttpServletResponse
    response) throws ServletException, IOException {
        try{
            DBJavaBean db=new DBJavaBean();
            String studentNumber=request.getParameter("studentNumber");
            ResultSet rs=db.selectUpdateStudent(studentNumber);
            HttpSession session=request.getSession();
            ArrayList al=new ArrayList();
            while(rs.next()){
                Student st=new Student();
                st.setStudentNumber(rs.getString("SID"));
                st.setStudentName(rs.getString("SName"));
```

```java
                st.setStudentSex(rs.getString("SSex"));
                st.setStudentAge(rs.getString("SAge"));
                st.setStudentWeight(rs.getString("SWeight"));
                al.add(st);
                session.setAttribute("al",al);
            }
            rs.close();
            response.sendRedirect("studentManage/selectUpdateStudent.jsp");
        }catch(Exception e){
            e.printStackTrace();
        }
    }
    protected void doPost(HttpServletRequest request, HttpServletResponse
    response) throws ServletException, IOException {
        doGet(request, response);
    }
}
```

【例 7-22】 修改学生信息页面(selectUpdateStudent. jsp)。

```jsp
<%@page import="java.util.ArrayList"%>
<%@page import="studentManage.Student"%>
<%@page contentType="text/html" pageEncoding="UTF-8"%>
<html>
    <head>
        <meta http-equiv="Content-Type" content="text/html; charset=UTF-8">
        <title>学生信息修改页面</title>
    </head>
    </head>
    <body bgcolor="CCCFFF">
        <center>
            <br><br><br>
            <h3>请修改学生信息!</h3>
            <form action="../UpdateStudentServlet">
            <table border="2" bgcolor="CCCEEE" width="600">
                <%
                    ArrayList al=(ArrayList)session.getAttribute("al");
                    for(int i=0;i<al.size();i++){
                        Student st=(Student)al.get(i);
                %>
                <tr>
                    <td>学号:</td>
                    <td>
                        <input type="text" name="studentNumber"
                                value="<%=st.getStudentNumber()%>"/>
                    </td>
```

```
        </tr>
        <tr>
            <td>姓名:</td>
            <td>
                <input type="text" name="studentName"
                        value="<%=st.getStudentName()%>"/>
            </td>
        </tr>
        <tr>
            <td>性别:</td>
            <td>
                <input type="text" name="studentSex"
                        value="<%=st.getStudentSex()%>"/>
            </td>
        </tr>
        <tr>
            <td>年龄:</td>
            <td>
                <input type="text" name="studentAge"
                        value="<%=st.getStudentAge()%>"/>
            </td>
        </tr>
        <tr>
            <td>体重:</td>
            <td>
                <input type="text" name="studentWeight"
                        value="<%=st.getStudentWeight()%>"/>
            </td>
        </tr>
        <tr align="center">
            <td colspan="2">
                <input name="sure" type="submit" value="修  改"/>
                    
                <input name="clear" type="reset" value="取  消"/>
            </td>
        </tr>
    <%
        }
    %>
        </table>
    </center>
    </body>
</html>
```

在图 7-38 所示页面中对信息进行修改后单击"修改"按钮,请求提交到 UpdateStudentServlet 控制器。

【例 7-23】 修改学生信息页面对应的控制器(UpdateStudentServlet. java)。

```java
package studentManage;
import java.io.IOException;
import javax.servlet.ServletException;
import javax.servlet.http.HttpServlet;
import javax.servlet.http.HttpServletRequest;
import javax.servlet.http.HttpServletResponse;
public class UpdateStudentServlet extends HttpServlet {
    protected void doGet(HttpServletRequest request, HttpServletResponse
    response) throws ServletException, IOException {
        String studentNumber=request.getParameter("studentNumber");
        String studentName=request.getParameter("studentName");
        String studentSex=request.getParameter("studentSex");
        String studentAge=request.getParameter("studentAge");
        String studentWeight=request.getParameter("studentWeight");
        DBJavaBean db=new DBJavaBean();
if(db.updateStudent(studentNumber,studentName,studentSex,studentAge,
studentWeight)){
            response.sendRedirect("studentManage/message2.jsp");
        }else{
            response.sendRedirect("studentManage/lookUpdateStudent.jsp");
        }
    }
    protected void doPost(HttpServletRequest request, HttpServletResponse
    response) throws ServletException, IOException {
        doGet(request, response);
    }
}
```

修改成功后页面跳转到 message2. jsp,否则跳转到 lookUpdateStudent. jsp。

【例 7-24】 修改成功页面(message2. jsp)。

```jsp
<%@page contentType="text/html" pageEncoding="UTF-8"%>
<html>
    <head>
        <meta http-equiv="Content-Type" content="text/html; charset=UTF-8">
        <title>JSP Page</title>
    </head>
    <body bgcolor="CCCFFF">
        <br><br><br>
        <center>
            <h3>修改成功!</h3>
            <form action="../studentManage/bottom.jsp">
                <input type="submit" value="确 定">
        </center>
```

```
        </body>
    </html>
```

5. 学生信息删除功能的实现

单击图 7-38 所示页面中的"学生信息删除"出现如图 7-39 所示的页面。参考 left.jsp
中的"＜a href＝"../LookDeleteStudentServlet" target＝"main"＞学生信息删除＜/a＞"。
超链接到 LookDeleteStudentServlet 控制器。

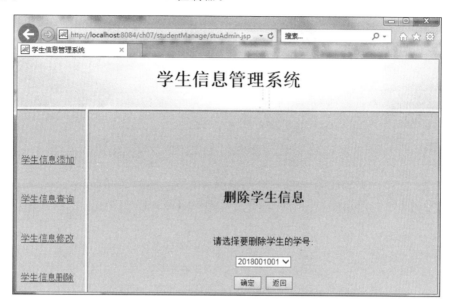

图 7-39　选择要删除的学号

【例 7-25】 选择删除的控制器(LookDeleteStudentServlet. java)。

```java
package studentManage;
import java.io.IOException;
import java.sql.ResultSet;
import java.util.ArrayList;
import javax.servlet.ServletException;
import javax.servlet.http.HttpServlet;
import javax.servlet.http.HttpServletRequest;
import javax.servlet.http.HttpServletResponse;
import javax.servlet.http.HttpSession;
public class LookDeleteStudentServlet extends HttpServlet {
    protected void doGet(HttpServletRequest request, HttpServletResponse
    response) throws ServletException, IOException {
        try{
            DBJavaBean db=new DBJavaBean();
            ResultSet rs=db.lookDeleteStudent();
            HttpSession session=request.getSession();
            ArrayList al=new ArrayList();
            while(rs.next()){
```

```
                Student st=new Student();
                st.setStudentNumber(rs.getString("SID"));
                al.add(st);
                session.setAttribute("al", al);
            }
            rs.close();
            response.sendRedirect("studentManage/lookDeleteStudent.jsp");
        }catch(Exception e){
            e.printStackTrace();
        }
    }
    protected void doPost(HttpServletRequest request, HttpServletResponse
    response) throws ServletException, IOException {
        doGet(request, response);
    }
}
```

LookDeleteStudentServlet 控制器处理数据后页面跳转到 lookDeleteStudent. jsp。

【例 7-26】 选择删除的控制器跳转页面(lookDeleteStudent. jsp)。

```
<%@page import="studentManage.Student"%>
<%@page import="java.util.ArrayList"%>
<%@page import="java.sql.*"%>
<%@page contentType="text/html" pageEncoding="UTF-8"%>
<html>
    <head>
        <meta http-equiv="Content-Type" content="text/html; charset=UTF-8">
        <title>学生信息删除</title>
    </head>
  <body bgcolor="CCCFFF">
        <center>
            <br><br><br>
            <br><br><br>
            <h2>删除学生信息</h2><br>
             <%
                ArrayList al=(ArrayList)session.getAttribute("al");
            %>
            <form  action="../DeleteStudentServlet" method="post">
                <p>请选择要删除学生的学号:</p>
                <select name="NO">
                    <%
                        for(int i=0;i<al.size();i++){
                            Student st=(Student)al.get(i);
                    %>
                    <option value="<%=st.getStudentNumber()%>">
                        <%=st.getStudentNumber()%>
```

```
            </option>
            <%
                }
            %>
        </select>
        <p>
            <input type="submit" value="确定"> 
            <input type="button" value="返回"
                onClick="javascript:history.go(-1)">
        </p>
    </form>
</center>
</body>
</html>
```

在图 7-39 所示页面中选择要删除的学号后单击"确定"按钮,请求提交到 DeleteStudentServlet 控制器。

【例 7-27】 删除控制器(DeleteStudentServlet.java)。

```
package studentManage;
import java.io.IOException;
import javax.servlet.ServletException;
import javax.servlet.http.HttpServlet;
import javax.servlet.http.HttpServletRequest;
import javax.servlet.http.HttpServletResponse;
public class DeleteStudentServlet extends HttpServlet {
    protected void doGet(HttpServletRequest request, HttpServletResponse
    response) throws ServletException, IOException {
        DBJavaBean db=new DBJavaBean();
        String NO=request.getParameter("NO");
        if(db.DeleteStudent(NO))
            response.sendRedirect("studentManage/message3.jsp");
    }
        protected void doPost (HttpServletRequest request, HttpServletResponse
        response) throws ServletException, IOException {
            doGet(request, response);
        }
}
```

删除后页面跳转到 message3.jsp。

【例 7-28】 删除控制器跳转的页面(message3.jsp)。

```
<%@ page contentType="text/html" pageEncoding="UTF-8"%>
<html>
    <head>
        <meta http-equiv="Content-Type" content="text/html; charset=UTF-8">
        <title>JSP Page</title>
```

```
</head>
<body bgcolor="CCCFFF">
    <br><br><br>
    <center>
        <h3>删除成功!</h3>
        <form action="../studentManage/bottom.jsp">
            <input type="submit" value="确 定">
    </center>
</body>
</html>
```

7.6.5　项目实现过程中注意的问题

在项目实现的过程中要注意的问题有：首先，必须正确拼写和使用数据库的驱动程序名字、URL；其次，需要加载和数据库对应的 JDBC 驱动程序，即加载 JDBC 驱动程序时要加载正确的 JDBC 驱动程序。

7.6.6　常见问题及解决方案

1. 缺少驱动程序异常

解决方案：出现如图 7-40 所示的异常情况是因为没有加载 MySQL 的 JDBC 驱动程序。可检查库中是否加载了支持该数据库版本的 JDBC 驱动程序。

图 7-40　缺少驱动程序发生的异常

2. JDBC 驱动程序名字拼写异常

解决方案：出现如图 7-41 所示的异常情况，通常是因为 JDBC 驱动程序拼写有误，切记在拼写 JDBC 驱动程序名称时保证正确。如果拼写 JDBC 驱动程序的 URL 出错，也会发生异常。

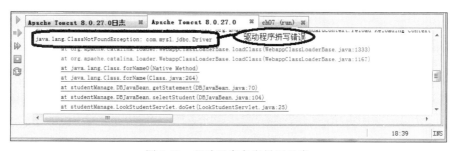

图 7-41　驱动程序名字拼写异常

7.6.7　拓展与提高

请使用 session 对象实现用户登录和注册功能。

7.7　课外阅读(MVC 设计模式)

MVC(Model-View-Controller,MVC)把一个应用的输入、处理、输出流程按照 Model、View、Controller 的方式进行分离,这样一个应用被分成三层:模型层、视图层、控制层。

MVC 设计模式是一种目前广泛流行的软件设计模式。早在 20 世纪 70 年代,IBM 公司就进行了 MVC 设计模式的研究。近年来,随着 Java EE 的成熟,它成为在 Java EE 平台上推荐的一种设计模型,是广大 Java 开发者非常感兴趣的设计模型。随着网络应用的快速增加,MVC 模式对于 Web 应用的开发无疑是一种非常先进的设计思想。无论选择哪种语言,无论应用多复杂,MVC 为构造产品提供清晰的设计框架,为软件工程提供规范的依据。

MVC 设计模式把应用程序分成三层:视图层(V)、控制层(C)、模型层(M)。

1. View

在 Java Web 应用程序中,View 部分一般使用 JSP 和 HTML 构建。客户在 View 部分提交请求,控制器获取请求后调用相应的业务模块进行处理,然后把处理结果返回给 View 部分显示出来。因此,View 部分也是 Web 应程序的用户界面。

2. Controller

Controller 部分一般由 Servlet 组成。当用户请求从 View 部分传过来时,Controller 调用相应的业务逻辑组件处理;请求处理完成后,Controller 根据处理结果转发给适当的 View 组件显示。因此,Controller 在视图层与业务逻辑层之间起到了桥梁作用,控制了它们两者之间的数据流向。

3. Model

Model 部分包括业务逻辑层和数据库访问层。在 Java Web 应用程序中,业务逻辑层一般由 JavaBean 或 EJB 构建。EJB 是 Java EE 的核心组件,可以构建分布式应用系统。与普通 JavaBean 不同,它由两个接口和一个实现类组成,并且包含一些固有的用于控制容器生命周期的方法。

MVC 设计模式使模型、视图与控制器分离,这样一个模型可以具有多个显示视图。如果用户通过某个视图的控制器改变了模型的数据,所有其他依赖于这些数据的视图都应反映这些变化。因此,无论何时发生了何种数据变化,控制器都会将变化通知所有的视图,使显示得到及时更新。MVC 设计模式的工作原理如图 7-42 所示。

MVC 设计模式的工作流程如下。

(1)用户的请求(V)提交给控制器(C)。

(2)控制器接收到用户请求后根据用户的具体需求,调用相应的 JavaBean 或者 EJB(M 部分)来处理用户的请求。

(3)控制器调用 M 处理完数据后,根据处理结果进行下一步的跳转,如跳转到另外一个页面或者其他 Servlet。

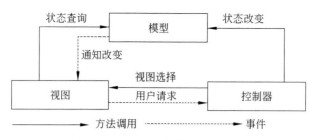

图 7-42　MVC 设计模式工作原理

目前,在 MVC 设计模式的基础上推出了许多基于 MVC 模式的 Java Web 框架,其中比较经典的是 Struts 2。

7.8　本 章 小 结

本章主要介绍了 JDBC 技术,通过本章的学习应熟练掌握 JDBC 技术在 Java Web 项目开发中的应用。通过本章的学习应掌握以下内容。

(1) JDBC 基础知识。

(2) 通过 JDBC 驱动程序访问数据库。

(3) 数据查询的实现。

(4) 数据更新的实现。

(5) JSP 中数据库操作的常见问题。

7.9　习　　题

7.9.1　选择题

1. JDBC 提供 3 个接口来实现 SQL 语句的发送,其中执行简单不带参数 SQL 语句的是(　　)。

    A. Statement　　　　　　　　　　　B. PreparedStatement

    C. CallableStatement　　　　　　　　D. DriverStatement

2. Statement 提供 3 个执行 SQL 语句的方法,其中用来执行更新操作的是(　　)。

    A. executeQuery()　　　　　　　　　B. executeUpdate()

    C. next()　　　　　　　　　　　　　D. query()

3. 负责处理驱动的调入并产生对新的数据库连接支持的接口是(　　)。

    A. DriverManager　　　　　　　　　B. Connection

    C. Statement　　　　　　　　　　　　D. ResultSet

7.9.2　填空题

1. _____是一种用于执行 SQL 语句的 Java API。

2. SQL 语言中实现插入操作的是_____语句。

7.9.3 论述题

1. 论述 JDBC 的作用。
2. 论述 JDBC 的结构。

7.9.4 操作题

1. 编程实现简单的图书查询系统,业务需求可参考本校图书管理系统。
2. 编程实现宿舍值日系统,可以处理打扫卫生值日等日常的宿舍管理工作。

第8章 企业信息管理系统案例

学习目的与要求

本章学习的主要目的是综合运用前面章节所介绍的相关概念与原理,设计和开发一个企业信息管理系统(Enterprise Information Management System,EIMS)。通过本案例的实践有助于读者对 Java Web 技术的了解和认识,提高项目开发实践能力。要求能够通过本案例的开发了解项目开发的基本过程以及熟练运用前 7 章所学知识设计其他同类系统的页面。

本章主要内容

(1) 案例需求分析。

(2) 案例架构设计。

(3) 案例开发(编程实现)。

8.1　案例需求说明

本案例模拟企业日常管理,实现一个企业信息管理系统。系统可以对客户信息、合同信息、售后服务、产品以及员工进行管理。

要实现的功能包括 6 个方面。

1. 系统登录模块

实现系统的登录功能。

2. 客户管理模块

系统中对客户信息的管理主要包括客户信息查询、客户信息添加、客户信息修改、客户信息删除等。

3. 合同管理模块

系统对合同信息的管理主要包括合同信息查询、合同信息添加、合同信息修改、合同信息删除等。

4. 售后管理模块

系统对售后信息的管理主要包括售后信息查询、售后信息添加、售后信息修改、售后信息删除等。

5. 产品管理模块

系统对产品信息的管理主要包括产品信息查询、产品信息添加、产品信息修改、产品信息删除等。

6. 员工管理模块

系统对员工信息的管理主要包括员工信息查询、员工信息添加、员工信息修改、员工信息删除等。

8.2　案例分析与设计

系统功能描述如下。

1. 用户登录

通过用户名和密码登录系统。

2. 客户信息查询、添加和修改

页面显示客户基本信息：客户姓名、客户电话、客户地址、客户邮箱等。

3. 客户信息删除

根据客户姓名可删除相关客户信息。

4. 合同信息查询、添加和修改

页面显示合同基本信息：客户姓名、合同名称、合同内容、合同生效日期、合同有效期、业务员姓名等。

5. 合同信息删除

可删除相关合同信息。

6. 售后信息查询、添加和修改

页面显示售后基本信息：客户姓名、客户反馈意见、业务员姓名等。

7. 售后信息删除

根据客户姓名可删除对应的客户售后信息。

8. 产品信息查询、添加和修改

页面显示产品基本信息：产品名称、产品类型、产品数量、产品价格等。

9. 产品信息删除

根据产品名称可删除相关产品信息。

10. 员工信息查询、添加和修改

页面显示员工基本信息：姓名、性别、年龄、学历、部门、入职时间、职务、工资等。

11. 员工信息删除

根据员工姓名可删除相关员工信息。

系统模块结构如图 8-1 所示。

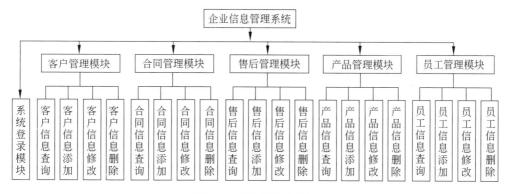

图 8-1　系统模块结构图

8.3 案例的数据库设计

如果已经学过 DBMS,请按照数据库优化的思想设计相应的表。本系统提供的表设计仅供参考,读者可根据自己所学知识选择相应 DBMS 对表进行设计和优化。本案例在数据库中建立如下表,用于存放相关信息。

用户表(user,本案例使用的是 MySQL 数据库,如果使用 SQL Server 或者 Oracle 数据库,user 是数据库中的关键字,不能用来作为表名)用于管理 login.jsp 页面中用户登录的信息。具体表设计如表 8-1 所示。

表 8-1　用户表(user)

字 段 名 称	字 段 类 型	字 段 长 度	字 段 说 明
userName	varchar	10	用户登录名
password	varchar	30	用户登录密码

客户信息管理表(client)用于管理客户信息。具体表设计如表 8-2 所示。

表 8-2　客户信息管理表(client)

字 段 名 称	字 段 类 型	字 段 长 度	字 段 说 明
clientName	varchar	10	客户姓名
clientTelephone	varchar	6	客户电话
clientAddress	varchar	30	客户地址
clientEmail	varchar	30	客户邮箱

合同信息管理表(contact)用于管理合同信息。具体表设计如表 8-3 所示。

表 8-3　合同信息管理表(contact)

字 段 名 称	字 段 类 型	字 段 长 度	字 段 说 明
clientName	varchar	10	客户姓名
contactName	varchar	30	合同名称
contactContents	varchar	255	合同内容
contactStart	varchar	6	合同生效日期
contactEnd	varchar	6	合同有效期
StaffName	varchar	30	业务员姓名

售后信息管理表(cs)用于管理售后信息。具体表设计如表 8-4 所示。
产品信息管理表(product)用于管理产品信息。具体表设计如表 8-5 所示。
员工信息管理表(staff)用于管理员工信息。具体表设计如表 8-6 所示。

表 8-4　售后信息管理表（cs）

字 段 名 称	字 段 类 型	字 段 长 度	字 段 说 明
clientName	varchar	10	客户姓名
clientOpinion	varchar	255	客户反馈意见
StaffName	varchar	10	业务员姓名

表 8-5　产品信息管理表（product）

字 段 名 称	字 段 类 型	字 段 长 度	字 段 说 明
productName	varchar	30	产品名称
productModel	varchar	30	产品型号
productNumber	varchar	30	产品数量
productPrice	varchar	6	产品价格

表 8-6　员工信息管理表（staff）

字 段 名 称	字 段 类 型	字 段 长 度	字 段 说 明
staffName	varchar	30	姓名
staffSex	varchar	2	性别
staffAge	varchar	2	年龄
staffEducation	varchar	10	学历
staffDepartment	varchar	10	部门
staffDate	varchar	6	入职时间
staffDuty	varchar	10	职务
staffWage	varchar	6	工资

　　本案例使用 MySQL 5.5 数据库。该数据库安装文件可在 www.oracle.com 下载。读者也可以选择使用自己熟悉的其他数据库。本案例数据库及表如图 8-2 所示。

图 8-2　项目中用到的数据库和表

8.4 案例的开发过程

本案例开发一个企业信息管理系统(Enterprise Information Management System,EIMS),项目名称为 EIMS。

8.4.1 案例的模块划分及其结构

案例的页面文件结构如图 8-3 所示。

据图 8-3 可知,登录页面(login.jsp)在 Web 根文件夹下,在该页面中输入用户名和密码后单击"登录"按钮,请求提交到 loginCheck.jsp 页面。loginCheck.jsp 页面处理提交的数据并进行下一步的页面跳转。文件夹 image 中存放项目中使用到的图片。

如果用户名和密码正确将跳转到系统主页面(main.jsp),主页面是使用框架进行分割的,主页面以及子窗口用到的页面在文件夹 main 中。

客户管理模块的页面在 clientManage 文件夹中,主要实现客户的查询、添加、修改和删除功能。

合同管理模块的页面在 contactManage 文件夹中,主要提供了合同的查询和添加功能。

售后管理模块的页面在 CSManage 文件夹中,主要提供了售后的查询和添加功能。

产品管理模块的页面在 productManage 文件夹中,主要提供了产品的查询和添加功能。

员工管理模块的页面在 staffManage 文件夹中,主要提供了员工的查询和添加功能。

退出系统主要实现把主页面关闭并返回登录页面。

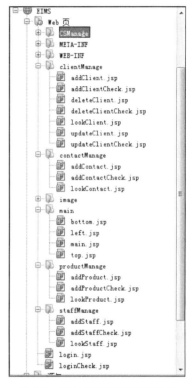

图 8-3 项目的页面文件结构图

8.4.2 案例的登录模块设计与实现

本系统提供登录页面,代码如例 8-1 所示,运行效果如图 8-4 所示。

【例 8-1】 登录页面(login.jsp)。

```
<%@page contentType="text/html" pageEncoding="UTF-8"%>
<html>
    <head>
        <title>企业信息管理系统——登录页面</title>
        <meta http-equiv="Content-Type" content="text/html; charset=UTF-8">
    </head>
    <body background="image/login.jpg">
        <br><br><br><br><br><br>
        <br><br><br><br><br><br>
```

图 8-4   系统登录页面

```
<center>
<form action="loginCheck.jsp" method="post">
    <table border="0">
        <tr>
            <td>
                <table border="1" cellspacing="0" cellpadding="0"
                        bgcolor="#dddddd" width="360" height="200">
                    <tr  height="130">
                        <td align="center">
                            输入用户姓名<input type="text"
                            name="userName" size="20" >
                            <br>
                            输入用户密码<input type="password"
                            name="password" size="22" >
                            <br>
                            <input type="submit" value="登 录"
                            size="12"/>   
                            <input type="reset" value="清  除"
                            size="12"/>
                        </td>
                    </tr>
                    <tr height="30">
                        <td bgcolor="#95BDFF">  </td>
                    </tr>
                </table>
            </td>
        </tr>
    </table>
</form>
</center>
</body>
</html>
```

在图 8-4 所示页面中输入用户名和密码后单击"登录"按钮，请求提交到 loginCheck. jsp，代码如例 8-2 所示，该页面处理登录页面提交的请求，参照"＜ form action ＝ "loginCheck. jsp" method＝"post"＞"。

【例 8-2】 登录页面对应的数据处理页面（loginCheck. jsp）。

```jsp
<%@page import="java.sql. * "%>
<%@page contentType="text/html" pageEncoding="UTF-8"%>
<html>
    <head>
        <meta http-equiv="Content-Type" content="text/html; charset=UTF-8">
        <title>数据处理页面</title>
    </head>
    <body>
        <%
            String userName =
            new String(request.getParameter("userName").getBytes("ISO-8859-1"),
            "UTF-8");
            String password =
            new String(request.getParameter("password").getBytes("ISO-8859-1"),
            "UTF-8");
            Connection con =null;
            Statement st =null;
            ResultSet rs =null;
            if(userName.equals("")) {
                response.sendRedirect("login.jsp");
            }
            try{
                Class.forName("com.mysql.jdbc.Driver");
                String url="jdbc:mysql://localhost:3306/eims
                ?useUnicode=true&characterEncoding=gbk";
                con=DriverManager.getConnection(url,"root","root");
                st=con.createStatement();
                String query="select * from user where
                userName='" +userName +"'";
                rs=st.executeQuery(query);
                if(rs.next()){
                    String query2 ="select * from user where
                    password='" +password +"'";
                    rs=st.executeQuery(query2);
                    if(rs.next()){
                        response.sendRedirect("main/main.jsp");
                    }else{
                        response.sendRedirect("login.jsp");
                    }
                }
```

```
        }catch(Exception e){
            e.printStackTrace();
        }finally{
            rs.close();
            st.close();
            con.close();
        }
    %>
    </body>
</html>
```

8.4.3 案例的主页面模块设计与实现

在图 8-4 所示页面中输入用户名和密码后单击"登录"按钮,如果输入正确进入企业信息管理系统的主页面(main.jsp),代码如例 8-3 所示,运行效果如图 8-5 所示。

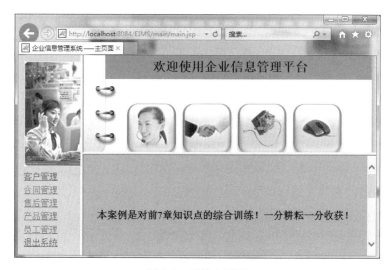

图 8-5　系统主页面

【例 8-3】　主页面(main.jsp)。

代码如下:

```
<%@page contentType="text/html" pageEncoding="UTF-8"%>
<html>
    <head>
        <meta http-equiv="Content-Type" content="text/html; charset=UTF-8">
        <title>企业信息管理系统——主页面</title>
    </head>
<frameset rows="*" cols="120,*">
    <frame src="left.jsp" name="left" scrolling="no" />
    <frameset rows="180,*" cols="*">
        <frame src="top.jsp" name="top" scrolling="no"/>
        <frame src="bottom.jsp" name="main" />
```

```
            </frameset>
        </frameset>
    </html>
```

图 8-5 所示页面是使用框架进行分割的,子窗口分别连接 left. jsp、top. jsp、bottom. jsp 页面,代码分别如例 8-4~例 8-6 所示。

【例 8-4】 left. jsp 代码。

```
<%@ page contentType="text/html" pageEncoding="UTF-8"%>
<html>
    <head>
        <meta http-equiv="Content-Type" content="text/html; charset=UTF-8">
        <title>JSP Page</title>
    </head>
    <body bgcolor="CCCFFF">
        <table>
            <tr>
                <td>
                    <image src="../image/t1.gif">
                </td>
            <tr/>
            <tr>
                <td>
                    <a href="http://localhost:8084/EIMS/clientManage/
                    lookClient.jsp" target="main">客户管理</a>
                </td>
            <tr/>
            <tr>
                <td>
                    <a href="http://localhost:8084/EIMS/contactManage/
                    lookContact.jsp" target="main">合同管理</a>
                </td>
            <tr/>
            <tr>
                <td>
                    <a href="http://localhost:8084/EIMS/CSManage/
                    lookCS.jsp" target="main">售后管理</a>
                </td>
            <tr/>
            <tr>
                <td>
                    <a href="http://localhost:8084/EIMS/productManage/
                    lookProduct.jsp" target="main">产品管理</a>
                </td>
            <tr/>
            <tr>
```

```
            <td>
                <a href="http://localhost:8084/EIMS/staffManage/
                lookStaff.jsp" target="main">员工管理</a>
            </td>
        <tr/>
        <tr>
            <td>
                <a href="http://localhost:8084/EIMS/
                login.jsp" target="_parent">退出系统</a>
            </td>
        </tr>
    </table>
</body>
</html>
```

备注：本案例代码中使用的是绝对路径。因案例开发使用的是 NetBeans 8，该 IDE 默认的端口是 8084，如"＜a href＝"http：//localhost：8084/EIMS/staffManage/lookStaff.jsp" target＝"main">员工管理</a>"，另外，该案例也提供了 Eclipse 开发的版本，默认的端口为 8080，在验证该案例时请注意使用正确的端口号，否则将出现 404 错误，即找不到文件。

【例 8-5】 top.jsp 代码。

```
<%@ page contentType="text/html" pageEncoding="UTF-8"%>
<html>
    <head>
        <meta http-equiv="Content-Type" content="text/html; charset=UTF-8">
        <title>JSP Page</title>
    </head>
    <body background="../image/top.gif">
        <h2 align="center" color="red">欢迎使用企业信息管理平台</h2>
    </body>
</html>
```

【例 8-6】 bottom.jsp 代码。

```
<%@ page contentType="text/html" pageEncoding="UTF-8"%>
<html>
    <head>
        <meta http-equiv="Content-Type" content="text/html; charset=UTF-8">
        <title>JSP Page</title>
    </head>
    <body bgcolor="#99aaee"background="../image/background.jpg" >
        <center>
            <br><br><br><br>
            <h3>本案例是对前 7 章知识点的综合训练！一分耕耘一分收获！
            </h3>
```

```
                    <br><br><br><br>
                    <br><br><br><br>
                    <br><br><br><br>
                    <br><br><br><br>
                    <p>
                            <font size="-1">Copyright  2013.清华大学出版社
                            </font>
                        </p>
                        <p></p>
                </center>
        </body>
</html>
```

8.4.4 案例的客户管理模块设计与实现

单击图 8-5 所示页面中的"客户管理"，出现如图 8-6 所示的页面，代码如例 8-7 所示。请参照 left. jsp 代码中的"< a href = " http://localhost:8084/EIMS/clientManage/lookClient. jsp" target="main">客户管理</a>"。

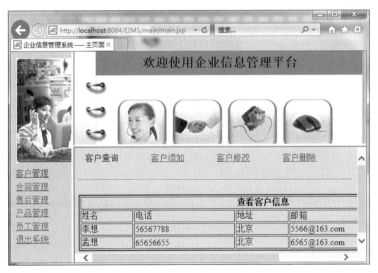

图 8-6　查询客户信息页面

【例 8-7】 lookClient. jsp 代码。

```
<%@ page import="java.sql.* "%>
<%@ page contentType="text/html" pageEncoding="UTF-8"%>
<html>
    <head>
        <meta http-equiv="Content-Type" content="text/html; charset=UTF-8">
        <title>客户查询</title>
    </head>
    <body bgcolor="lightgreen">
```

```html
<table align="center"width="500">
    <tr>
        <td>客户查询</td>
        <td>
            <a href="http://localhost:8084/EIMS/clientManage/
            addClient.jsp">客户添加</a>
        </td>
        <td>
            <a href="http://localhost:8084/EIMS/clientManage/
            updateClient.jsp">客户修改</a>
        </td>
        <td>
            <a href="http://localhost:8084/EIMS/clientManage/
            deleteClient.jsp">客户删除</a>
        </td>
    </tr>
</table>
<br>
<hr>
<br>
 <table align="center"width="700"border=2" >
    <tr>
        <th colspan="4">查看客户信息</th>
    </tr>
    <tr>
        <td>姓名</td>
        <td>电话</td>
        <td>地址</td>
        <td>邮箱 </td>
    </tr>
    <%
        Connection con=null;
        Statement stmt=null;
        ResultSet rs=null;
        Class.forName("com.mysql.jdbc.Driver");
        String url="jdbc:mysql://localhost:3306/eims
        ?useUnicode=true&characterEncoding=gbk";
        con=DriverManager.getConnection(url,"root","root");
        stmt=con.createStatement();
        String sql="select * from client";
        rs=stmt.executeQuery(sql);
        while(rs.next()){
    %>
     <tr>
        <td><%=rs.getString("clientName")%></td>
```

```
                <td><%=rs.getString("clientTelephone")%></td>
                <td><%=rs.getString("clientAddress")%></td>
                <td><%=rs.getString("clientEmail")%></td>
            </tr>
            <%
                }
            %>
        </table>
    </body>
</html>
```

单击图 8-6 所示页面中的"客户添加"，出现如图 8-7 所示的添加客户信息页面，对应的超链接页面是 addClient.jsp，代码如例 8-8 所示。

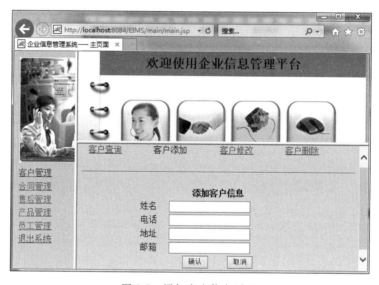

图 8-7 添加客户信息页面

【例 8-8】 addClient.jsp 代码。

```
<%@ page contentType="text/html" pageEncoding="UTF-8"%>
<html>
    <head>
        <meta http-equiv="Content-Type" content="text/html; charset=UTF-8">
        <title>添加客户信息</title>
    </head>
    <body bgcolor="lightgreen">
        <form action="http://localhost:8084/EIMS/clientManage/
            addClientCheck.jsp" method="post">
            <table align="center"width="500" >
                <tr>
                    <td>
                        <a href="http://localhost:8084/EIMS/clientManage/
                        lookClient.jsp">客户查询</a>
```

```
            </td>
            <td>客户添加</td>
            <td>
                <a href="http://localhost:8084/EIMS/clientManage/
                updateClient.jsp">客户修改</a>
            </td>
            <td>
                <a href="http://localhost:8084/EIMS/clientManage/
                deleteClient.jsp">客户删除</a>
            </td>
        </tr>
    </table>
    <br>
    <hr>
    <br>
    <table align="center"width="300" >
        <tr>
            <th colspan="4" align="center">添加客户信息</th>
        </tr>
        <tr>
            <td>姓名</td>
            <td><input type="text" name="clientName"/></td>
        </tr>
        <tr>
            <td>电话</td>
            <td><input type="text" name="clientTelephone"/></td>
        </tr>
        <tr>
            <td>地址</td>
            <td><input type="text" name="clientAddress"/></td>
        </tr>
        <tr>
            <td>邮箱</td>
            <td><input type="text" name="clientEmail"/></td>
        </tr>
        <tr align="center">
            <td colspan="2">
                <input name="sure"type="submit"value="确认">
                       
                <input name="clear"type="reset"value="取消">
            </td>
        </tr>
    </table>
</form>
</body>
```

```
</html>
```

在图 8-7 所示页面中添加客户信息后单击"确定"按钮，请求提交到 addClientCheck.jsp，代码如例 8-9 所示。

【例 8-9】 addClientCheck.jsp 代码。

```
<%@page import="java.sql.*"%>
<%@page contentType="text/html" pageEncoding="UTF-8"%>
<html>
    <head>
        <meta http-equiv="Content-Type" content="text/html; charset=UTF-8">
        <title>处理客户添加数据</title>
    </head>
    <body>
        <%
            String clientName=
            new String(request.getParameter("clientName").
            getBytes("ISO-8859-1"),"UTF-8");
            String clientTelephone=
            new String(request.getParameter("clientTelephone")
            .getBytes("ISO-8859-1"),"UTF-8");
            String clientAddress=
            new String(request.getParameter("clientAddress")
            .getBytes("ISO-8859-1"),"UTF-8");
            String clientEmail=
            new String(request.getParameter("clientEmail")
            .getBytes("ISO-8859-1"),"UTF-8");
            Connection con=null;
            Statement st=null;
            try{
                Class.forName("com.mysql.jdbc.Driver");
                String url="jdbc:mysql://localhost:3306/eims
                ?useUnicode=true&characterEncoding=gbk";
                con=DriverManager.getConnection(url,"root","root");
                st=con.createStatement();
                String sql="insert into
                client(clientName,clientTelephone,clientAddress,clientEmail)
                values ('" + clientName +"', '" + clientTelephone +"', '" +
                clientAddress+"','"+clientEmail+"')";
                st.executeUpdate(sql);
                response.sendRedirect("http://localhost:8084/EIMS/clientManage/
                lookClient.jsp");
            }
            catch(Exception e){
                e.printStackTrace();
            }
```

```
        finally{
            st.close();
            con.close();
        }
    %>
    </body>
</html>
```

单击图 8-7 所示页面中的"客户修改",出现如图 8-8 所示的修改客户信息页面,对应的超链接页面是 updateClient.jsp,代码如例 8-10 所示。

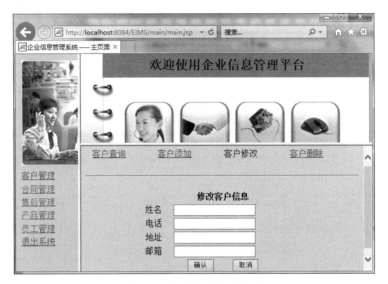

图 8-8　修改客户信息页面

【例 8-10】　updateClient.jsp 代码。

```
<%@ page contentType="text/html" pageEncoding="UTF-8"%>
<html>
    <head>
        <meta http-equiv="Content-Type" content="text/html; charset=UTF-8">
        <title>修改客户信息</title>
    </head>
    <body bgcolor="lightgreen">
        <form action="http://localhost:8084/EIMS/clientManage/
        updateClientCheck.jsp" method="post">
            <table align="center"width="500" >
                <tr>
                    <td>
                        <a href="http://localhost:8084/EIMS/clientManage/
                        lookClient.jsp">客户查询</a>
                    </td>
                    <td>
                        <a href="http://localhost:8084/EIMS/clientManage/
```

```
                    addClient.jsp">客户添加
        </td>
    <td>客户修改</td>
    <td>
            <a href="http://localhost:8084/EIMS/clientManage/
            deleteClient.jsp">客户删除</a>
    </td>
    </tr>
    </table>
    <br>
    <hr>
    <br>
    <table align="center"width="300" >
        <tr>
            <th colspan="2" align="center">修改客户信息</th>
        </tr>
        <tr>
            <td>姓名</td>
            <td><input type="text" name="clientName"/></td>
        </tr>
        <tr>
            <td>电话</td>
            <td><input type="text" name="clientTelephone"/></td>
        </tr>
        <tr>
            <td>地址</td>
            <td><input type="text" name="clientAddress"/></td>
        </tr>
        <tr>
            <td>邮箱</td>
            <td><input type="text" name="clientEmail"/></td>
        </tr>
        <tr align="center">
            <td colspan="2">
                <input name="sure"type="submit"value="确认">
                       
                <input name="clear"type="reset"value="取消">
            </td>
        </tr>
    </table>
    </form>
    </body>
</html>
```

在图 8-8 所示页面中修改客户信息后单击"确定"按钮,请求提交到 updateClientCheck.jsp,
代码如例 8-11 所示。

【例 8-11】　updateClientCheck. jsp 代码。

```
<%@ page import="java.sql.*"%>
<%@ page contentType="text/html" pageEncoding="UTF-8"%>
<html>
    <head>
        <meta http-equiv="Content-Type" content="text/html; charset=UTF-8">
        <title>处理客户修改数据</title>
    </head>
    <body>
        <%
            String clientName=
            new String(request.getParameter("clientName")
            .getBytes("ISO-8859-1"),"UTF-8");
            String clientTelephone=
            new String(request.getParameter("clientTelephone")
            .getBytes("ISO-8859-1"),"UTF-8");
            String clientAddress=
            new String(request.getParameter("clientAddress")
            .getBytes("ISO-8859-1"),"UTF-8");
            String clientEmail=
            new String(request.getParameter("clientEmail")
            .getBytes("ISO-8859-1"),"UTF-8");
            Connection con=null;
            Statement st=null;
            if(clientName.equals("")){
                response.sendRedirect("http://localhost:8084/EIMS/clientManage/
                updateClient.jsp");
            }
            else{
                try{
                    Class.forName("com.mysql.jdbc.Driver");
                    String url="jdbc:mysql://localhost:3306/eims
                    ?useUnicode=true&characterEncoding=gbk";
                    con=DriverManager.getConnection(url,"root","root");
                    st=con.createStatement();
                    String sql="update client set
                    clientName = '" + clientName +"', clientTelephone = '" +
                    clientTelephone +"', clientAddress = '" + clientAddress +"',
                    clientEmail = '" + clientEmail +"' where  clientName = '" +
                    clientName+"'";
                    st.executeUpdate(sql);
                    response.sendRedirect("http://localhost:8084/EIMS/
                    clientManage/lookClient.jsp");
                }
                catch (Exception e){
```

```
                e.printStackTrace();
            }
            finally{
                st.close();
                con.close();
            }
        }
    %>
    </body>
</html>
```

单击图 8-8 所示页面中的"客户删除",出现如图 8-9 所示的删除客户信息页面,对应的超链接页面是 deleteClient.jsp,代码如例 8-12 所示。

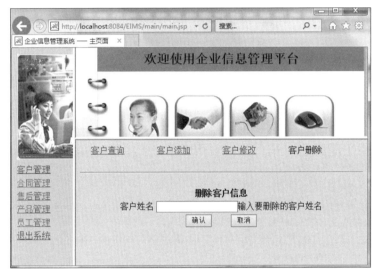

图 8-9　删除客户信息页面

【例 8-12】　deleteClient.jsp 代码。

```
<%@page contentType="text/html" pageEncoding="UTF-8"%>
<html>
    <head>
        <meta http-equiv="Content-Type" content="text/html; charset=UTF-8">
        <title>客户删除</title>
    </head>
    <body bgcolor="lightgreen">
        <form action="http://localhost:8084/EIMS/clientManage/
        deleteClientCheck.jsp" method="post">
            <table align="center"width="500" >
                <tr>
                    <td>
                        <a href="http://localhost:8084/EIMS/clientManage/
                        lookClient.jsp">客户查询</a>
```

```
                </td>
                <td>
                    <a href="http://localhost:8084/EIMS/clientManage/
                    addClient.jsp">客户添加</a>
                </td>
                <td>
                    <a href="http://localhost:8084/EIMS/clientManage/
                    updateClient.jsp">客户修改</a>
                </td>
                <td>客户删除</td>
            </tr>
        </table>
        <br>
        <hr>
        <br>
        <table align="center">
            <tr>
                <th colspan="2">删除客户信息</th>
            </tr>
            <tr>
                <td>客户姓名</td>
                <td>
                    <input type="text" name="clientName"/>
                    输入要删除的客户姓名
                </td>
            </tr>
            <tr align="center">
                <td colspan="2">
                    <input type="submit" name="sure" value="确认"/>
                           
                    <input name="clear"type="reset"value="取消"/>
                </td>
            </tr>
        </table>
    </form>
    </body>
</html>
```

在图 8-9 所示页面中输入要删除的客户信息后单击"确定"按钮,请求提交到 deleteClientCheck.jsp,代码如例 8-13 所示。

【例 8-13】 deleteClientCheck.jsp 代码。

```
<%@ page import="java.sql. * "%>
<%@ page contentType="text/html" pageEncoding="UTF-8"%>
<html>
    <head>
```

```
        <meta http-equiv="Content-Type" content="text/html; charset=UTF-8">
        <title>处理客户删除数据</title>
    </head>
    <body>
        <%
            String clientName=
            new String(request.getParameter("clientName")
            .getBytes("ISO-8859-1"),"UTF-8");
            Connection con=null;
            Statement st=null;
            try{
                Class.forName("com.mysql.jdbc.Driver");
                String url="jdbc:mysql://localhost:3306/eims
                ?useUnicode=true&characterEncoding=gbk";
                con=DriverManager.getConnection(url,"root","root");
                st=con.createStatement();
                String sql="delete from client where
                clientName='"+clientName+"'";
                st.executeUpdate(sql);
                response.sendRedirect("http://localhost:8084/EIMS/
                clientManage/lookClient.jsp");
            }
            catch (Exception e){
                e.printStackTrace();
            }
            finally{
                st.close();
                con.close();
            }
        %>
    </body>
</html>
```

8.4.5 案例的合同管理模块设计与实现

单击图 8-9 所示页面中的"合同管理"，出现如图 8-10 所示的页面。请参照 left.jsp 代码中的"＜a href＝"http://localhost:8084/EIMS/contactManage/lookContact.jsp" target＝"main"＞合同管理＜/a＞"，代码如例 8-14 所示。

【例 8-14】 lookContact.jsp 代码。

```
<%@ page import="java.sql.*"%>
<%@ page contentType="text/html" pageEncoding="UTF-8"%>
<html>
    <head>
        <meta http-equiv="Content-Type" content="text/html; charset=UTF-8">
```

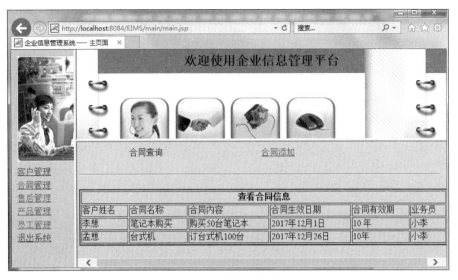

图 8-10　合同查询页面

```
    <title>合同查询</title>
</head>
<body bgcolor="lightgreen">
    <table align="center"width="500">
        <tr>
            <td>合同查询</td>
            <td>
                <a href="http://localhost:8084/EIMS/contactManage/
                addContact.jsp">合同添加</a>
            </td>
        </tr>
    </table>
    <br>
    <hr>
    <br>
    <table align="center"width="700"border=2 >
        <tr>
            <th colspan="6">查看合同信息</th>
        </tr>
        <tr>
            <td>客户姓名</td>
            <td>合同名称</td>
            <td>合同内容</td>
            <td>合同生效日期</td>
            <td>合同有效期</td>
            <td>业务员</td>
        </tr>
        <%
        Connection con=null;
```

```
        Statement stmt=null;
        ResultSet rs=null;
        Class.forName("com.mysql.jdbc.Driver");
        String url="jdbc:mysql://localhost:3306/eims
        ?useUnicode=true&characterEncoding=gbk";
        con=DriverManager.getConnection(url,"root","root");
        stmt=con.createStatement();
        String sql="select * from contact";
        rs=stmt.executeQuery(sql);
        while(rs.next()){
    %>
    <tr>
        <td><%=rs.getString("clientName")%></td>
        <td><%=rs.getString("contactName")%></td>
        <td><%=rs.getString("contactContents")%></td>
        <td><%=rs.getString("contactStart")%></td>
        <td><%=rs.getString("contactEnd")%></td>
        <td><%=rs.getString("StaffName")%></td>
    </tr>
    <%
        }
    %>
    </table>
    </body>
</html>
```

单击图 8-10 所示页面中的"合同添加",出现如图 8-11 所示的合同添加页面,对应的超链接页面是 addContact.jsp,代码如例 8-15 所示。

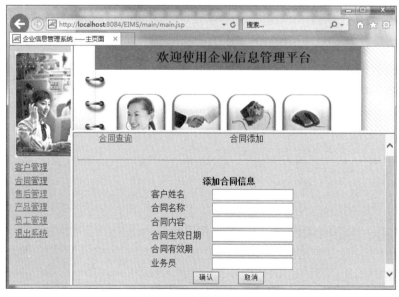

图 8-11　合同添加页面

【例 8-15】 addContact.jsp 代码。

```jsp
<%@page contentType="text/html" pageEncoding="UTF-8"%>
<html>
    <head>
        <meta http-equiv="Content-Type" content="text/html; charset=UTF-8">
        <title>添加合同信息</title>
    </head>
    <body bgcolor="lightgreen">
        <form action="http://localhost:8084/EIMS/contactManage/
            addContactCheck.jsp" method="post">
        <table align="center"width="500" >
            <tr>
                <td>
                    <a href="http://localhost:8084/EIMS/contactManage/
                    lookContact.jsp">合同查询</a>
                </td>
                <td>合同添加</td>
            </tr>
        </table>
        <br>
        <hr>
        <br>
        <table align="center"width="300" >
            <tr>
                <th colspan="6" align="center">添加合同信息</th>
            </tr>
            <tr>
                <td>客户姓名</td>
                <td><input type="text" name="clientName"/></td>
            </tr>
            <tr>
                <td>合同名称</td>
                <td><input type="text" name="contactName"/></td>
            </tr>
            <tr>
                <td>合同内容</td>
                <td><input type="text" name="contactContents"/></td>
            </tr>
            <tr>
                <td>合同生效日期</td>
                <td><input type="text" name="contactStart"/></td>
            </tr>
            <tr>
                <td>合同有效期</td>
                <td><input type="text" name="contactEnd"/></td>
```

```
        </tr>
        <tr>
            <td>业务员</td>
            <td><input type="text" name="StaffName"/></td>
        </tr>
        <tr align="center">
            <td colspan="2">
                <input name="sure"type="submit"value="确认">
                       
                <input name="clear"type="reset"value="取消">
            </td>
        </tr>
    </table>
</form>
</body>
</html>
```

在图 8-11 所示页面中输入数据后单击"确定"按钮，请求提交到 addContactCheck.jsp，代码如例 8-16 所示。

【例 8-16】 addContactCheck.jsp 代码。

```
<%@page import="java.sql.*"%>
<%@page contentType="text/html" pageEncoding="UTF-8"%>
<html>
    <head>
        <meta http-equiv="Content-Type" content="text/html; charset=UTF-8">
        <title>处理合同添加数据</title>
    </head>
    <body>
        <%
            String clientName=
            new String(request.getParameter("clientName")
            .getBytes("ISO-8859-1"),"UTF-8");
            String contactName=
            new String(request.getParameter("contactName")
            .getBytes("ISO-8859-1"),"UTF-8");
            String contactContents=
            new String(request.getParameter("contactContents")
            .getBytes("ISO-8859-1"),"UTF-8");
            String contactStart=
            new String(request.getParameter("contactStart")
            .getBytes("ISO-8859-1"),"UTF-8");
            String contactEnd=
            new String(request.getParameter("contactEnd")
            .getBytes("ISO-8859-1"),"UTF-8");
            String StaffName=
```

```
            new String(request.getParameter("StaffName")
            .getBytes("ISO-8859-1"),"UTF-8");
            Connection con=null;
            Statement st=null;
        try{
            Class.forName("com.mysql.jdbc.Driver");
            String url="jdbc:mysql://localhost:3306/eims
            ?useUnicode=true&characterEncoding=gbk";
            con=DriverManager.getConnection(url,"root","root");
            st=con.createStatement();
            String sql="insert into
            contact(clientName,contactName,contactContents,contactStart,
            contactEnd,StaffName) values ('"+clientName+"','"+contactName+"',
            '"+contactContents+"','"+contactStart+"','"+contactEnd+"','"+
            StaffName+"')";
            st.executeUpdate(sql);
            response.sendRedirect("http://localhost:8084/EIMS/
            contactManage/lookContact.jsp");
        }
        catch(Exception e){
            e.printStackTrace();
        }
        finally{
            st.close();
            con.close();
        }
    %>
    </body>
</html>
```

8.4.6　案例的售后管理模块设计与实现

单击图 8-11 所示页面中的"售后管理",出现如图 8-12 所示的页面。请参照 left.jsp 代码中的"＜a href＝"http://localhost:8084/EIMS/CSManage/lookCS.jsp" target＝"main"＞售后管理＜/a＞",代码如例 8-17 所示。

【例 8-17】　lookCS.jsp 代码。

```
<%@page import="java.sql.*"%>
<%@page contentType="text/html" pageEncoding="UTF-8"%>
<html>
    <head>
        <meta http-equiv="Content-Type" content="text/html; charset=UTF-8">
        <title>售后查询</title>
    </head>
    <body bgcolor="lightgreen">
```

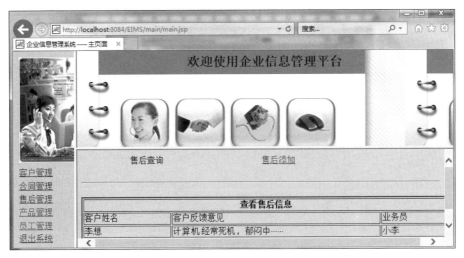

图 8-12　查询售后页面

```
<table align="center"width="500">
    <tr>
        <td>售后查询</td>
        <td>
            <a href="http://localhost:8084/EIMS/CSManage/
            addCS.jsp">售后添加</a>
        </td>
    </tr>
</table>
<br>
<hr>
<br>
 <table align="center"width="700"border=2" >
    <tr>
        <th colspan="3">查看售后信息</th>
    </tr>
    <tr>
        <td>客户姓名</td>
        <td>客户反馈意见</td>
        <td>业务员</td>
    </tr>
    <%
    Connection con=null;
    Statement stmt=null;
    ResultSet rs=null;
    Class.forName("com.mysql.jdbc.Driver");
    String url="jdbc:mysql://localhost:3306/eims
    ?useUnicode=true&characterEncoding=gbk";
    con=DriverManager.getConnection(url,"root","root");
```

```
            stmt=con.createStatement();
            String sql="select * from cs";
            rs=stmt.executeQuery(sql);
            while(rs.next()){
     %>
        <tr>
            <td><%=rs.getString("clientName")%></td>
            <td><%=rs.getString("clientOpinion")%></td>
            <td><%=rs.getString("StaffName")%></td>
        </tr>
        <%
            }
        %>
     </table>
  </body>
</html>
```

单击图 8-12 所示页面中的"售后添加",出现如图 8-13 所示的售后添加页面,对应的超链接页面是 addCS.jsp,代码如例 8-18 所示。

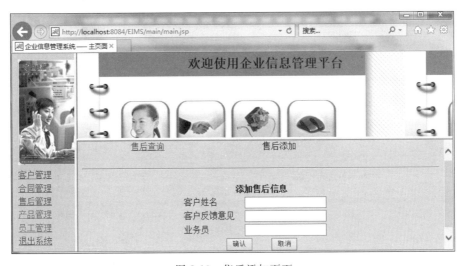

图 8-13　售后添加页面

【例 8-18】　addCS.jsp 代码。

```
<%@page contentType="text/html" pageEncoding="UTF-8"%>
<html>
    <head>
        <meta http-equiv="Content-Type" content="text/html; charset=UTF-8">
        <title>添加合同信息</title>
    </head>
    <body bgcolor="lightgreen">
        <form action="http://localhost:8084/EIMS/CSManage/addCSCheck.jsp"
                method="post">
```

```
<table align="center"width="500" >
    <tr>
        <td>
            <a href="http://localhost:8084/EIMS/CSManage/
            lookCS.jsp">售后查询</a>
        </td>
        <td>售后添加</td>
    </tr>
</table>
<br>
<hr>
<br>
<table align="center"width="300" >
    <tr>
        <th colspan="3" align="center">添加售后信息</th>
    </tr>
    <tr>
        <td>客户姓名</td>
        <td><input type="text" name="clientName"/></td>
    </tr>
    <tr>
        <td>客户反馈意见</td>
        <td><input type="text" name="clientOpinion"/></td>
    </tr>
    <tr>
        <td>业务员</td>
        <td><input type="text" name="StaffName"/></td>
    </tr>
    <tr align="center">
        <td colspan="2">
            <input name="sure"type="submit"value="确认">
                   
            <input name="clear"type="reset"value="取消">
        </td>
    </tr>
</table>
    </form>
</body>
</html>
```

在图 8-13 所示页面中输入数据后单击"确定"按钮,请求提交到 addCSCheck.jsp,代码如例 8-19 所示。

【例 8-19】 addCSCheck.jsp 代码。

```
<%@page import="java.sql.*"%>
<%@page contentType="text/html" pageEncoding="UTF-8"%>
```

```html
<html>
    <head>
        <meta http-equiv="Content-Type" content="text/html; charset=UTF-8">
        <title>处理售后添加数据</title>
    </head>
    <body>
        <%
            String clientName=
            new String(request.getParameter("clientName")
            .getBytes("ISO-8859-1"),"UTF-8");
            String clientOpinion=
            new String(request.getParameter("clientOpinion")
            .getBytes("ISO-8859-1"),"UTF-8");
            String StaffName=
            new String(request.getParameter("StaffName")
            .getBytes("ISO-8859-1"),"UTF-8");
            Connection con=null;
            Statement st=null;
            try{
                Class.forName("com.mysql.jdbc.Driver");
                String url="jdbc:mysql://localhost:3306/eims
                ?useUnicode=true&characterEncoding=gbk";
                con=DriverManager.getConnection(url,"root","root");
                st=con.createStatement();
                String sql="insert into cs(clientName,clientOpinion,StaffName)
                values ('"+clientName+"','"+clientOpinion+"','"+StaffName+"')";
                st.executeUpdate(sql);
                response.sendRedirect("http://localhost:8084/EIMS/CSManage/
                lookCS.jsp");
            }
            catch(Exception e){
                e.printStackTrace();
            }
            finally{
                st.close();
                con.close();
            }
        %>
    </body>
</html>
```

8.4.7 案例的产品管理模块设计与实现

单击图 8-13 所示页面中的"产品管理",出现如图 8-14 所示的页面。参照 left.jsp 代码中的"＜a href＝"http://localhost:8084/EIMS/productManage/lookProduct.jsp" target＝

"main">产品管理</a>",代码如例 8-20 所示。

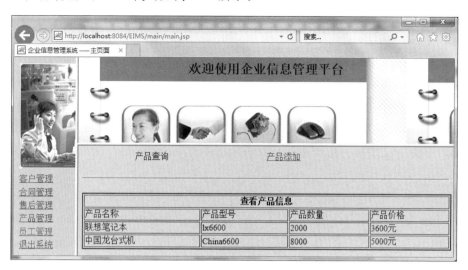

图 8-14　产品查询页面

【例 8-20】　lookProduct.jsp 代码。

```
<%@page import="java.sql.*"%>
<%@page contentType="text/html" pageEncoding="UTF-8"%>
<html>
    <head>
        <meta http-equiv="Content-Type" content="text/html; charset=UTF-8">
        <title>产品查询</title>
    </head>
    <body bgcolor="lightgreen">
        <table align="center"width="500">
            <tr>
                <td>产品查询</td>
                <td>
                    <a href="http://localhost:8084/EIMS/productManage/
                    addProduct.jsp">产品添加</a>
                </td>
            </tr>
        </table>
        <br>
        <hr>
        <br>
         <table align="center"width="700"border=2 >
            <tr>
                <th colspan="4">查看产品信息</th>
            </tr>
            <tr>
                <td>产品名称</td>
                <td>产品型号</td>
```

```
        <td>产品数量</td>
        <td>产品价格</td>
    </tr>
    <%
        Connection con=null;
        Statement stmt=null;
        ResultSet rs=null;
        Class.forName("com.mysql.jdbc.Driver");
        String url="jdbc:mysql://localhost:3306/eims
        ?useUnicode=true&characterEncoding=gbk";
        con=DriverManager.getConnection(url,"root","root");
        stmt=con.createStatement();
        String sql="select * from product";
        rs=stmt.executeQuery(sql);
        while(rs.next()){
    %>
    <tr>
        <td><%=rs.getString("productName")%></td>
        <td><%=rs.getString("productModel")%></td>
        <td><%=rs.getString("productNumber")%></td>
        <td><%=rs.getString("productPrice")%></td>
    </tr>
    <%
        }
    %>
    </table>
    </body>
</html>
```

　　单击图 8-14 所示页面中的"产品添加",出现如图 8-15 所示的产品添加页面,对应的超链接页面是 addProduct.jsp,代码如例 8-21 所示。

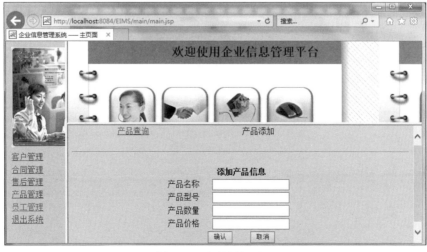

图 8-15　产品添加页面

【例 8-21】 addProduct. jsp 代码。

```jsp
<%@page contentType="text/html" pageEncoding="UTF-8"%>
<html>
    <head>
        <meta http-equiv="Content-Type" content="text/html; charset=UTF-8">
        <title>添加产品信息</title>
    </head>
    <body bgcolor="lightgreen">
        <form action="http://localhost:8084/EIMS/productManage/
            addProductCheck.jsp" method="post">
            <table align="center"width="500" >
                <tr>
                    <td>
                        <a href="http://localhost:8084/EIMS/productManage/
                        lookProduct.jsp">产品查询</a>
                    </td>
                    <td>产品添加</td>
                </tr>
            </table>
            <br>
            <hr>
            <br>
            <table align="center"width="300" >
                <tr>
                    <th colspan="2" align="center">添加产品信息</th>
                </tr>
                <tr>
                    <td>产品名称</td>
                    <td><input type="text" name="productName"/></td>
                </tr>
                <tr>
                    <td>产品型号</td>
                    <td><input type="text" name="productModel"/></td>
                </tr>
                <tr>
                    <td>产品数量</td>
                    <td><input type="text" name="productNumber"/></td>
                </tr>
                <tr>
                    <td>产品价格</td>
                    <td><input type="text" name="productPrice"/></td>
                </tr>
                <tr align="center">
                    <td colspan="2">
                        <input name="sure"type="submit"value="确认">
```

```
                               
                        <input name="clear"type="reset"value="取消">
                </td>
            </tr>
        </table>
    </form>
    </body>
</html>
```

在图 8-15 所示页面中输入数据后单击"确定"按钮,请求提交到 addProductCheck. jsp,代码如例 8-22 所示。

【例 8-22】　addProductCheck. jsp 代码。

```
<%@ page import="java.sql. * "%>
<%@ page contentType="text/html" pageEncoding="UTF-8"%>
<html>
    <head>
        <meta http-equiv="Content-Type" content="text/html; charset=UTF-8">
        <title>处理客户添加数据</title>
    </head>
    <body>
        <%
            String productName=
            new String(request.getParameter("productName")
            .getBytes("ISO-8859-1"),"UTF-8");
            String productModel=
            new String(request.getParameter("productModel")
            .getBytes("ISO-8859-1"),"UTF-8");
            String productNumber=
            new String(request.getParameter("productNumber")
            .getBytes("ISO-8859-1"),"UTF-8");
            String productPrice=
            new String(request.getParameter("productPrice")
            .getBytes("ISO-8859-1"),"UTF-8");
            Connection con=null;
            Statement st=null;
            try{
                Class.forName("com.mysql.jdbc.Driver");
                String url="jdbc:mysql://localhost:3306/eims
                ?useUnicode=true&characterEncoding=gbk";
                con=DriverManager.getConnection(url,"root","root");
                st=con.createStatement();
                String sql="insert into
                product(productName,productModel,productNumber,productPrice)
                values('"+productName+"','"+productModel+"','"+productNumber+"',
                '"+productPrice+"')";
```

```
            st.executeUpdate(sql);
            response.sendRedirect("http://localhost:8084/EIMS/
            productManage/lookProduct.jsp");
        }
        catch(Exception e){
            e.printStackTrace();
        }
        finally{
            st.close();
            con.close();
        }
    %>
    </body>
</html>
```

8.4.8　案例的员工管理模块设计与实现

单击图 8-15 所示页面中的"员工管理"，出现如图 8-16 所示的页面。请参照 left.jsp 代码中的"＜a href＝"http://localhost:8084/EIMS/staffManage/lookStaff.jsp" target＝"main"＞员工管理＜/a＞"，代码如例 8-23 所示。

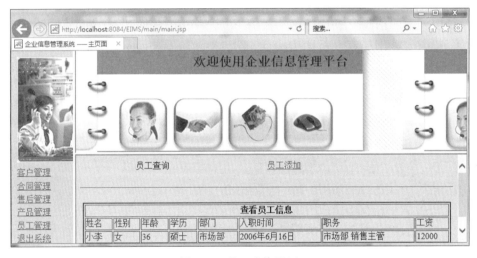

图 8-16　员工查询页面

【例 8-23】　lookStaff.jsp 代码。

```
<%@page import="java.sql.* "%>
<%@page contentType="text/html" pageEncoding="UTF-8"%>
<html>
    <head>
        <meta http-equiv="Content-Type" content="text/html; charset=UTF-8">
        <title>查询员工</title>
    </head>
```

```html
<body bgcolor="lightgreen">
    <table align="center"width="500">
        <tr>
            <td>员工查询</td>
            <td>
                <a href="http://localhost:8084/EIMS/staffManage/
                addStaff.jsp">员工添加</a>
            </td>
         </tr>
    </table>
    <br>
    <hr>
    <br>
     <table align="center"width="700"border=2" >
        <tr>
            <th colspan="8">查看员工信息</th>
        </tr>
        <tr>
            <td>姓名</td>
            <td>性别</td>
            <td>年龄</td>
            <td>学历</td>
            <td>部门</td>
            <td>入职时间</td>
            <td>职务</td>
            <td>工资</td>
        </tr>
        <%
        Connection con=null;
        Statement stmt=null;
        ResultSet rs=null;
        Class.forName("com.mysql.jdbc.Driver");
        String url="jdbc:mysql://localhost:3306/eims
        ?useUnicode=true&characterEncoding=gbk";
        con=DriverManager.getConnection(url,"root","root");
        stmt=con.createStatement();
        String sql="select * from staff";
        rs=stmt.executeQuery(sql);
        while(rs.next()){
      %>
    <tr>
        <td><%=rs.getString("staffName")%></td>
        <td><%=rs.getString("staffSex")%></td>
        <td><%=rs.getString("staffAge")%></td>
        <td><%=rs.getString("staffEducation")%></td>
```

```
            <td><%=rs.getString("staffDepartment")%></td>
            <td><%=rs.getString("staffDate")%></td>
            <td><%=rs.getString("staffDuty")%></td>
            <td><%=rs.getString("staffWage")%></td>
        </tr>
        <%
            }
        %>
        </table>
    </body>
</html>
```

单击图 8-16 所示页面中的"员工添加"，出现如图 8-17 所示的员工添加页面，对应的超链接页面是 addStaff.jsp，代码如例 8-24 所示。

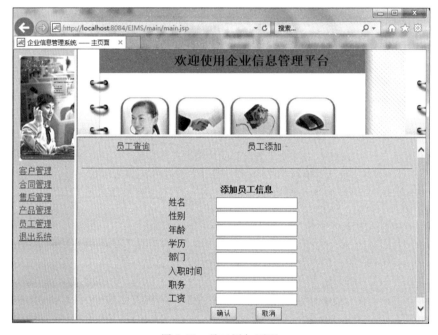

图 8-17　员工添加页面

【例 8-24】　addStaff.jsp 代码。

```
<%@page contentType="text/html" pageEncoding="UTF-8"%>
<html>
    <head>
        <meta http-equiv="Content-Type" content="text/html; charset=UTF-8">
        <title>添加员工信息</title>
    </head>
    <body bgcolor="lightgreen">
        <form action="http://localhost:8084/EIMS/staffManage/addStaffCheck.jsp"
                method="post">
            <table align="center"width="500" >
```

```
<tr>
    <td>
        <a href="http://localhost:8084/EIMS/staffManage/
        lookStaff.jsp">员工查询</a>
    </td>
    <td>员工添加</td>
</tr>
</table>
<br>
<hr>
<br>
<table align="center"width="300" >
    <tr>
        <th colspan="8" align="center">添加员工信息</th>
    </tr>
    <tr>
        <td>姓名</td>
        <td><input type="text" name="staffName"/></td>
    </tr>
    <tr>
        <td>性别</td>
        <td><input type="text" name="staffSex"/></td>
    </tr>
    <tr>
        <td>年龄</td>
        <td><input type="text" name="staffAge"/></td>
    </tr>
    <tr>
        <td>学历</td>
        <td><input type="text" name="staffEducation"/></td>
    </tr>
    <tr>
        <td>部门</td>
        <td><input type="text" name="staffDepartment"/></td>
    </tr>
    <tr>
        <td>入职时间</td>
        <td><input type="text" name="staffDate"/></td>
    </tr>
    <tr>
        <td>职务</td>
        <td><input type="text" name="staffDuty"/></td>
    </tr>
    <tr>
        <td>工资</td>
```

```
                <td><input type="text" name="staffWage"/></td>
            </tr>
            <tr align="center">
                <td colspan="2">
                    <input name="sure"type="submit"value="确认">
                           
                    <input name="clear"type="reset"value="取消">
                </td>
            </tr>
        </table>
    </form>
</body>
</html>
```

在图 8-17 所示页面中输入数据后单击"确定"按钮，请求提交到 addStaffCheck.jsp，代码如例 8-25 所示。

【例 8-25】 addStaffCheck.jsp 代码。

```
<%@ page import="java.sql. * "%>
<%@ page contentType="text/html" pageEncoding="UTF-8"%>
<html>
    <head>
        <meta http-equiv="Content-Type" content="text/html; charset=UTF-8">
        <title>处理合同添加数据</title>
    </head>
    <body>
        <%
            String staffName=new
            String(request.getParameter("staffName").getBytes("ISO-8859-1"),
            "UTF-8");
            String staffSex=new
            String(request.getParameter("staffSex").getBytes("ISO-8859-1"),
            "UTF-8");
            String staffAge=new
            String(request.getParameter("staffAge").getBytes("ISO-8859-1"),
            "UTF-8");
            String staffEducation=new
            String(request.getParameter("staffEducation").getBytes("ISO-8859-1"),
            "UTF-8");
            String staffDepartment=new
            String(request.getParameter("staffDepartment").getBytes("ISO-8859-1"),
            "UTF-8");
            String staffDate=new
            String(request.getParameter("staffDate").getBytes("ISO-8859-1"),
            "UTF-8");
            String staffDuty=new
```

```
        String(request.getParameter("staffDuty").getBytes("ISO-8859-1"),
        "UTF-8");
        String staffWage=new
        String(request.getParameter("staffWage").getBytes("ISO-8859-1"),
        "UTF-8");
        Connection con=null;
        Statement st=null;
    try{
        Class.forName("com.mysql.jdbc.Driver");
        String url="jdbc:mysql://localhost:3306/eims
        ?useUnicode=true&characterEncoding=gbk";
        con=DriverManager.getConnection(url,"root","root");
        st=con.createStatement();
        String sql="insert into
        staff(staffName,staffSex,staffAge,staffEducation,
        staffDepartment,staffDate,staffDuty,staffWage) values
        ('"+staffName+"','"+staffSex+"','"+staffAge+"',
        '"+staffEducation+"','"+staffDepartment+"','"+staffDate+"',
        '"+staffDuty+"','"+staffWage+"')";
        st.executeUpdate(sql);
        response.sendRedirect("http://localhost:8084/EIMS/staffManage/
        lookStaff.jsp");
    }
    catch(Exception e){
        e.printStackTrace();
    }
    finally{
        st.close();
        con.close();
    }
    %>
    </body>
</html>
```

8.5 课外阅读(企业信息管理系统)

　　企业信息管理是指为企业的经营、战略、管理、生产等服务而进行的有关信息的收集、加工、处理、传递、存储、交换、检索、利用、反馈等活动的总称。

　　企业信息管理是企业管理者为了实现企业目标,对企业信息和企业信息活动进行管理的过程。它是企业以先进的信息技术为手段,对信息进行采集、整理、加工、传播、存储和利用的过程,对企业的信息活动过程进行战略规划,对信息活动中的要素进行计划、组织、领导、控制的决策过程,力求资源有效配置、共享管理、协调运行,以最少的耗费创造最大的效益。企业信息管理是信息管理的一种形式,把信息作为待开发的资源,把信息和信息的活动作为企业的财富和核心。

在企业信息管理中，信息和信息活动是企业信息管理的主要对象。企业所有活动的情况都要转变成信息，以"信息流"的形式在企业信息系统中运行，以便实现信息传播、存储、共享、创新和利用。此外，传统管理中企业的信息流、物质流、资金流、价值流等，也要转变成各种"信息流"并入信息管理中。企业信息管理的原则是必须遵循信息活动的固有规律，并建立相应的管理方法和管理制度，只有这样，企业才能完成各项管理职能。

通过不断产生和挖掘管理信息或产品信息来反映企业活动的变化，信息活动的管理过程和管理意图力求创新，不断满足信息管理者依靠信息进行学习、创新和决策的迫切需要。

企业信息管理的基本任务如下。

（1）有效组织企业现有信息资源，围绕企业战略、经营、管理、生产等开展信息处理工作，为企业各层次提供所需的信息。

（2）不断地收集最新的经济信息，提高信息产品和信息服务的质量，努力提高信息工作中的系统性、时效性、科学性，积极创造条件，实现信息管理的计算机化。

企业信息管理内容包括企业信息化建设、企业信息开放与保护、企业信息开发与利用。

企业信息化建设是企业实现信息管理的必要条件。大致任务包括计算机网络基础设施建设（企业计算机设备的普及、企业内部网（Intranet）/企业外部网（Extranet）的建立与因特网的连接等）；生产制造管理系统的信息化（计算机辅助设计（CAD）、计算机辅助制造（CAM）等的运用）；企业内部管理业务的信息化（管理信息系统（MIS）、决策支持系统（DSS）、企业资源计划管理（ERP）、客户关系管理（CRM）、供应链管理（SCM）、知识管理（KM）等）；企业信息化资源的开发与利用（企业内外信息资源的利用、企业信息化人才队伍培训、企业信息化标准、规范及规章制度的建立）；企业信息资源建设（包括信息技术资源的开发、信息内容资源的开发等）。

企业信息开放与保护。信息开放有两层含义，即信息公开和信息共享。信息公开包括向上级主管公开信息、向监督部门公开信息、向社会公开信息、向上下游企业公开信息和向消费者公开信息、向投资者公开信息等。企业信息按照一定的使用权限在企业内部部门之间、员工之间和与之合作的伙伴之间进行资源共享。企业信息保护的手段很多，如专利保护、商标保护、知识产权保护、合同保护、公平竞争保护等。

企业信息的开发与利用从信息资源类型出发，企业信息资源有记录型信息资源、实物型信息资源和智力型信息资源之分。智力型信息资源是一类存储在人脑中的信息、知识和经验，这类信息需要人们不断开发加以利用。企业信息开发与利用的内容包括市场信息、科技信息、生产信息、销售信息、政策信息、金融信息和法律信息等。

8.6 本 章 小 结

本章主要讲解企业信息管理系统案例的开发过程，通过本案例的训练应熟练掌握所学理论知识，同时提高案例开发能力。

通过本章的学习应掌握以下内容。

（1）第 1～7 章所有理论知识。

（2）案例的需求分析与设计。

（3）案例的实现。

8.7　习　　题

1. 使用 JSP＋JavaBean 技术改进本章案例，或者使用 MVC 设计模式改进该案例。
2. 如果你熟悉 JavaScript、Ajax 或者 jQuery 技术，请用这些技术美化该案例的页面。
3. 根据自己对企业信息管理系统的理解完善案例的功能。

第9章 JSP 与 JavaBean 技术

学习目的与要求

本章学习的主要目的是掌握 JavaBean 组件技术在 Java Web 项目开发中的应用,要求理解 JavaBean 在案例开发中的重要性。

本章主要内容

(1) JavaBean 基础知识。

(2) JavaBean 的使用。

(3) JavaBean 的作用域。

(4) JavaBean 应用实例。

9.1 JavaBean 基础知识

现代软件工程的一个目标是实现代码重用。代码重用相当于组装计算机一样,把生产好的计算机硬件组装起来。JavaBean 是 Java 的可重用组件,是一种 Java 类,通过封装属性和方法成为具有某种功能或者处理某个业务的对象。将文件上传、发送 E-mail、数据访问以及业务处理或复杂计算分离出来成为独立可重复使用的模块,Java Web 项目通过 JavaBean 实现了类的功能扩充。JSP 对于在 Web 应用中集成 JavaBean 组件提供了很好的支持,如程序员可以直接使用经测试和可信任的已有组件,避免了重复开发,这样既节省了开发时间,也为 Java Web 应用带来更多的可伸缩性。

组件技术在现代软件业中扮演着越来越重要的角色,目前代表性的软件组件技术有 COM、COM+、JavaBean、EJB 和 CORBA。其中,JavaBean 是一种用 Java 语言写成的可重用组件。用户可以使用 JavaBean 将功能、处理、值、数据库访问和其他任何可以用 Java 代码创造的对象进行封装,其他的开发者可以通过内部的 JSP 页面、Servlet、其他 JavaBean、Applet 程序或者应用来使用这些对象。用户可以认为 JavaBean 提供了一种随时随地地复制和粘贴的功能,而不用关心任何改变。

JavaBean 原来是为了能够在一个可视化的集成开发环境中可视化、模块化地利用组件技术开发应用程序而设计的。在 Java Web 项目中,不需要使用 JavaBean 的可视化功能,但可以用来实现一些比较复杂的事务处理。

JavaBean 定义的任务通常为"一次编写,随处运行,随处可用"。

JavaBean 是遵循特殊规范的 Java 类。JavaBean 按功能可以分为可视 Bean 和不可视 Bean 两类。

(1) 可视 Bean 是在页面上可以显示的 Bean,通过属性接口接收数据并显示在页面中。

(2) 不可视 Bean 是在 JSP 中经常使用的 Bean,在程序的内部起作用,如用于求值、存储用户数据等。

JavaBean 开发简单,许多动态页面处理过程实际上被封装到了 JavaBean 中,可以将大部分功能放在 JavaBean 中完成。JavaBean 在 Java Web 项目中用来捕获页面表单的输入并封装事务逻辑,从而很好地实现业务逻辑和页面的分离,使得系统更加健壮、灵活和易于维护,所以 JSP 页面比传统的 ASP/ASP. NET 或 PHP 页面简洁。

JavaBean 定义(声明)应遵循的规范。

(1) 必须有一个无参的构造函数。

(2) 对在 Bean 中定义的所有属性提供 getter 和 setter 方法,并且这些方法应是公共的。

(3) 对于 boolean 类型的属性,其 getter 方法的形式为 is×××,其中×××为首字母大写的属性名。

JavaBean 具有以下特性。

(1) 可以实现代码的重复使用。

(2) 容易维护、容易使用且容易编写。

(3) 可以在支持 Java 的任何平台上使用,且不需要重新编译。

(4) 可以与其他部件进行整合。

通过使用 JavaBean,可以减少 JSP 中脚本代码的使用,这样可以使得 Java Web 项目易于维护,易于被非编程人员接受。

9.2　编写和使用 JavaBean

本节主要介绍 JavaBean 的编写和使用。

9.2.1　编写 JavaBean 组件

在编写一个 JavaBean 时,要按照面向对象的封装性原理进行编写,同时要遵循 JavaBean 规范。

例 9-1 所示就是一个 JavaBean,该 JavaBean 用于登录页面时处理用户信息。

【例 9-1】　登录的 JavaBean 实例(Login. java)。

```
package JavaBean;

public class Login {
    private  String userName;                    //用户名
    private  String password;                    //密码
    public Login(){                              //构造方法
    }
    public String getUserName() {                //返回用户名
        return userName;
    }
    public void setUserName(String userName) {   //设置用户名
        this.userName =userName;
```

```
        }
        public String getPassword() {
            return password;
        }
        public void setPassword(String password) {
            this.password =password;
        }
    }
```

9.2.2　在 JSP 页面中使用 JavaBean

在 JSP 页面中使用 JavaBean 有两种方式。第一种方式是通过 5.4 节中介绍的<jsp: useBean>动作加载 JavaBean，使用<jsp:setProperty>动作给 JavaBean 属性值传送参数，使用<jsp:getProperty>动作获取属性的值。第二种方式是在 JSP 页面中以 Java 脚本的形式直接使用。

例如：

```
<jsp:useBean id="login" class="JavaBean.Login"/>
```

等价于脚本：

```
<%Login login=new Login ();%>
```

1. 访问 JavaBean 属性

使用<jsp:useBean>动作实例化 JavaBean 后，就可以使用<jsp:getProperty>访问其属性。

例如：

```
<jsp:getProperty name="login" property="password"/>
```

或者

```
<jsp:getProperty name="login" property="password">
<jsp:getProperty/>
```

在此标签中，name 属性的取值 login 与<jsp:useBean id="login" class="JavaBean. Login"/>中 id 属性的值一致，property 属性的取值 password 是 JavaBean 的属性（变量）password。等价的 Java 代码如下：

```
<%
    String password=login.getPassword();
    out.print(password);
%>
```

或者

```
<%=login.getPassword()%>
```

有关<jsp:getProperty>的使用方法请参考 5.4 节。

2. 设置 JavaBean 属性

使用<jsp:setProperty>标签可以设置 JavaBean 属性的值。设置之前需使用<jsp:useBean>对 JavaBean 实例化。

<jsp:setProperty>标签可以通过 3 种方式设置 JavaBean 属性的值。

1）使用字符串或表达式设置 JavaBean 的属性值

可以将 Bean 的属性值使用表达式或者字符串来表示。

例如：

```
<jsp:setProperty name="login " property="password" value="123456789"/>
```

或

```
<jsp:setProperty name="login" property="password" value="<%=表达式%>"/>
```

表达式值的类型必须和 JavaBean 属性值的类型一致。如果用字符串的值设置 JavaBean 属性值，这个字符串会自动转换为 Bean 属性类型。

图 9-1　文件结构

【例 9-2】　设置属性值应用实例 1（setProperties1.jsp）。

备注：该实例使用名为 Login 的 JavaBean，该 JavaBean 所在的包名为 JavaBean，所在的文件位置如图 9-1 所示，代码如例 9-1 所示。

setProperties1.jsp 代码如下：

```
<%@page contentType="text/html" pageEncoding=
"UTF-8"%>
<html>
    <head>
        <meta http-equiv="Content-Type" content="text/html; charset=UTF-8">
        <title>设置属性值应用实例 1</title>
    </head>
    <body bgcolor="pink">
        <jsp:useBean id="login" class="JavaBean.Login"/>
        <jsp:setProperty name="login" property="userName" value=" tsinghua"/>
        <jsp:setProperty name="login" property="password" value="123456"/>
        <h3>使用动作显示 JavaBean 中的数据：</h3>
        <hr>
        用户名是:<jsp:getProperty name="login" property="userName"/><br>
        密码是:<jsp:getProperty name="login" property="password"/>
    </body>
</html>
```

setProperties1.jsp 运行效果如图 9-2 所示。

2）通过 HTTP 表单中的参数设置 JavaBean 属性值

如果表单参数的名字与 JavaBean 属性的名字相同，JSP 引擎会自动将字符串转换为

图 9-2　setProperties1.jsp 运行效果

JavaBean 属性的类型。

例如:

```
<jsp:setProperty name="login" property=" * "/>
```

此标记不用具体指定哪个 JavaBean 属性和表单中哪个参数对应,系统会根据名字自动进行匹配。

【例 9-3】 设置属性值应用实例 2(setProperties2.jsp)。

```
<%@ page contentType="text/html" pageEncoding="UTF-8"%>
<html>
    <head>
        <meta http-equiv="Content-Type" content="text/html; charset=UTF-8">
        <title>设置属性值应用实例 2</title>
    </head>
    <body bgcolor="pink">
        <form method="post" action="">
            输入用户名: <input type="text" name="userName"><br>
            输 入密 码: <input type="text" name="password"><br>
            <input type="submit" value="确定">
            <input type="reset" value="清除">
        </form>
        <jsp:useBean id="login" class="JavaBean.Login"/>
        <jsp:setProperty name="login" property=" * "/>
        <p>用户名是: </p>
        <jsp:getProperty name="login" property="userName"/>
        <p>密码是: </p>
        <jsp:getProperty name="login" property="password"/>
    </body>
</html>
```

setProperties2.jsp 运行效果如图 9-3 所示。输入数据提交后出现如图 9-4 所示的页面。

在此页面中输入用户名和密码后提交给页面本身,并读取和显示 JavaBean 中存储的数据。因不支持中文,图 9-4 所示页面中出现乱码,需要对 JavaBean 中的 get×××方法进行修改。

修改 Login.java 代码如下:

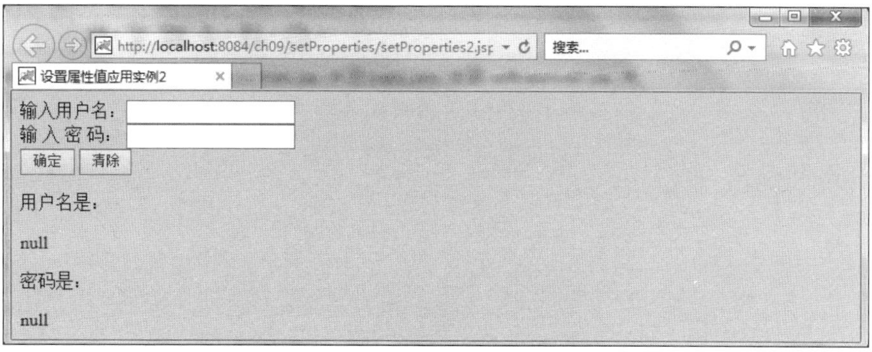

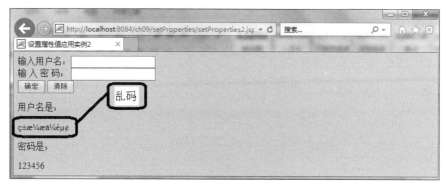

图 9-3　setProperties2.jsp 运行效果

图 9-4　数据处理后的页面

```
package JavaBean;

public class Login {
    private  String userName;
    private  String password;
    public Login(){
    }
    public String getUserName() {
        try{
            //通过 getBytes("ISO-8859-1")方法把字符转换为标准字符
            byte b[]=userName.getBytes("ISO-8859-1");
            //把字节符转换为 UTF-8 编码
            userName=new String(b,"UTF-8");
            return " ";
        }
        catch(Exception e){
            return userName;
        }
    }
    public void setUserName(String userName) {
        this.userName =userName;
```

```
    }
    public String getPassword() {
        try{
            byte b[]=password.getBytes("ISO-8859-1");
            password=new String(b,"UTF-8");
            return password;
        }
        catch(Exception e){
            return password;
        }
    }
    public void setPassword(String password) {
        this.password =password;
    }
}
```

修改 Login.java 后，重新运行 setProperties2.jsp 文件，页面效果如图 9-3 所示，输入用户名和密码后，单击"确定"按钮，效果如图 9-5 所示。

图 9-5　修改 Login.java 后的数据处理页面

9.3　JavaBean 的作用域

利用<jsp:useBean>的 scope 属性，可定义 JavaBean 的生命周期和使用范围。例如：

```
<jsp:useBean id="login" class="JavaBean.Login" scope="page"/>
```

scope 属性具有以下值。

1. page

JSP 页面内所有实例的默认作用域都为 page，并且允许在为局部变量指定的范围内使用这种数据（仅限于在本页面内使用）。

2. request

使用 request 表示作用域为同一次请求所涉及的服务器资源（可能是页面、servlet 等），例如,使用<jsp:forward/>、<jsp:include/>这些动作时,所涉及的页面(或其他类型的资源)与本页面属于同一次请求。

3. session

可在同一次会话期间所访问的资源中使用,实际上就是所有的页面都能访问。如果需要提供有状态的用户,则采用 session 作用域。对于在线聊天、在线购物、在线论坛、电子商务、网上银行等多种应用的使用,session 作用域都能满足要求,为用户提供从请求到请求的追踪,为用户提供无缝的、持久的操作环境。

4. application

application 作用域是服务器启动到关闭的整段时间,在这个作用域内设置的信息可以被应用程序所有资源使用。

图 9-6　文件结构图

【例 9-4】 application 作用域应用实例。

本例有一个 JavaBean,即 ApplicationtScopeBean.java;还有 3 个 JSP 页面:applicationScope1.jsp、applicationScope2.jsp 和 applicationScope3.jsp。3 个页面共享同一个 ApplicationtScopeBean.java,即作用域都是 application。文件结构如图 9-6 所示。

ApplicationtScopeBean.java 代码如下:

```
package scope;

public class ApplicationtScopeBean{
    private int accessCount=1;
    public int getAccessCount(){
        return (accessCount++);
    }
}
```

applicationScope1.jsp 代码如下:

```
<%@ page contentType="text/html" pageEncoding="UTF-8"%>
<html>
    <head>
        <meta http-equiv="Content-Type" content="text/html; charset=UTF-8">
        <title>第一个页面</title>
    </head>
    <body>
        <table border=5 aling="center">
            <tr>
                <td class="title">第一个页面被访问</td>
            </tr>
```

```
        </table>
        <!--scope是包名,即ApplicationtScopeBean类在该包中,参考图9-6-->
        <jsp:useBean id="counter" class="scope.ApplicationtScopeBean"
            scope="application"/>
        applicationScope1.jsp(页面)
        <br>
        <!--scope是文件夹,参考图9-6-->
        <a href="scope/applicationScope2.jsp">applicationScope2.jsp</a>
        <br>
        <a href="scope/applicationScope3.jsp">applicationScope3.jsp</a>
        <br>
        3个页面共被访问了<jsp:getProperty name="counter"
                        property="accessCount" />次。
    </body>
</html>
```

applicationScope2.jsp 代码如下：

```
<%@page contentType="text/html" pageEncoding="UTF-8"%>
<html>
    <head>
        <meta http-equiv="Content-Type" content="text/html; charset=UTF-8">
        <title>第二个页面</title>
    </head>
    <body>
        <table border=5 aling="center">
            <tr>
                <td class="title">第二个页面被访问</td>
            </tr>
        </table>
        <jsp:useBean id="counter" class="scope.ApplicationtScopeBean"
            scope="application"/>
        applicationScope2.jsp(页面)
        <br>
        <a href="scope/applicationScope1.jsp">applicationScope1.jsp</a>
        <br>
        <a href="scope/applicationScope3.jsp">applicationScope3.jsp</a>
        <br>
        3个页面共访问了<jsp:getProperty name="counter"
                        property="accessCount"/>次。
    </body>
</html>
```

applicationScope3.jsp 代码如下：

```
<%@page contentType="text/html" pageEncoding="UTF-8"%>
```

```
<html>
    <head>
        <meta http-equiv="Content-Type" content="text/html; charset=UTF-8">
        <title>第三个页面</title>
    </head>
    <body>
        <table border=5 aling="center">
            <tr>
                <td class="title">第三个页面被访问</td>
            </tr>
        </table>
        <jsp:useBean id="counter" class="scope.ApplicationtScopeBean"
              scope="application"/>
         applicationScope3.jsp(页面)
        <br>
        <a href="scope/applicationScope1.jsp">applicationScope1.jsp</a>
        <br>
        <a href="scope/applicationScope2.jsp">applicationScope2.jsp</a>
        <br>
        3 个页面共访问了<jsp:getProperty name="counter"
                         property="accessCount"/>次。
    </body>
</html>
```

applicationScope1.jsp 运行效果如图 9-7 所示。单击图 9-7 所示页面中的 applicationScope2.jsp 超链接后,出现如图 9-8 所示页面,单击其中的 applicationScope3.jsp 超链接后,出现如图 9-9 所示页面。由于作用域是 application,本例 3 个页面共享同一个 JavaBean。

图 9-7 applicationScope1.jsp 运行效果

图 9-8 applicationScope2.jsp 运行效果

图 9-9　applicationScope3.jsp 运行效果

9.4　JavaBean 应用实例

下面通过几个应用实例来进一步认识 JavaBean 的使用。

9.4.1　使用 JavaBean 访问数据库

在 Java Web 应用开发中，可声明一个 JavaBean 来封装对数据库的访问。

【例 9-5】　封装访问数据库的 JavaBean(DBConnectionManager. java)。

```java
package JavaBean;
import java.sql.Connection;
import java.sql.DriverManager;

public class DBConnectionManager {
    //驱动程序
    private String driverName = "com.mysql.jdbc.Driver";
    //设置数据库连接 URL
    private String url = "jdbc:mysql://localhost:3306/数据库";
    private String user = "root";    //数据库登录用户名
    private String password = "";    //数据库登录密码
    public void setDriverName(String newDriverName) {
        driverName = newDriverName;
    }
    public String getDriverName() {
        return driverName;
    }
    public void setUrl(String newUrl) {
        url = newUrl;
    }
    public String getUrl() {
        return url;
    }
    public void setUser(String newUser) {
        user = newUser;
    }
}
```

```java
public String getUser() {
    return user;
}
public void setPassword(String newPassword) {
    password = newPassword;
}
public String getPassword() {
    return password;
}
public Connection getConnection() {
    try {
        Class.forName(driverName);
        return DriverManager.getConnection(url, user, password);
    } catch (Exception e) {
        e.printStackTrace();
        return null;
    }
}
}
```

在页面或者其他 JavaBean 中使用此 JavaBean 可以获取数据库连接。用户可以使用属性的 setter 方法改变连接数据库需要的驱动、URL、用户名和密码。

在 MVC 模式中,系统包括模型、视图、控制器 3 种部件。模型部件是软件所处理问题逻辑在独立于外在显示内容和形式情况下的内在抽象,封装了问题的核心数据、逻辑和功能的计算关系,它独立于具体的界面和 I/O 操作。JavaBean 一般充当模型角色。

视图部件把表示模型数据及逻辑关系和状态的信息以特定形式展示给用户。它从模型获得显示信息,对于相同的信息可以有多个不同的显示形式或视图。视图部分往往由 JSP 充当。

控制部件处理用户与软件的交互操作,其职责是控制模型中任何变化的传播,确保用户界面与模型间的对应联系;它接收用户的输入,将输入反馈给模型,进而实现对模型的计算控制,是使模型和视图协调工作的部件。通常一个视图具有一个控制器,由一个 Servlet 或者业务控制器(Struts 2 中的控制器)实现。

9.4.2 使用 JavaBean 实现猜数游戏

本例使用 JavaBean 实现猜数字游戏。本实例有一个 JavaBean(GuessNumber.java),有两个页面(getNumber.jsp 和 guess.jsp)。getNumber.jsp 页面中使用 Random 类随机生成一个 1~100 的整数,并把生成的数赋给 JavaBean 的 answer 属性,要求用户在页面中输入所猜的数字,然后单击"提交"按钮由 guess.jsp 页面处理数据。guess.jsp 页面调用 JavaBean 对数据进行处理。文件结构如图 9-10 所示。

图 9-10　文件结构

【例 9-6】 猜数字游戏。

```
package game;

public class GuessNumber{
    //系统随机生成的一个数
    int answer=0;
    //用户猜的数
    int guessNumber=0;
    //用户猜的次数
    int guessCount=0;
    String result=null;
    boolean right=false;
    public void setAnswer(int answer){
        this.answer=answer;
        guessCount=0;
    }
    public int  getAnswer(){
        return answer;
    }
    public void setGuessNumber(int guessNumber){
        this.guessNumber=guessNumber;
        guessCount++;
        if(guessNumber==answer){
            result="恭喜你猜对了!";
            right=true;
        }
        else if(guessNumber>answer){
            result="不好意思,你猜大了!";
            right=false;
        }
        else if(guessNumber<answer){
            result="不好意思,你猜小了!";
            right=false;
        }
        else if(this.answer==-1||this.answer>100){
            result="请输入 1~100 的整数!";
            right=false;
        }
    }
    public int getGuessNumber(){
        return guessNumber;
    }
    public int getGuessCount(){
        return guessCount;
    }
    public String getResult(){
        return result;
    }
```

```
public boolean isRight(){
    return right;
}
}
```

getNumber.jsp 代码如下：

```
<%@ page import="java.util.Random"%>
<%@ page contentType="text/html" pageEncoding="UTF-8"%>
<html>
    <head>
        <meta http-equiv="Content-Type" content="text/html; charset=UTF-8">
        <title>系统将随机生成一个数</title>
    </head>
    <body>
        <jsp:useBean id="guess" class=" game.GuessNumber" scope="session"/>
        <%
            //实例化一个对象,该对象可以产生随机数
            Random randomNumbers =new Random();
            //randomNumbers 对象调用 nextInt()方法生成一个随机数
            //randomNumbers.nextInt(100)表示生成 0~99 的任意整数
            int answer=1 +randomNumbers.nextInt(100);
            /*
            在使用 URL 重写已知的数据时要注意,为了保证会话跟踪的正确性,所有的链接和重定
            向语句中的 URL 都需要调用 encodeURL()或 encodeRedirectURL()方法进行编码
            */
            String str=response.encodeRedirectURL("guess.jsp");
        %>
        <jsp:setProperty name="guess" property="answer"
            value="<%=answer%>"/>
        <h3>系统随机生成了一个 1~100 的整数,请猜是什么数？</h3>
        <hr>
        <form action="<%=str%>" method="get">
            输入你猜的数：<input type="text" name="guessNumber">
            <input type="submit" value="提交">
        </form>
    </body>
</html>
```

guess.jsp 代码如下：

```
<%@ page contentType="text/html" pageEncoding="UTF-8"%>
<html>
    <head>
        <meta http-equiv="Content-Type" content="text/html; charset=UTF-8">
        <title>猜的结果</title>
    </head>
```

```html
<body>
    <jsp:useBean id="guess" class=" game.GuessNumber" scope="session" />
    <%
        String strGuess=response.encodeRedirectURL("guess.jsp"),
        strGetNumber=response.encodeRedirectURL("getNumber.jsp");
    %>
    <hr>
    <jsp:setProperty name="guess" property="guessNumber"
        param="guessNumber"/>
    这是第<jsp:getProperty name="guess" property="guessCount"/>次猜。
    <jsp:getProperty name="guess" property="result"/>。
    你猜的数是 <jsp:getProperty name="guess" property="guessNumber"/>。
    <%
        if(guess.isRight()==false){
    %>
    <form action="<%=strGuess%>" method="get">
        请再猜一次：<input type=text name="guessNumber">
        <input type=submit value="提交">
    </form>
    <%
        }
    %>
    <hr>
    <a href="<%=strGetNumber%>">重新开始猜数</a>
</body>
</html>
```

getNumber.jsp 运行效果如图 9-11 所示。输入数字后单击"提交"按钮，如果猜得太小了会提示猜得"太小"，如图 9-12 所示，如果猜得太大提示则猜得"太大"，如图 9-13 所示，猜

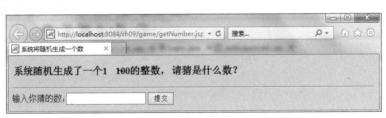

图 9-11　getNumber.jsp 运行效果

图 9-12　guess.jsp 页面提示猜得"太小"

对则提示"猜对了",如图 9-14 所示。

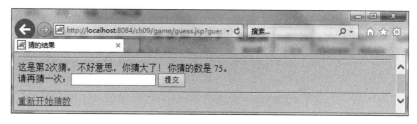

图 9-13 guess.jsp 页面提示猜得"太大"

图 9-14 猜的次数以及系统生成的数字

9.5 项 目 实 训

9.5.1 项目描述

本项目使用 JSP＋JavaBean 开发一个简单的注册系统,系统有一个注册页面(register
.jsp),代码如例 9-7 所示。注册页面请求提交到
registerCheck.jsp,代码如例 9-8 所示,该页面对提交的用户
信息进行处理,首先使用动作把提交的用户信息保存在
UserRegisterBean 类中,该类的代码如例 9-9 所示;然后把
注册的信息显示在 registerCheck.jsp 页面中。

项目的文件结构如图 9-15 所示。本项目分别使用
NetBeans 和 Eclipse 开发。

9.5.2 学习目标

本实训主要的学习目的是通过综合运用本章的知识
点来巩固本章所学理论知识,要求能够熟练运用 JSP 和
JavaBean 技术开发案例。

9.5.3 项目需求说明

本项目设计一个基于 JSP＋JavaBean 技术的注册系
统,用户通过 register.jsp 页面进行注册,registerCheck.
jsp 页面处理 register.jsp 页面的数据并显示。

图 9-15 项目的文件结构

9.5.4 项目实现

注册页面(register.jsp)运行效果如图 9-16 所示。

图 9-16　注册页面

【例 9-7】　注册页面(register.jsp)。

```
<%@ page contentType="text/html" pageEncoding="UTF-8"%>
<html>
    <head>
        <meta http-equiv="Content-Type" content="text/html; charset=UTF-8">
        <title>用户注册</title>
    </head>
    <body bgcolor="pink">
        <form action="registerCheck.jsp" method="post">
            <ul style="list-style: none"><!--设置不显示项目符号-->
                <li>姓　名：<input type="text" name="name"></li>
                <li>年　龄：<input type="text" name="age"></li>
                <li>性　别：<input type="text" name="sex"></li>
                <li>住　址：<input type="text" name="address"></li>
                <li><input type="submit" value="注　册"></li>
            </ul>
        </form>
    </body>
</html>
```

在图 9-16 所示页面中输入数据后单击"注册"按钮,请求提交到 registerCheck.jsp,该页面将数据保存在 UserRegisterBean 类中,该页面运行效果如图 9-17 所示。

图 9-17　数据处理页面

【**例 9-8**】 对注册页面进行数据处理(registerCheck.jsp)。

```jsp
<%@page contentType="text/html" pageEncoding="UTF-8"%>
<html>
    <head>
        <meta http-equiv="Content-Type" content="text/html; charset=UTF-8">
        <title>用户注册——处理注册信息页面</title>
    </head>
    <body bgcolor="pink">
        <%
            request.setCharacterEncoding("UTF-8");    //处理中文乱码问题
        %>
        <jsp:useBean id="use" class="userRegister.UserRegisterBean" scope="page">
            <jsp:setProperty name="use" property="*" />
        </jsp:useBean>
        <ul style="list-style: none">
            <li>姓 名：<jsp:getProperty  name="use" property="name"/></li>
            <li>年 龄：<jsp:getProperty  name="use" property="age"/></li>
            <li>性 别：<jsp:getProperty  name="use" property="sex"/></li>
            <li>住 址：<jsp:getProperty  name="use" property="address"/></li>
        </ul>
    </body>
</html>
```

【**例 9-9**】 保存用户信息的 JavaBean(UserRegisterBean.java)。

```java
package userRegister;

public class UserRegisterBean{
    private String name;         // 姓名
    private int age;             // 年龄
    private String sex;          // 性别
    private String address;      // 住址
    public String getName() {
        return name;
    }
    public void setName(String name) {
        this.name =name;
    }
    public int getAge() {
        return age;
    }
    public void setAge(int age) {
        this.age =age;
    }
```

```
    public String getSex() {
        return sex;
    }
    public void setSex(String sex) {
        this.sex = sex;
    }
    public String getAddress() {
        return address;
    }
    public void setAddress(String address) {
        this.address = address;
    }
}
```

9.5.5　项目实现过程中注意的问题

在项目实现的过程中需要注意的问题有：首先，表单信息中的属性名称最好设置为与 JavaBean 中的属性名称一样，这样可以通过"＜jsp：setProperty name＝"use" property＝"＊" ／＞"的形式来接收所有参数，否则可以通过＜jsp：setProperty＞的 param 属性来指定表单中的属性；其次，注意中文乱码问题。

9.5.6　常见问题及解决方案

1. 表单中的属性名与 JavaBean 中的属性名不一致

解决方案：假如表单中的用户名属性为 userName，JavaBean 中的变量为 name，可以使用＜jsp：setProperty name＝"use" property＝"name" param＝"userName" ／＞。

2. 乱码问题

解决方案：若出现如图 9-18 所示的乱码问题，可以参考前面章节中介绍的方法，也可以使用 request. setCharacterEncoding("UTF-8")来解决。

图 9-18　出现乱码

9.5.7　拓展与提高

使用 DBMS 技术，把注册的用户数据添加到数据库中。

9.6　课外阅读(组件技术)

　　计算机的应用已经从过去单纯的科学计算渗透到政务管理、商品交易、金融证券、军事指挥、航天航空、通信导航、生物工程、医疗服务等多个领域。随着计算机技术的发展和应用范围的不断延伸,作为计算机灵魂的软件系统,其规模也在不断扩大,结构越来越复杂,代码越来越长、维护越来越困难,从过去几百行代码扩大到几万甚至几十万、几百万行代码的软件系统俯拾皆是。因此,设计一个功能完善、结构优良,开发效率高,稳定性和安全性强,扩展方便,维护简单,易于复用,生命周期长,投资成本低的软件系统,一直是系统管理、设计和开发者所追求的目标之一。遗憾的是,现实生活中,被抛弃的软件系统随处可见,造成极大的投资浪费。原因之一是系统开发仓促,结构拙劣,功能扩展困难,稍有修改,便错误百出,无法维护,唯有弃之不用。

　　软件发展的实践证明,使用模块化的分层设计模型是提高系统可用性和可维护性的主要途径。分层模型设计,即将整个软件系统划分为若干个相互独立的层次进行描述,层与层之间通过事先约定的接口相互通信。某个层只负责一个或多个功能,各负其责,不越俎代庖。分层设计把一个复杂的问题分而治之,降低了复杂性,功能清晰,易于实现、修改和维护。

　　分层设计可以分为面向过程、面向对象、面向组件等设计模式。面向过程的设计使用结构化的面向过程的计算机语言来编码;面向对象的设计则使用面向对象的计算机语言来实现,而面向组件的设计则既可用面向过程的语言实现,也可用面向对象的语言来实现。由于面向组件设计的系统耦合度低、复用性强、维护容易,已经成为软件系统设计和开发的主流技术。

　　组件软件技术的基本思想:将大而复杂的软件应用分成一系列可先行实现、易于开发、理解和调整的软件单元组件。每个组件功能确定,单独设计,分开编码,最后用组件组装应用,完成系统开发和部署。因此,以组件为基础的软件系统解决方案,开发效率高,投资少,维护成本低,复用能力强,升级简单。

1. 组件技术的发展现状

　　目前常用的组件框架模型,一类是与某一计算机操作系统密切相关的;另一类是跨计算机操作系统平台的。前者的典型代表是 COM 组件对象模型,以及在此基础上发展起来的ActiveX、DCOM、COM＋、MTS 和. NET 等技术。COM 组件具有二进制一级的兼容性,基本上与计算机编程语言无关,其缺点是目前只能运行在 Windows 操作系统平台上,而不能在 Linux 和 UNIX 系统中运行。COM 并不只是面向对象的组件对象模型,它既可使用面向过程语言,也可使用面向对象的语言。但通常采用的编码语言是 VC++ 、VB 和 Delphi,性能要求高的场合也可用 C 语言来编码。COM 已经广泛使用在 Windows 操作系统中,浏览器、邮件收发系统、Web 服务器、字处理软件中都广泛使用 COM 组件。跨计算机操作系统平台的组件模型其典型代表是 CORBA,CORBA 主要使用在 UNIX 类型的操作系统中,但它也可在 Windows 平台上运行。

　　从计算机语言来讲,组件模型有以 Java 语言为代表的框架和以 C 语言为基础的框架。前者在理论上可以跨平台运行,底层平台支持 JVM 技术,而后者则与虚拟机无关,直接在操作系统中运行,因此速度快,运行效率高。从应用系统的角度来讲,目前市场上主要是

Java EE 和.NET 的竞争,两者理论上没有本质的区别,都是采用虚拟机技术。但 Java EE 可以跨平台运行,而.NET 则基本不行。在企业级的应用系统中,以 Java 技术为基础的 Java EE 似乎更占优势。Java EE 和.NET 技术各有特长,因此,在信息系统建设中,应该允许两种技术并存,取长补短,协同发展,最大限度地提高系统开发的性价比和稳定性。

2. 组件框架的体系结构

组件是事先定义了编程接口和功能、相互独立的软件单元。一个组件一般由组件标识符、接口、创建方法和功能等要素组成。组件标识符也就是组件的名字,在整个体系结构中必须是唯一的,它是客户程序使用组件的唯一标识。如在 COM 规范中,组件用一个 128 位的 clsid 标识,通过注册表将 clsid 与组件真实的物理文件名关联,实现组件的位置无关性。而 Java EE 框架中的组件则多使用名称服务和事先约定的特殊字符串表示。组件接口是组件与客户程序、容器交互和通信的 API。具体包括函数名称、参数和参数类型等内容。如在 Java 语言中可用接口表示,在 C 语言中用相互有关系的一组函数表示,在 C++ 中则可用虚函数描述。组件多由组件工厂创建,组件工厂也是组件,一般由组件框架提供的系统函数来生成。组件的功能定义了组件需要完成的事情。通常情况下,组件标识符、组件接口、创建方法是组件对用户程序的契约和承诺,设计好后不能轻易改变,但组件的功能可以修改,体现多态性。

目前常用组件框架体系结构的组件框架通常由容器、组件和黏合剂三部分组成。容器就是一个根据框架体系结构的 API 管理应用程序组件以及提供 API 访问的系统运行环境,容器是一个递归概念,它也是组件。组件则是遵循容器规范、实现 API 接口的功能部件。黏合剂主要供容器组装组件之间的相互关系,其多表现为一个或多个部署描述符和配置文件,流行的描述语法格式包括 XML、属性文件和 Windows 系统中常用的段节式结构等。通过黏合剂,整个框架就能够实现组件的动态加载、相互去耦合多态性。组件框架体系结构也是递归结构,即框架之中存在框架。

组件框架的通用体系结构除了上述 3 个功能部件外,还包括要求应用程序必须实现的组件协议 API、容器服务 API、容器声明服务 API 等。后两者一般由容器提供商开发,供应用程序组件通过容器上下文环境引用。

常见的组件体系结构 Java EE、Struts、Spring 等均基于上述结构设计,具有非常高的开放性和可扩展。

9.7 本 章 小 结

本章主要介绍了 JavaBean 组件技术在 Java Web 项目开发中的应用,通过本章的学习应熟练掌握 JavaBean 在案例开发中的应用。通过本章的学习应掌握以下内容。

（1）JavaBean 基础知识。

（2）JavaBean 的使用。

（3）JavaBean 的作用域。

（4）JavaBean 应用实例。

9.8 习　　题

9.8.1　选择题

1. 下列不是 JavaBean 的作用域的是(　　)。

   A. bound　　　　　B. page　　　　　C. request　　　　　D. application

2. JavaBean 分为(　　)类。

   A. 2　　　　　　　B. 3　　　　　　　C. 4　　　　　　　D. 5

9.8.2　填空题

1. JavaBean 的作用域中使用范围最大的是_____。

2. _____是一种 Java 语言写成的可重用的组件。

9.8.3　论述题

1. 论述 JavaBean 的种类。

2. 论述创建 JavaBean 的规则。

9.8.4　操作题

1. 使用 JSP 和 JavaBean 技术编写一个网页计数器。

2. 编写一个实现登录和注册功能的程序,使用 JavaBean 封装对数据库的操作。

第 10 章   JSP 与 Servlet 技术

学习目的与要求

本章学习的主要目的是了解 Servlet 技术的基础理论知识,要求能够使用 Servlet 技术开发 Java Web 项目。

本章主要内容

(1) Servlet 基础知识。

(2) Servlet 的常见用法。

10.1   Servlet 基础知识

Servlet 是 Java Web 应用程序中的组件技术,是运行在服务器端的 Java 应用程序,实现与 JSP 类似的功能。Servlet 本身是一个 Java 类,可以动态地扩展服务器的能力。

Web 服务器执行 JSP 文件时,JSP 容器会将其转译为 Servlet 文件,并自动编译解释执行。JSP 中使用到的所有对象都将被转换为 Servlet,然后被执行。

Servlet 接收来自客户端的请求,将处理结果返回给客户端。

10.1.1   什么是 Servlet

Servlet 是运行在 Web 服务器上的 Java 程序,作为来自 Web 浏览器或其他 HTTP 客户端的请求与 HTTP 服务器上的数据库和应用程序之间的中间层。所有的 JSP 文件都要事先转换为一个 Servlet 才能运行。

Servlet 在服务器端处理用户信息可以完成以下任务。

(1) 获取客户端浏览器通过 HTML 表单提交的数据及相关信息。

(2) 创建并返回对客户端的动态响应页面。

(3) 访问服务器端资源,如文件、数据库。

(4) 为 JSP 页面准备动态数据,与 JSP 一起协作创建响应页面。

10.1.2   Servlet 生命周期

人生短短几十年,感谢我们的父母给了我们生命。在人生奋斗的历程中,我们有太多的感动,感谢我们的良师益友,感谢我们的亲戚朋友。当我们回顾人生走过的路时,希望我们能有值得骄傲和别人称赞的地方。其实万事万物都有自己的生命周期,Servlet 也不例外,我们来熟悉一下 Servlet 的"光辉历程"。

Servlet 是在服务器端运行的。Servlet 是 javax. servlet 包中 HttpServlet 类的子类,由服务器完成该子类的创建和初始化。Servlet 的生命周期定义了一个 Servlet 如何被加载、初始化,以及它怎样接收请求、响应请求、提供服务。Servlet 的生命周期主要由 3 个过程组成。

1. init()方法：服务器初始化

当首次创建 Servlet 时才会调用 init()方法，而不是每个用户请求都调用。当用户首次调用对应于 Servlet 的 URL 或再次启动服务器时，就会创建 Servlet。当有客户请求 Servlet 服务时，Web 服务器将启动一个新的线程，在新线程中调用 service()方法响应客户的请求。

2. service()方法：初始化完毕，Servlet 对象调用该方法响应客户的请求

对于每个请求，Servlet 引擎都会调用此 service()方法，并把 Servlet 的请求对象和响应对象传递给该方法作为参数。方法声明如下：

```
public void service(ServletRequest request,ServletResponse response)
```

其中，request 对象和 response 对象由 Servlet 容器创建并传递给 service()方法，service()方法会根据 HTTP 请求类型，调用相应的 doGet()或 doPost()等方法。service()方法可以被调用多次。

3. destroy()方法：调用该方法销毁 Servlet 对象

当 Servlet 被卸载时 destroy()方法被自动调用。该方法用来释放 Servlet 占用的资源，比如数据库连接、Socket 连接等。destroy()方法只会被调用一次。

10.1.3 Servlet 的技术特点

与传统 CGI 技术相比，Servlet 更加有效、更方便、功能更强大、移植性更强、更安全，而且也更便宜。

1. 有效性

在使用传统的 CGI 时，人们需为每一项 HTTP 请求启动新进程。如果 CGI 程序本身相对较短，启动进程的开销可以决定执行过程的时间。Servlet 使用"轻量"Java 线程处理每一项请求，而不使用"重量"操作系统进程。在传统的 CGI 中，如果 n 项请求同时指向同一个 CGI 程序，则该 CGI 程序代码就会载入内存 n 次。但在使用 Servlet 时，可以存在 n 个线程，而只使用 Servlet 类的一个副本。

当 CGI 程序完成请求的处理工作时，就会终止程序，这样就难以缓存计算结果、保持数据库连接开放，并允许依赖于永久数据的其他优化操作。但在完成响应之后，Servlet 仍然保留在内存中，因此，可以直接在请求之间存储任意复杂的数据。

2. 方便性

Servlet 包含扩展基础结构，能够自动对 HTML 表单数据进行分析和解码、读取和设置 HTTP 头、处理 Cookie、跟踪会话以及实现许多其他类似的高级功能。

3. 功能强大性

Servlet 可以支持几种功能，但利用常规的 CGI 却难以或无法实现这些功能。Servlet 可以直接与 Web 服务器对话，而常规的 CGI 程序则无法做到，至少在没有使用服务器专用的 API 的情况下无法实现这一点。例如，与 Web 服务器的通信更易于将相对 URL 转换成具体的路径名。多个 Servlet 之间还能共享数据，这更易于实现数据库连接共享和类似资源共享优化操作。Servlet 还可以保留不同请求的信息，从而简化了类似会话跟踪和缓存早期计算结果的一些技术。

4. 可移植性

Servlet 是使用 Java 编程语言并遵循标准的 API 编写的，所以几乎不用进行任何更改便可以在各种服务器上运行。实际上，几乎每种主要的 Web 服务器都可通过插件或直接支持 Servlet。如今它们已成为 Java EE 的一部分，因此，业界对 Servlet 的支持逐渐变得越来越普及。

5. 安全性

与传统的 CGI 程序相比，Servlet 更加安全。

6. 便宜

有许多免费可用的或者极为廉价的 Web 服务器适合于"个人"或小型 Web 站点使用。除了 Apache 可免费使用之外，多数商业性质的 Web 服务器都相对比较昂贵，但一旦拥有了某种 Web 服务器，不管其成本如何，添加 Servlet 支持几乎无须花费额外成本。与其他许多支持 CGI 的服务器相比，后者要购买专用软件包，需要投入巨大的启动资金。

10.1.4　Servlet 与 JSP 的区别

Servlet 是一种在服务器端运行的 Java 程序。而 JSP 是继 Servlet 后 Sun 公司推出的新技术，它是以 Servlet 为基础开发的。Servlet 是 JSP 的早期版本，在 JSP 中，更加注重页面的表示，而在 Servlet 中则更注重业务逻辑的实现。因此，当编写的页面显示效果比较复杂时，首选 JSP。或者在开发过程中，HTML 代码经常发生变化，而 Java 代码则相对比较固定时，可以选择 JSP。在处理业务逻辑时，首选则是 Servlet。同时，JSP 只能处理浏览器的请求，而 Servlet 则可以处理一个客户端的应用程序请求。因此，Servlet 加强了 Web 服务器的功能。

Servlet 与 JSP 相比有以下几点区别。

1. 编程方式不同

Servlet 是按照 Java 规范编写的 Java 程序，JSP 是按照 Web 规范编写的脚本语言。

2. 编译方式不同

Servlet 每次修改后需要重新编译才能运行，JSP 被 JSP 容器编译为 Servlet 文件。

3. 运行速度不同

由于一个 JSP 页面在第一次被访问时要被编译成 Servlet，需要一段时间，所以客户端得到响应所需要的时间比较长。当该页面再次被访问时，它对应的 .class 文件已经生成，不需要再次翻译和编译，JSP 引擎可以直接执行 .class 文件，因此，JSP 页面的访问速度会大为提高。总之，在运行速度上，Servlet 比 JSP 快。

10.1.5　Servlet 在 Java Web 项目中的作用

Servlet 在整个 Java Web 项目中起到什么作用？在项目开发中我们怎么使用？何时使用？

1. Servlet 在服务器端的作用

客户端访问服务器时，所有的 JSP 文件都会转化为 Servlet 文件，Servlet 文件负责在服务器端处理用户的数据。这部分功能在开发服务器时已经封装成内部的功能，人们不用关心,除非自己开发一个服务器时才需要了解。

2. Servlet 在 MVC 设计模式中的应用

MVC 设计模式是目前用得比较多的一种设计模式,被广泛应用于 Web 应用程序中。Model(模型)表示业务逻辑层,View(视图)代表表示层,Controller(控制器)代表控制层。其中,控制器部分由 Servlet 完成,这也是在项目开发中实际用到的 Servlet。有关 MVC 设计模式的详细介绍请参考 7.7 节。

3. Servlet 在 Java Web 框架中的应用

在 Java Web 项目开发中用到的主要组件技术有 JSP、Servlet、JavaBean、JDBC、XML、Tomcat 等。为了整合 Java Web 组件技术并提高软件开发效率,近年来推出了许多基于 MVC 模式的 Web 框架技术,如 Struts、Maverick、WebWork、Turbine 和 Spring 等。其中比较经典的框架技术是 Struts。

在 Struts 框架技术中,实现了 MVC 模式,其中已封装好的核心控制器由 Servlet 实现;人们还需要实现 Action 来完成对数据流量的控制。在 Struts 1.x 版本中由 Servlet 实现控制功能,在 Struts 2.x 版本中 Action 是业务控制器,由 Java 类来实现。有关 Servlet 在 Struts 中的应用请参考 Struts 相关资料。

10.1.6　Servlet 部署

部署描述符文件可配置 Servlet 的名字、Servlet 的类、初始化参数、启动装入的优先级、Servlet 的映射、运行的安全设置、过滤器的名字和类以及它的初始化参数。

部署描述符文件是 Java EE 程序的重要组成部分,其主要功能包括以下几个方面。

(1) 用于 Servlet 和 Web 应用程序的初始化。通过配置文件,可以减少初始化值的硬编码。

(2) Servlet/JSP 定义。在 Web 应用程序中的每个 Servlet 和预编译的 JSP 文件都应在部署描述符文件中定义。

(3) MIME 类型定义。可以在部署描述符文件中为每种内容定义 MIME 类型。

(4) 安全控制。可以使用部署描述符文件控制对应用程序的访问。

一个标准的部署描述符文件(web.xml)通常放在/WEB-INF 目录下。

【例 10-1】　配置 Servlet 文件的部署描述符文件(web.xml)。

```
<?xml version="1.0" encoding="UTF-8"?>
<!--指定 Servlet 文件需要使用到的类库以及解析文件-->
<web-app version="3.1" xmlns=http://xmlns.jcp.org/xml/ns/javaee
    xmlns:xsi=http://www.w3.org/2001/XMLSchema-instance
    xsi:schemaLocation="http://xmlns.jcp.org/xml/ns/javaee
    http://xmlns.jcp.org/xml/ns/javaee/web-app_3_1.xsd">
<servlet>
    <!--指定 Servlet 的名称-->
    <servlet-name>FirstServlet</servlet-name>
    <!--指定 Servlet 编译生成的 .class 文件的相对路径,区分大小写-->
    <servlet-class>servlet.FirstServlet</servlet-class>
</servlet>
```

```
<!--在解析到<url-pattern>中的路径请求时,由<servlet-name>指定的 Servlet 来处理;
<servlet-mapping>用于对<servlet>中指定的 Servlet 映射路径-->
<servlet-mapping>
    <servlet-name>FirstServlet</servlet-name>
    <url-pattern>/FirstServlet</url-pattern>
</servlet-mapping>
<session-config>
    <session-timeout>
        30
    </session-timeout>
</session-config>
</web-app>
```

黑体部分是 NetBeans 自动生成的 Servlet 配置信息。

10.1.7 开发一个简单的 Servlet

在 NetBeans 中新建一个 Java Web 项目——ch10。在"源包"中新建一个名为 servlet 的包,在 servlet 上右击,选择 Servlet,出现如图 10-1 所示的对话框。为 Java Servlet 类命名并选择"位置"和"包"后单击"下一步"按钮,弹出如图 10-2 所示的对话框,保留默认值。这一步设置 Servlet 的上下文路径,并在 web.xml 文件中产生此 Servlet 的配置信息,要选定复选框"将信息添加到部署描述符(web.xml)",最后单击"完成"按钮,Java Servlet 文件创建完成。文件结构以及位置如图 10-3 所示。

图 10-1 "新建 Servlet"对话框

web.xml 文件的代码如例 10-1 所示。FirstServlet.java 文件代码如例 10-2 所示。

【例 10-2】 Java Servlet 应用实例(FirstServlet.java)。

```
package servlet;
//导入 Servlet 需要的类
import java.io.IOException;
import java.io.PrintWriter;
```

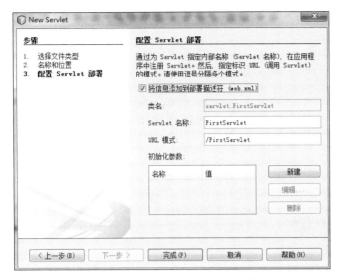

图 10-2 "配置 Servlet 部署"对话框

图 10-3 文件结构

```java
import javax.servlet.ServletException;
import javax.servlet.http.HttpServlet;
import javax.servlet.http.HttpServletRequest;
import javax.servlet.http.HttpServletResponse;
//Servlet 文件继承父类 HttpServlet
public class FirstServlet extends HttpServlet {
    /*该方法由 NetBeans 工具生成,使用的工具不同该方法名称和写法也不同,该方法不是必需
    的,可以删除*/
    protected void processRequest(HttpServletRequest
            request, HttpServletResponse response) throws ServletException,
            IOException {
    //设置客户端的文件类型和编码方式
    response.setContentType("text/html;charset=UTF-8");
    //生成标准的输出对象 out
    PrintWriter out =response.getWriter();
    try {
        out.println("<html>");
        out.println("<head>");
        out.println("<title>Servlet FirstServlet</title>");
        out.println("</head>");
        out.println("<body>");
        out.println("<h1>这是我的第一个 Servlet 文件" +
                    request.getContextPath() +"</h1>");
        out.println("</body>");
        out.println("</html>");
    } finally {
        out.close();
    }
}
```

```
/* 使用 Servlet 文件时常用的两个方法之一,如果表单中请求方式是 get,调用 doGet 方法
执行 */
protected void doGet(HttpServletRequest request, HttpServletResponse response)
        throws ServletException, IOException {
    processRequest(request, response);
}
/* 使用 Servlet 文件时常用的两个方法之一,如果表单中请求方式是 post,调用 doPost 方
法执行 */
protected void  doPost ( HttpServletRequest   request,   HttpServletResponse
        response) throws ServletException, IOException {
    processRequest(request, response);
}
// 获取 Servlet 版本信息,在 MVC 编程中可以不使用该方法,可以删除
public String getServletInfo() {
    return "Short description";
}
}
```

运行 FirstServlet.java 后效果如图 10-4 所示。

图 10-4 FirstServlet.java 运行效果

10.2 JSP 与 Servlet 常见用法

下面主要介绍 Servlet 技术在 JSP 页面中的使用。

10.2.1 通过 Servlet 获取表单中的数据

本应用实例有一个 paramsForm.jsp 页面,在该页面中输入数据提交后由 Servlet 文件(ThreeParams.java)处理。Servlet 能够自动处理表单数据,能够从提交的页面中读取 3 个表单参数。文件结构如图 10-5 所示。

【例 10-3】 数据页面(paramsForm.jsp)。

```
<%@ page contentType="text/html" pageEncoding=
"UTF-8"%>
<html>
    <head>
```

图 10-5 文件结构

```
            <meta http-equiv="Content-Type" content="text/html; charset=UTF-8">
            <title>数据页面</title>
    </head>
    <body>
            <form method="post" action="ThreeParams">
                <p>数据 1<input type="text" name="gr1"></p>
            <br>
            <p>数据 2<input type="text" name="gr2"></p>
            <br>
            <p>数据 3<input tupe="text" name="gr3"></p>
            <br>
            <p>
                    <input type="submit" value="提交">
                    <input type="reset" value="清除">
             </p>
            </form>
    </body>
</html>
```

paramsForm.jsp 运行效果如图 10-6 所示。

图 10-6   paramsForm.jsp 运行效果

读取表单参数的 Servlet 为 ThreeParams.java。

【例 10-4】 读取表单参数的 Servlet 文件(ThreeParams.java)。

```
package servlet;
import java.io.IOException;
import java.io.PrintWriter;
import javax.servlet.ServletException;
import javax.servlet.http.HttpServlet;
import javax.servlet.http.HttpServletRequest;
import javax.servlet.http.HttpServletResponse;
```

```
public class ThreeParams extends HttpServlet {
    protected void processRequest(HttpServletRequest request, HttpServletResponse
    response) throws ServletException, IOException {
        response.setContentType("text/html;charset=UTF-8");
        PrintWriter out =response.getWriter();
        out.println("<html>");
        out.println("<body>");
        out.println(request.getParameter("gr1") +"<br>");
        out.println(request.getParameter("gr2") +"<br>");
        out.println(request.getParameter("gr3") +"<br>");
        out.println("</body>");
        out.println("</html>");
        out.close();
    }
    protected void doGet(HttpServletRequest request, HttpServletResponse response)
        throws ServletException, IOException {
        processRequest(request, response);
    }
    protected void doPost(HttpServletRequest request, HttpServletResponse response)
        throws ServletException, IOException {
        processRequest(request, response);
    }
}
```

【例 10-5】 Servlet 的配置文件（web. xml）。

```
<?xml version="1.0" encoding="UTF-8"?>
< web-app version="3.1" xmlns="http://xmlns.jcp.org/xml/ns/javaee"
        xmlns:xsi="http://www.w3.org/2001/XMLSchema-instance"
        xsi:schemaLocation="http://xmlns.jcp.org/xml/ns/javaee
        http://xmlns.jcp.org/xml/ns/javaee/web-app_3_1.xsd">
    <servlet>
        <servlet-name>ThreeParams</servlet-name>
        <servlet-class>servlet.ThreeParams</servlet-class>
    </servlet>
    <servlet-mapping>
        <servlet-name>ThreeParams</servlet-name>
        <url-pattern>/ThreeParams</url-pattern>
    </servlet-mapping>
    <session-config>
        <session-timeout>
            30
        </session-timeout>
    </session-config>
</web-app>
```

在图 10-6 所示页面中输入数据,如图 10-7 所示。单击"提交"按钮后由 ThreeParams. java 处理,处理效果如图 10-8 所示。

图 10-7　输入数据页面

图 10-8　ThreeParams. java 处理效果

10.2.2　重定向与转发及其应用实例

重定向的功能是将用户从当前页面或者 Servlet 重定向到另外一个 JSP 页面或者 Servlet;转发的功能是将用户对当前 JSP 页面或者 Servlet 对象的请求转发给另外一个 JSP 页面或者 Servlet 对象。在 Servlet 类中可以使用 HttpServletResponse 类的重定向方法 sendRedirect(),以及 RequestDispatcher 类的转发方法 forward()。

尽管 HttpServletResponse 的 sendRedirect()方法和 RequestDispatcher 的 forward() 方法都可以让浏览器获得另外一个 URL 所指向的资源,但两者的内部运行机制有很大的区别。下面是 HttpServletResponse 的 sendRedirect()方法实现的重定向与 RequestDispatcher 的 forward()方法实现的转发的比较。

(1) RequestDispatcher 的 forward()方法只能将请求转发给同一个 Web 应用中的组件;而 HttpServletResponse 的 sendRedirect()方法不仅可以重定向到当前应用程序中的其他资源,还可以重定向到同一个站点上的其他应用程序中的资源,甚至是使用绝对 URL 重定向到其他站点的资源。如果传递给 HttpServletResponse 的 sendRedirect()方法的相对 URL 以"/"开头,它是相对于整个 Web 站点的根目录;如果创建 RequestDispatcher 对象时指定的相对 URL 以"/"开头,它是相对于当前 Web 应用程序的根目录。

(2) 调用 HttpServletResponse 的 sendRedirect()方法重定向的访问过程结束后,浏览器地址栏中显示的 URL 会发生改变,由初始的 URL 地址变成重定向的目标 URL;而调用 RequestDispatcher 的 forward()方法的请求转发过程结束后,浏览器地址栏保持初始的

URL 地址不变。

（3）HttpServletResponse 的 sendRedirect()方法对浏览器的请求直接做出响应,响应的结果就是告诉浏览器去重新发出对另外一个 URL 的访问请求,这个过程好比有个绰号叫"浏览器"的人写信找张三借钱,张三回信说没有钱,让"浏览器"去找李四借,并将李四现在的通信地址告诉给了"浏览器"。于是,"浏览器"又按张三提供的通信地址给李四写信借钱,李四收到信后就把钱汇给了"浏览器"。可见,"浏览器"一共发出了两封信和收到了两次回复,"浏览器"也知道他借到的钱出自李四之手。RequestDispatcher 的 forward()方法在服务器端内部将请求转发给另外一个资源,浏览器只知道发出了请求并得到了响应结果,并不知道在服务器程序内部发生了转发行为。这个过程好比绰号叫"浏览器"的人写信找张三借钱,张三没有钱,于是张三找李四借了一些钱,甚至还可以加上自己的一些钱,然后再将这些钱汇给了"浏览器"。可见,"浏览器"只发出了一封信和收到了一次回复,他只知道从张三那里借到了钱,并不知道有一部分钱出自李四之手。

（4）RequestDispatcher 的 forward()方法的调用者与被调用者之间共享相同的 request 对象和 response 对象,它们属于同一个访问请求和响应过程;而 HttpServletResponse 的 sendRedirect()方法调用者与被调用者使用各自的 request 对象和 response 对象,它们属于两个独立的访问请求和响应过程。对于同一个 Web 应用程序的内部资源之间的跳转,特别是跳转之前要对请求进行一些前期预处理,并要使用 HttpServletResponse 的 setAttribute()方法传递预处理结果时,应该使用 RequestDispatcher 的 forward()方法。对于不同 Web 应用程序之间的重定向,特别是要重定向到另外一个 Web 站点上的资源时,应该使用 HttpServletResponse 的 sendRedirect()方法。

（5）无论是 RequestDispatcher 的 forward()方法,还是 HttpServletResponse 的 sendRedirect()方法,在调用它们之前,都不能有内容已经被实际输出到客户端。如果缓冲区中已经有了一些内容,这些内容将被从缓冲区中清除。

图 10-9　文件结构

本实例有一个 JSP 页面和两个 Servlet 文件,主要功能是求一个实数的平方值。在 sendForward.jsp 页面上用户可以在其表单中输入一个实数,并提交给名为 Verify（Verify.java）的 Servlet 对象。如果用户的输入不符合要求或者输入的实数大于 6000 或者小于－6000,那么就重新将用户请求定向到 sendForward.jsp 页面。如果用户的输入符合要求 Verify 就将用户对 sendForward.jsp 页面的请求转发到名字为 ShowMessage（ShowMessage.java）的 Servlet 对象,该 Servlet 文件计算实数的平方。另外需要配置 Servlet 文件。文件结构如图 10-9 所示。

【例 10-6】　数据输入页面（sendForward.jsp）。

```jsp
<%@page contentType="text/html" pageEncoding="UTF-8"%>
<html>
    <head>
        <meta http-equiv="Content-Type" content="text/html; charset=UTF-8">
```

```
        <title>数据输入页面</title>
    </head>
    <body>
        <form action="Verify" method="post">
            请输入一个实数：<input type="text" name="number">
            <input Type="submit" value="确定">
        </form>
    </body>
</html>
```

sendForward.jsp 运行效果如图 10-10 所示。

图 10-10　sendForward.jsp 运行效果

【例 10-7】　对输入数据进行判断的 Servlet 类（Verify.java）。

```
package servlet;
import java.io.IOException;
import javax.servlet.RequestDispatcher;
import javax.servlet.ServletException;
import javax.servlet.http.HttpServlet;
import javax.servlet.http.HttpServletRequest;
import javax.servlet.http.HttpServletResponse;

public class Verify extends HttpServlet {
    public void doPost(HttpServletRequest request,HttpServletResponse response)
            throws ServletException,IOException{
        String number=request.getParameter("number");
        try{
            //把字符串转换为 Double
            double n=Double.parseDouble(number);
            if(n>6000||n<-6000)
                    //重定向到 sendForward.jsp
                    response.sendRedirect("sendForward.jsp");
            else{
                RequestDispatcher dispatcher=
                        request.getRequestDispatcher("ShowMessage");
                dispatcher.forward(request,response);//转发到另一个 Servlet 文件
            }
        }
        catch(NumberFormatException e){
```

```
                response.sendRedirect("sendForward.jsp"); //重定向到 sendForward.jsp
            }
        }
        public void doGet(HttpServletRequest request,HttpServletResponse response)
                throws ServletException,IOException{
            doPost(request,response);
        }
    }
```

【例 10-8】 求平方运算的 Servlet 类(ShowMessage.java)。

```
package servlet;
import java.io.IOException;
import java.io.PrintWriter;
import javax.servlet.ServletException;
import javax.servlet.http.HttpServlet;
import javax.servlet.http.HttpServletRequest;
import javax.servlet.http.HttpServletResponse;

public class ShowMessage extends HttpServlet {
    public void doPost(HttpServletRequest request,HttpServletResponse response)
            throws ServletException,IOException{
        response.setContentType("text/html;charset=GB2312");
        PrintWriter out=response.getWriter();
        String number=request.getParameter("number");   //获取客户提交的信息
        double n=Double.parseDouble(number);
        out.println(number+"的平方:"+(n*n));
    }
    public void doGet(HttpServletRequest request,HttpServletResponse response)
            throws ServletException,IOException{
        doPost(request,response);
    }
}
```

在图 10-10 所示页面中输入数据,如果数据不符合要求请求会被重定向到 sendForward.jsp, 否则会被转发,如图 10-11 所示。

图 10-11　求平方的结果

【例 10-9】 Servlet 的配置文件(web.xml)。

```
<?xml version="1.0" encoding="UTF-8"?>
```

```xml
<web-app version="3.1" xmlns=http://xmlns.jcp.org/xml/ns/javaee
    xmlns:xsi=http://www.w3.org/2001/XMLSchema-instance
    xsi:schemaLocation="http://xmlns.jcp.org/xml/ns/javaee
    http://xmlns.jcp.org/xml/ns/javaee/web-app_3_1.xsd">
    <servlet>
        <servlet-name>FirstServlet</servlet-name>
        <servlet-class>servlet.FirstServlet</servlet-class>
    </servlet>
    <servlet>
        <servlet-name>ThreeParams</servlet-name>
        <servlet-class>servlet.ThreeParams</servlet-class>
    </servlet>
    <servlet>
        <servlet-name>Verify</servlet-name>
        <servlet-class>servlet.Verify</servlet-class>
    </servlet>
    <servlet>
        <servlet-name>ShowMessage</servlet-name>
        <servlet-class>servlet.ShowMessage</servlet-class>
    </servlet>
    <servlet-mapping>
        <servlet-name>FirstServlet</servlet-name>
        <url-pattern>/FirstServlet</url-pattern>
    </servlet-mapping>
    <servlet-mapping>
        <servlet-name>ThreeParams</servlet-name>
        <url-pattern>/ThreeParams</url-pattern>
    </servlet-mapping>
    <servlet-mapping>
        <servlet-name>Verify</servlet-name>
        <url-pattern>/Verify</url-pattern>
    </servlet-mapping>
    <servlet-mapping>
        <servlet-name>ShowMessage</servlet-name>
        <url-pattern>/ShowMessage</url-pattern>
    </servlet-mapping>
    <session-config>
        <session-timeout>
            30
        </session-timeout>
    </session-config>
</web-app>
```

10.3　项目实训

10.3.1　项目描述

本项目是一个基于 JSP、Servlet 和 JavaBean 的留言板系统，系统有一个留言页面 messageBoard.jsp，代码如例 10-10 所示；留言后请求提交到 Servlet 文件（AddMessageServlet. java）进行处理，代码如例 10-11 所示，该 Servlet 文件对提交的用户信息进行处理并调用 JavaBean（MessageBean. java）保存留言信息，代码如例 10-12 所示；Servlet 文件处理完用户提交的数据后页面跳转到显示留言信息页面（showMessage.jsp），代码如例 10-13 所示；另外，还需要在 web.xml 中配置 Servlet 文件，代码如例 10-14 所示。

项目的文件结构如图 10-12 所示。本项目分别使用 NetBeans 和 Eclipse 开发。

10.3.2　学习目标

本实训主要的学习目标是通过综合运用本章的知识点来巩固本章所学理论知识，要求在熟悉 Servlet 技术的基础上能够使用 MVC 设计模式开发案例。

图 10-12　项目的文件结构

10.3.3　项目需求说明

本项目设计一个网上留言系统，用户可以留言，也可以查看留言。

10.3.4　项目实现

留言页面（messageBoard.jsp）运行效果如图 10-13 所示。

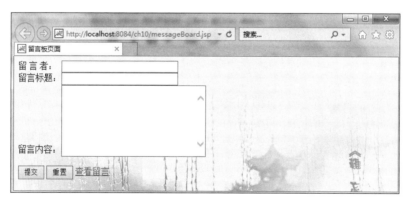

图 10-13　留言页面运行效果

【例 10-10】　留言页面（messageBoard.jsp）。

```
<%@page contentType="text/html" pageEncoding="UTF-8"%>
```

```html
<html>
    <head>
        <meta http-equiv="Content-Type" content="text/html; charset=UTF-8">
        <title>留言板页面</title>
    </head>
    <body background="image/f.jpg" >
        <form action="AddMessageServlet" method="post">
            留 言 者：<input type="text" name="author" size="30">
            <br>
            留言标题：<input type="text" name="title" size="30">
            <br>
            留言内容：<textarea name="content" rows="8"  cols="30"></textarea>
            <p>
            <input type="submit" value="提交">
            <input type="reset" value="重置">
            <a href="showMessage.jsp">查看留言</a>
        </form>
    </body>
</html>
```

【例 10-11】 Servlet 文件（AddMessageServlet. java）。

```java
package message;
import JavaBean.MessageBean;
import java.io.IOException;
import java.text.SimpleDateFormat;
import java.util.ArrayList;
import java.util.Date;
import javax.servlet.ServletContext;
import javax.servlet.ServletException;
import javax.servlet.http.HttpServlet;
import javax.servlet.http.HttpServletRequest;
import javax.servlet.http.HttpServletResponse;
import javax.servlet.http.HttpSession;
public class AddMessageServlet extends HttpServlet {
    protected void doGet(HttpServletRequest request, HttpServletResponse response)
            throws ServletException, IOException {
        doPost(request,response);
    }
    protected void  doPost  ( HttpServletRequest   request,   HttpServletResponse
            response) throws ServletException, IOException {
        String author=new
        String(request.getParameter("author").getBytes("ISO-8859-1"),
        "UTF-8");
        String title=new
        String(request.getParameter("title").getBytes("ISO-8859-1"),
```

```
                        "UTF-8");
                        String content=new
                        String(request.getParameter("content").getBytes("ISO-8859-1"),
                        "UTF-8");
                        //获取当前时间并格式化时间为指定格式
                        SimpleDateFormat format=new
                        SimpleDateFormat("yyyy-MM-dd HH:mm:ss");
                        String today=format.format(new Date());
                        MessageBean mm=new MessageBean();
                        mm.setAuthor(author);
                        mm.setTitle(title);
                        mm.setContent(content);
                        mm.setTime(today);
                        //获取 session 对象
                        HttpSession session=request.getSession();
                        //通过 session 对象获取应用上下文
                        ServletContext scx=session.getServletContext();
                        //获取存储在应用上下文中的集合对象
                        ArrayList wordlist=(ArrayList)scx.getAttribute("wordlist");
                        if(wordlist==null)
                            wordlist=new ArrayList();
                        //将封装了信息值的 JavaBean 存储到集合对象中
                        wordlist.add(mm);
                        //将集合对象保存到应用上下文中
                        scx.setAttribute("wordlist",wordlist);
                        response.sendRedirect("showMessage.jsp");
                    }
                }
```

【例 10-12】 JavaBean(MessageBean.java)。

```
package message;
public class MessageBean {
    private String author;
    private String title;
    private String content;
    private String time;
    public MessageBean(){
    }
    public String getAuthor() {
        return author;
    }
    public void setAuthor(String author) {
        this.author =author;
    }
    public String getTitle() {
```

```
            return title;
        }
        public void setTitle(String title) {
            this.title =title;
        }
        public String getContent() {
            return content;
        }
        public void setContent(String content) {
            this.content =content;
        }
        public String getTime() {
            return time;
        }
        public void setTime(String time) {
            this.time =time;
        }
    }
```

【例 10-13】 显示留言信息页面（showMessage. jsp）。

```jsp
<%@ page import= "message.MessageBean"%>
<%@ page import= "java.util.ArrayList"%>
<%@ page contentType= "text/html" pageEncoding= "UTF-8"%>
<html>
    <head>
        <meta http-equiv= "Content-Type" content= "text/html; charset=UTF-8">
        <title>显示留言内容</title>
    </head>
    <body background= "image/f.jpg">
        <%
            ArrayList wordlist= (ArrayList) session.getAttribute("wordlist");
            if(wordlist==null||wordlist.size()==0)
                    out.print("没有留言可显示!");
            else{
                    for(int i=wordlist.size()-1;i>=0;i--){
                    MessageBean mm= (MessageBean)wordlist.get(i);
        %>
            留 言 者：<%=mm.getAuthor() %>
            <p>留言时间：<%=mm.getTime() %></p>
            <p>留言标题：<%=mm.getTitle() %></p>
            <p>
                留言内容：
                <textarea rows= "8"   cols= "30" readonly>
                    <%=mm.getContent()%>
                </textarea>
```

```
            </p>
            <a href="messageBoard.jsp">我要留言</a>
            <hr width="90%">
        <%
                }
                }
        %>
    </body>
</html>
```

【例 10-14】 配置文件(web. xml)。

```
<?xml version="1.0" encoding="UTF-8"?>
<web-app version="3.1" xmlns=http://xmlns.jcp.org/xml/ns/javaee
    xmlns:xsi=http://www.w3.org/2001/XMLSchema-instance
    xsi:schemaLocation="http://xmlns.jcp.org/xml/ns/javaee
    http://xmlns.jcp.org/xml/ns/javaee/web-app_3_1.xsd">
    <servlet>
        <servlet-name>FirstServlet</servlet-name>
        <servlet-class>servlet.FirstServlet</servlet-class>
    </servlet>
    <servlet>
        <servlet-name>ThreeParams</servlet-name>
        <servlet-class>servlet.ThreeParams</servlet-class>
    </servlet>
    <servlet>
        <servlet-name>Verify</servlet-name>
        <servlet-class>servlet.Verify</servlet-class>
    </servlet>
    <servlet>
        <servlet-name>ShowMessage</servlet-name>
        <servlet-class>servlet.ShowMessage</servlet-class>
    </servlet>
    <servlet>
        <servlet-name>AddMessageServlet</servlet-name>
        <servlet-class>message.AddMessageServlet</servlet-class>
    </servlet>
    <servlet-mapping>
        <servlet-name>FirstServlet</servlet-name>
        <url-pattern>/FirstServlet</url-pattern>
    </servlet-mapping>
    <servlet-mapping>
        <servlet-name>ThreeParams</servlet-name>
        <url-pattern>/ThreeParams</url-pattern>
    </servlet-mapping>
    <servlet-mapping>
```

```
        <servlet-name>Verify</servlet-name>
        <url-pattern>/Verify</url-pattern>
    </servlet-mapping>
    <servlet-mapping>
        <servlet-name>ShowMessage</servlet-name>
        <url-pattern>/ShowMessage</url-pattern>
    </servlet-mapping>
    <servlet-mapping>
        <servlet-name>AddMessageServlet</servlet-name>
        <url-pattern>/AddMessageServlet</url-pattern>
    </servlet-mapping>
    <session-config>
        <session-timeout>
            30
        </session-timeout>
    </session-config>
</web-app>
```

在图 10-13 所示页面中输入留言后单击"提交"按钮可实现留言,如图 10-14 所示。

图 10-14 显示留言信息

10.3.5 项目实现过程中注意的问题

在项目实现的过程中需要注意的问题:首先,对于表单信息中的 action ＝ "AddMessageServlet",其中值 AddMessageServlet 必须和 web.xml 中配置的对应;其次,在实现数据传送的时候要注意使用 session 对象和集合 ArrayList;另外,注意乱码问题。

10.3.6 常见问题及解决方案

1. 404 异常

解决方案:出现如图 10-15 所示的异常情况,表示找不到文件,主要的原因是路径不对或者文件名称不对,图 10-15 所示异常出现是因为表单中的属性值与 web.xml 中的配置不一致,应改为一致。

图 10-15　404 异常

2. Servlet 代码异常

解决方案：出现如图 10-16 所示的异常情况，主要原因是在 Servlet 的方法中处理数据时没有跳转页面或者跳转时有异常情况或者其他原因。

图 10-16　出现空白页面异常

10.3.7　拓展与提高

按照 MVC 设计模式并使用 DBMS 技术，把留言板系统设计成一个基于 MVC 的留言系统并将数据保存到数据库中。

10.4　课外阅读(互联网的发展史)

1957 年，苏联发射了人类第一颗人造地球卫星。作为响应，美国国防部组建了高级研究计划局，开始将科学技术应用于军事领域。

1961 年，麻省理工学院的 Leonard Kleinrock 发表了第一篇有关包交换的论文。

1962 年，麻省理工学院的 J. C. R. Licklider 和 W. Clark 发表的一篇论文中提到分布式社交行为的全球网络概念。

1964 年，RAND 公司的 Paul Baran 提出包交换网络。

1965 年，ARPA 资助进行分时计算机系统的合作网络研究。互联网最早起源于美国国防部高级研究计划署的 ARPA 网，该网于 1969 年投入使用。由此，ARPAnet 成为现代计算机网络诞生的标志。从 20 世纪 60 年代起，由 ARPA 提供经费，联合计算机公司和大学共同研制而发展 ARPAnet 网络。最初，ARPAnet 主要是用于军事研究，它主要是基于这样的指导思想：网络必须经受得住故障的考验而维持正常的工作，一旦发生战争，当网络的某一部分因遭受攻击而失去工作能力时，网络的其他部分应能维持正常的通信工作。ARPANet 在技术上的另一个重大贡献是 TCP/IP 协议簇的开发和利用。作为 Internet 的早期骨干网，ARPANet 的试验奠定了 Internet 存在和发展的基础，较好地解决了异种机网络互联的一系列理论和技术问题。

1971 年，位于英国剑桥的 BBN 科技公司的工程师雷·汤姆林森开发出了电子邮件。此后 ARPANet 的技术开始向大学等研究机构普及。

1983 年，ARPANet 宣布将把过去的通信协议 NCP（网络控制协议）向新协议 TCP/IP 过渡。

1988 年，美国伊利诺斯大学的学生史蒂夫·多那开始开发电子邮件软件 Eudora。

1990 年，CERN（欧洲粒子物理研究所）的科学家蒂姆·伯纳斯-李开发出了万维网。他还开发出了极其简单的浏览器。此后互联网开始向社会大众普及。

1993 年：伊利诺斯大学美国国家超级计算机应用中心的学生马克·安德里森等人开发出了真正的浏览器 Mosaic。该软件后来被作为 Netscape Navigator 推向市场。此后互联网开始得以爆炸性普及。

进入 21 世纪，随着各国电子商务、电子政务的普及，网络正在改变着人们的生活方式，但是也带来了新的挑战，其中最严重的问题就是网络安全问题，例如，黑客。

10.5　本章小结

Servlet 是用 Java 编写的运行在 Web 服务器端的程序，可以动态地扩展服务器的能力，并采用请求-响应模式提供 Java Web 服务。本章主要介绍了 Servlet 的相关知识与技术，通过本章的学习，应掌握以下内容。

（1）Servlet 基础知识。

（2）Servlet 的常见用法。

10.6　习　　题

10.6.1　选择题

1. 在 Servlet 的生命周期中，用于初始化的方法是（　　）。

　　A. doPost()　　　　B. doGet()　　　　C. init()　　　　D. destroy()

2. Servlet 文件在 Java Web 开发中的主要作用是（　　）。

　　A. 开发页面　　　B. 作为控制器　　　C. 提供业务功能　　D. 实现数据库连接

10.6.2　填空题

1. Servlet 需要在_____中配置。

2. Servlet 是运行在 Web 服务器的_____程序。

10.6.3　论述题

1. 简述什么是 Servlet。
2. 简述 Servlet 的生命周期。
3. 简述 Servlet 技术的特点。
4. 简述 Servlet 与 JSP 的区别。
5. 简述 Servlet 在 Web 项目中的作用。

10.6.4　操作题

1. 使用 JSP＋Servlet 编写一个网页计数器。
2. 使用 JSP＋Servlet＋JavaBean 以及数据库系统编写一个实现登录功能的程序。

第 11 章　个人信息管理系统案例

学习目的与要求

本章学习的主要目的综合运用前面章节的相关概念与原理,设计和开发一个基于 MVC 模式的个人信息管理系统(Personal Information Management System,PIMS)。通过本案例的训练可以进一步提高项目的开发实践能力。要求能够通过本案例的开发了解案例开发的基本过程以及熟练运用前 10 章所学知识设计常规 Web 应用系统。

本章主要内容

(1) 案例需求分析。

(2) 案例架构设计。

(3) 案例开发(编程实现)。

11.1　MVC 设计模式

MVC(Model-View-Controller)把一个应用的输入、处理、输出流程按照 Model、View、Controller 的方式进行分离,这样一个应用被分成 3 层——模型层、视图层、控制层。

1. 模型

模型(Model)就是业务流程/状态的处理以及业务规则的制定。业务流程的处理过程对其他层来说是暗箱操作,模型接收视图请求的数据,并返回最终的处理结果。业务模型的设计可以说是 MVC 的核心。目前流行的 EJB 模型就是一个典型的应用例子,它从应用技术实现的角度对模型做了进一步的划分,以便充分利用现有的组件,但它不能作为应用设计模型的框架。它仅仅告诉你按这种模型设计就可以利用某些技术组件,从而减少了技术上的困难。对一个开发者来说,就可以专注于业务模型的设计。MVC 设计模式告诉人们,把应用的模型按一定的规则抽取出来,抽取的层次很重要,这也是判断开发人员是否优秀的主要依据之一。抽象与具体不能隔得太远,也不能太近。MVC 并没有提供模型的设计方法,而只告诉你应该组织管理这些模型,以便于模型的重构和提高重用性。我们可以用面向对象编程来做比喻,MVC 定义了一个顶级类,告诉它的子类你只能做这些,但没法限制你怎么做这些。这点对开发人员非常重要。

2. 视图

视图(View)代表用户交互界面,对于 Web 应用来说,可以概括为 HTML 界面,但也有可能为 XHTML、XML 和 Applet。随着应用复杂性和规模的增加,界面的处理也变得具有挑战性。一个应用可能有很多不同的视图,MVC 设计模式对于视图的处理仅限于视图上数据的采集和处理,以及用户的请求,而不包括在视图上的业务流程的处理。业务流程的处理交给模型。例如,一个订单的视图只接收来自模型的数据并显示给用户,将用户界面的输入数据和请求传递给控制和模型。

3．控制器

控制器(Controller)可以理解为从用户接收请求,将模型与视图匹配在一起,共同完成用户的请求。划分控制层的作用也很明显,它清楚地告诉人们,它就是一个分发器,选择什么样的模型,选择什么样的视图,可以完成什么样的用户请求。控制层并不做任何数据处理。例如,用户单击一个链接,控制层接受请求后,并不处理业务信息,它只把用户的信息传递给模型,告诉模型做什么,选择符合要求的视图返回给用户。因此,一个模型可能对应多个视图,一个视图可能对应多个模型。

模型、视图与控制器的分离,使得一个模型可以具有多个显示视图。如果用户通过某个视图的控制器改变了模型的数据,所有其他依赖于这些数据的视图都应反映这些变化。因此,无论何时发生了何种数据变化,控制器都会将变化通知所有的视图,导致显示的更新。这实际上是一种模型的传播机制。下面通过案例练习 MVC 设计模式的使用。

11.2　案例需求说明

在日常办公中有许多常见的个人数据处理事务,如记录朋友电话、保存邮件地址、日程安排、日常记事、文件上传和下载等都可以使用个人信息管理系统进行管理。个人信息管理系统可以内置于握在手掌上的数字助理器中,以提供电子名片、便条、行程管理等功能。本案例基于 B/S 设计,也可以发布到网上,用户可以随时存取个人信息。

用户可以在系统中任意添加、修改、删除个人数据,包括个人的基本信息、个人通讯录、日程安排、个人文件管理等。

要实现的功能包括 5 个方面。

1．登录与注册

系统的登录和注册功能。

2．个人信息管理模块

系统中对个人基本信息的管理包括个人的姓名、性别、出生日期、民族、学历、职称、登录名、密码、电话、家庭住址等。

3．通讯录模块

系统的个人通讯录保存了个人的通讯录信息,包括自己联系人的姓名、电话、邮箱、工作单位、地址、QQ 等。可以自由添加联系人的信息,查询或删除联系人信息。

4．日程安排模块

日程模块记录自己的活动安排或者其他有关事项,如添加从某一时间到另一时间要做什么事,日程标题、内容、开始时间、结束时间。可以自由查询、修改、删除。

5．个人文件管理模块

该模块实现用户在网上存储文件的功能。用户可以新建文件夹,修改、删除、移动文件夹,上传文件,修改文件名,下载文件,删除文件,移动文件等。

11.3　案例总体结构与构成

案例的功能描述如下。

1. 用户登录与注册

个人通过用户名和密码登录系统；注册时需提供个人信息。

2. 查看个人信息

主页面显示个人基本信息：用户登录名、用户登录密码、用户真实姓名、用户性别、出生日期、用户民族、用户学历、用户职称、用户电话、用户住址、用户邮箱等。

3. 修改个人信息

用户可以修改自己的基本信息。如果修改了登录名，下次登录时应使用新的登录名。

4. 修改登录密码

用户可以修改登录密码。

5. 查看通讯录

用户可以浏览通讯录列表，按照姓名检索联系人。

6. 维护通讯录

用户可以增加、修改、删除联系人信息。

7. 查看日程安排

用户可以查看日程安排列表，可以查看某一日程的时间和内容等。

8. 维护日程

一个新的日程安排包括日程标题、内容。用户可以对日程执行添加、修改、删除等操作。

9. 浏览下载文件

用户可以任意浏览文件、文件夹，并可以下载文件到本地。

10. 维护文件

用户可以新建文件夹，修改、删除、移动文件夹，移动文件到文件夹，修改文件名，上传文件，下载文件，删除文件等。

系统模块结构如图 11-1 所示。

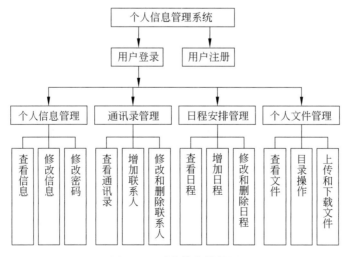

图 11-1　系统模块结构图

11.4　案例的数据库设计

如果已经学过相应的 DBMS，请按照数据库优化的思想设计相应的表。本案例提供的表设计仅供参考，读者可根据自己所学知识选择相应 DBMS 对表进行设计和优化。本案例在数据库中可建立如下表，用于存放相关信息。

用户表（user）用于管理 login. jsp 页面中用户登录的信息以及用户注册（register. jsp）的信息。具体表设计如表 11-1 所示。

表 11-1　用户表（user）

字 段 名 称	字 段 类 型	字 段 长 度	字 段 说 明
userName	varchar	30	用户登录名
password	varchar	30	用户登录密码
name	varchar	30	用户真实姓名
sex	varchar	2	用户性别
birth	varchar	10	出生日期
nation	varchar	10	用户民族
edu	varchar	10	用户学历
work	varchar	30	用户职称
phone	varchar	10	用户电话
place	varchar	30	用户住址
email	varchar	30	用户邮箱

用户通讯录管理表（friends）用于管理通讯录，即管理联系人（好友）。具体表设计如表 11-2 所示。

表 11-2　用户通讯录管理表（friends）

字 段 名 称	字 段 类 型	字 段 长 度	字 段 说 明
userName	varchar	30	用户登录名
name	varchar	30	好友名称
phone	varchar	10	好友电话
email	varchar	30	好友邮箱
workplace	varchar	30	好友工作单位
place	varchar	30	好友住址
QQ	varchar	10	好友 QQ 号

备注：表 friends 中的用户登录名字段 userName 用于关联用户的好友信息列表。

日程安排管理表（date）用于管理用户的日程安排，如表 11-3 所示。

表 11-3　日程安排管理表（date）

字 段 名 称	字 段 类 型	字 段 长 度	字 段 说 明
userName	varchar	30	用户登录名
date	varchar	30	日程时间
thing	varchar	255	日程内容

备注：表 date 中的用户登录名字段 userName 用于关联用户的日程信息。

个人文件管理表（file）用于管理个人文件。具体表设计如表 11-4 所示。

表 11-4　个人文件管理表（file）

字 段 名 称	字 段 类 型	字 段 长 度	字 段 说 明
userName	varchar	30	用户登录名
title	varchar	30	文件标题
name	varchar	30	文件名字
contentType	varchar	30	文件类型
size	varchar	30	文件大小
filePath	varchar	30	用户操作

备注：表 file 中的用户登录名字段 userName 用于关联用户的文件管理信息。

本案例使用 MySQL 5.5 数据库系统，数据库名为 person，数据库中的表包括 user、friends、date、file，如图 11-2 所示。

图 11-2　项目中用到的数据库和表

11.5　案例的开发过程

本案例使用 MVC 模式开发个人信息管理系统（Personal Information Management System，PIMS），项目名称为 PIMS。

11.5.1　案例的模块划分及其结构

项目的页面文件结构如图 11-3 所示。项目的源包文件结构如图 11-4 所示。

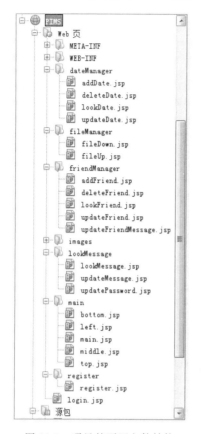 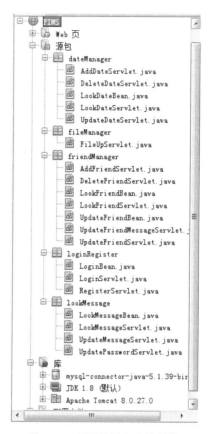

图 11-3　项目的页面文件结构　　　　　　图 11-4　项目的源包文件结构

根据图 11-3 可知，登录页面（login.jsp）在 Web 根文件夹下，注册页面（register.jsp）在文件夹 register 中，登录和注册页面对应的 Servlet 和 JavaBean 在图 11-4 所示结构的 loginRegister 包中，Servlet 文件在 web.xml 中配置。本程序对数据库的操作封装到 Servlet 文件中。

根据图 11-3 所示结构可知，dateManager 文件夹中的页面是日程安排管理功能相关的页面，其对应的 Servlet 文件和 JavaBean 在图 11-4 所示的 dateManager 包里。fileManager 文件夹中的页面是个人文件管理功能相关的页面，其对应的 Servlet 文件和 JavaBean 在 fileManager 包里。friendManager 文件夹中的页面是通讯录管理功能相关的页面，其对应的 Servlet 文件和 JavaBean 在 friendManager 包里。images 文件夹中保存项目中用到的图片。lookMessage 文件夹中的页面是个人信息管理功能相关的页面，其对应的 Servlet 文件和 JavaBean 在 lookMessage 包里。main 文件夹中的页面是主页面的相关文件。

11.5.2　案例的登录和注册模块设计与实现

本系统有登录页面，如用户没有注册，需先注册后登录。登录页面（login.jsp）代码如例 11-1所示,运行效果如图 11-5 所示。

图 11-5　系统登录页面

【例 11-1】　登录页面(login.jsp)。

```
<%@page contentType="text/html" pageEncoding="UTF-8"%>
<html>
    <head>
        <meta http-equiv="Content-Type" content="text/html; charset=UTF-8">
        <title>个人信息管理系统——登录页面</title>
        <style>
            <!--
                p1{font-family:华文行楷;font-size:20pt;color:blue;}
                h1{font-family: 华文行楷;font-size:40pt;color:red}
            -->
        </style>
    </head>
<body bgcolor="#99aaee">
    <table border="0" width="100%" cellspacing="0" cellpadding="0">
        <tr bgcolor="#99aaee">
            <td align="center">
                <img src="images/top.gif" alt="校训" width="600"
                height="100">
            </td>
            <td colspan="1" align="left">
                <h2>个人信息管理系统</h2>
            </td>
        </tr>
        <tr>
            <td colspan="2">
                <hr align="center" width="100%" size="20" color="green">
```

```
                </td>
            </tr>
            <tr>
                <td width="30%" align="center">
                    <img src="images/bottom.jpg" alt="风景" height="360">
                </td>
                <td align="center" bgcolor="#99aadd" width="70%">
                    <form action="http://localhost:8084/PIMS/LoginServlet"
                    method="post">
                        <table border="2" cellspacing="0" cellpadding="0"
                        bgcolor="#95BDFF" width="350">
                            <tr align="center">
                                <td align="center" height="130">
                                    输入用户姓名：<input type="text"
                                    name="userName" size="16"/><br>
                                    <p></p>
                                    输入用户密码：<input type="password"
                                    name="password" size="18"/><br>
                                </td>
                            </tr>
                            <tr>
                                <td>
                                    <input type="submit" value="确 定"
                                            size="12">   
                                              
                                    <input type="reset" value="清 除"
                                            size="12">
                                </td>
                            </tr>
                            <tr>
                                <td>
                                    <p align="center">
                                            <a href="http://localhost:8084/PIMS/
                                            register/register.jsp">注册</a>
                                    </p>
                                </td>
                            </tr>
                        </table>
                    </form>
                </td>
            </tr>
        </table>
    </body>
</html>
```

用户需先注册后方可登录，单击图 11-5 所示页面中的"注册"，出现如图 11-6 所示的注册页面(register.jsp),代码如例 11-2 所示。

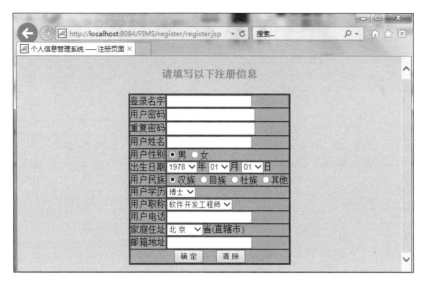

图 11-6　系统注册页面

【例 11-2】　注册页面(register.jsp)。

```
<%@ page contentType="text/html" pageEncoding="UTF-8"%>
<html>
    <head>
        <meta http-equiv="Content-Type" content="text/html; charset=UTF-8">
        <title>个人信息管理系统——注册页面</title>
    </head>
<body bgcolor="CCCFFF">
    <table align="center">
        <tr>
            <td colspan="3" align="center">
                <h3><font color="red">请填写以下注册信息</font></h3>
            </td>
        </tr>
        <tr>
            <td >
                <form action="http://localhost:8084/PIMS/RegisterServlet"
                    method="post">
                    <table border="2" cellspacing="0" cellpadding="0"
                        bgcolor="AAABBB">
                        <tr>
                            <td>
                                登录名字
                            </td>
                            <td>
                                <input type="text" name="userName"
```

```
                             size="20"/>
            </td>
        </tr>
        <tr>
            <td>
                用户密码
            </td>
            <td>
                <input type="password"
                        name="password1" size="22"/>
            </td>
        </tr>
        <tr>
            <td>
                重复密码
            </td>
            <td>
                <input type="password"
                        name="password2" size="22"/>
            </td>
        </tr>
        <tr>
            <td>
                用户姓名
            </td>
            <td>
                <input type="text" name="name"
                        size="20"/>
            </td>
        </tr>
        <tr>
            <td>
                用户性别
            </td>
            <td>
                <input type="radio" name="sex" value=
                        "男" checked>男
                <input type="radio" name="sex" value=
                        "女">女
            </td>
        </tr>
        <tr>
            <td>
                出生日期
            </td>
```

```html
<td>
    <select name="year" size="1">
        <option value="1978">1978</option>
        <option value="1979">1979</option>
        <option value="1980">1980</option>
        <option value="1981">1981</option>
        <option value="1982">1982</option>
        <option value="1983">1983</option>
        <option value="1984">1984</option>
        <option value="1985">1985</option>
        <option value="1986">1986</option>
        <option value="1987">1987</option>
        <option value="1988">1988</option>
        <option value="1989">1989</option>
        <option value="1990">1990</option>
        <option value="1991">1991</option>
        <option value="1992">1992</option>
        <option value="1993">1993</option>
        <option value="1994">1994</option>
        <option value="1995">1995</option>
        <option value="1996">1996</option>
        <option value="1997">1997</option>
        <option value="1998">1998</option>
    </select>年
    <select name="mouth" size="1">
        <option value="01">01</option>
        <option value="02">02</option>
        <option value="03">03</option>
        <option value="04">04</option>
        <option value="05">05</option>
        <option value="06">06</option>
        <option value="07">07</option>
        <option value="08">08</option>
        <option value="09">09</option>
        <option value="10">10</option>
        <option value="11">11</option>
        <option value="12">12</option>
    </select>月
    <select name="day" size="1">
        <option value="01">01</option>
        <option value="02">02</option>
        <option value="03">03</option>
        <option value="04">04</option>
        <option value="05">05</option>
        <option value="06">06</option>
```

```
                <option value="07">07</option>
                <option value="08">08</option>
                <option value="09">09</option>
                <option value="10">10</option>
                <option value="11">11</option>
                <option value="12">12</option>
                <option value="13">13</option>
                <option value="14">14</option>
                <option value="15">15</option>
                <option value="16">16</option>
                <option value="17">17</option>
                <option value="18">18</option>
                <option value="19">19</option>
                <option value="20">20</option>
                <option value="21">21</option>
                <option value="22">22</option>
                <option value="23">23</option>
                <option value="24">24</option>
                <option value="25">25</option>
                <option value="26">26</option>
                <option value="27">27</option>
                <option value="28">28</option>
                <option value="29">29</option>
                <option value="30">30</option>
                <option value="31">31</option>
            </select>日
        </td>
    </tr>
    <tr>
        <td>
            用户民族
        </td>
        <td>
            <input type="radio" name="nation" value=
                "汉族" checked>汉族
            <input type="radio" name="nation" value=
                "回族">回族
            <input type="radio" name="nation" value=
                "壮族">壮族
            <input type="radio" name="nation" value=
                "其他">其他
        </td>
    </tr>
    <tr>
        <td>
```

```
                用户学历
            </td>
            <td>
                <select name="edu" size="1">
                    <option value="博士">博士</option>
                    <option value="硕士">硕士</option>
                    <option value="本科">本科</option>
                    <option value="专科">专科</option>
                    <option value="高中">高中</option>
                    <option value="初中">初中</option>
                    <option value="小学">小学</option>
                    <option value="其他">其他</option>
                </select>
            </td>
        </tr>
        <tr>
            <td>
                用户职称
            </td>
            <td>
                <select name="work" size="1">
                    <option value="软件开发工程师">
                            软件开发工程师</option>
                    <option value="软件测试工程师">
                            软件测试工程师</option>
                    <option value="教师">教师</option>
                    <option value="学生">学生</option>
                    <option value="经理">经理</option>
                    <option value="职员">职员</option>
                    <option value="老板">老板</option>
                    <option value="公务员">
                            公务员</option>
                    <option value="其他">其他</option>
                </select>
            </td>
        </tr>
        <tr>
            <td>
                用户电话
            </td>
            <td>
                <input type="text" name="phone"
                        size="20"/>
            </td>
        </tr>
```

```html
<tr>
    <td>
        家庭住址
    </td>
    <td>
        <select name="place" size="1">
            <option value="北京">北京</option>
            <option value="上海">上海</option>
            <option value="天津">天津</option>
            <option value="河北">河北</option>
            <option value="河南">河南</option>
            <option value="吉林">吉林</option>
            <option value="黑龙江">黑龙江</option>
            <option value="内蒙古">内蒙古</option>
            <option value="山东">山东</option>
            <option value="山西">山西</option>
            <option value="陕西">陕西</option>
            <option value="甘肃">甘肃</option>
            <option value="宁夏">宁夏</option>
            <option value="青海">青海</option>
            <option value="新疆">新疆</option>
            <option value="辽宁">辽宁</option>
            <option value="江苏">江苏</option>
            <option value="浙江">浙江</option>
            <option value="安徽">安徽</option>
            <option value="广东">广东</option>
            <option value="海南">海南</option>
            <option value="广西">广西</option>
            <option value="云南">云南</option>
            <option value="贵州">贵州</option>
            <option value="四川">四川</option>
            <option value="重庆">重庆</option>
            <option value="西藏">西藏</option>
            <option value="香港">香港</option>
            <option value="澳门">澳门</option>
            <option value="福建">福建</option>
            <option value="江西">江西</option>
            <option value="湖南">湖南</option>
            <option value="青海">青海</option>
            <option value="湖北">湖北</option>
            <option value="台湾">台湾</option>
            <option value="其他">其他</option>
        </select>省(直辖市)
    </td>
</tr>
```

```
                <tr>
                    <td>
                        邮箱地址
                    </td>
                    <td>
                        <input type="text" name="email"
                            size="20"/>
                    </td>
                </tr>
                <tr>
                    <td colspan="2" align="center">
                        <input type="submit" value="确 定"
                            size="12">   
                              
                        <input type="reset" value="清 除"
                            size="12">
                    </td>
                </tr>
            </table>
        </form>
    </td>
</tr>
</table>
</body>
</html>
```

登录页面对应的控制器类是 LoginServlet(Servlet 文件)，代码如例 11-3 所示，注册页面对应的控制器类是 RegisterServlet(Servlet 文件)，代码如后面的例 11-5 所示。

【例 11-3】 登录页面对应的控制器类是 LoginServlet(LoginServlet.java)。

```
package loginRegister;
import java.io.IOException;
import java.sql.*;
import java.util.ArrayList;
import javax.servlet.ServletException;
import javax.servlet.http*;
import javax.swing.JOptionPane;

public class LoginServlet extends HttpServlet {
    public void wrong1(){                    //对话框提示信息
        String msg="用户名不能为空!";
        int type=JOptionPane.YES_NO_CANCEL_OPTION;
        String title="信息提示";
        JOptionPane.showMessageDialog(null, msg, title, type);
    }
    public void wrong2(){
```

```
        String msg="用户密码不能为空,登录失败!";
        int type=JOptionPane.YES_NO_CANCEL_OPTION;
        String title="信息提示";
        JOptionPane.showMessageDialog(null, msg, title, type);
    }
    public void wrong3(){
        String msg="该用户尚未注册,登录失败!";
        int type=JOptionPane.YES_NO_CANCEL_OPTION;
        String title="信息提示";
        JOptionPane.showMessageDialog(null, msg, title, type);
    }
    public void wrong4(){
        String msg="用户密码不正确,登录失败!";
        int type=JOptionPane.YES_NO_CANCEL_OPTION;
        String title="信息提示";
        JOptionPane.showMessageDialog(null, msg, title, type);
    }
    protected void doGet(HttpServletRequest request, HttpServletResponse
    response)
    throws ServletException, IOException {
        String userName=new
        String(request.getParameter("userName").getBytes("ISO-8859-1"),
        "UTF-8");
        String password=new
        String(request.getParameter("password").getBytes("ISO-8859-1"),
        "UTF-8");
        if(userName.equals("")){
            wrong1();
            response.sendRedirect("http://localhost:8084/PIMS/login.jsp");
        }else if(password.equals("")){
            wrong2();
            response.sendRedirect("http://localhost:8084/PIMS/login.jsp");
        }else{
            try{
                Connection con=null;
                Statement stmt=null;
                ResultSet rs=null;
                Class.forName("com.mysql.jdbc.Driver");
                String url="jdbc:mysql://localhost:3306/person
                ?useUnicode=true&characterEncoding=gbk";
                con=DriverManager.getConnection(url,"root","root");
                stmt=con.createStatement();
                String sql="select * from user where userName='"+userName+"'";
                rs=stmt.executeQuery(sql);
                int N=0;
```

```
        int P=0;
        while(rs.next()){
            if(userName.equals(rs.getString("userName"))){
                N=1001;
                if(password.equals(rs.getString("password"))){
                    P=1001;
                    //实例化保存个人信息的 JavaBean
                    LoginBean nn=new LoginBean();
                    nn.setUserName(userName);        //保存用户名
                    nn.setPassword(password);        //保存密码
                    //获取 session 对象
                    HttpSession session=request.getSession();
                    ArrayList login=new ArrayList(); //实例化列表对象
                    login.add(nn);                   //把个人信息保存到列表中
                    /* 把列表保存到 session 对象中,以便在其他页面中获取个人
                    信息 */
                    session.setAttribute("login", login);
                    response.sendRedirect(
                        "http://localhost:8084/PIMS/main/main.jsp");
                }else{

                }
            }else{
                N++;
            }
        }
        if(N<1001){
            wrong3();
            response.sendRedirect("http://localhost:8084/PIMS/login.jsp");
        }else if(P<1001){
            wrong4();
            response.sendRedirect("http://localhost:8084/PIMS/login.jsp");
        }
    }catch(Exception e){
        e.printStackTrace();
    }
}
}
protected void doPost(HttpServletRequest request, HttpServletResponse
response)
throws ServletException, IOException {
    doGet(request, response);
}
}
```

LoginServlet.java 中使用一个 JavaBean 存储数据,该 JavaBean 名为 LoginBean,代码

如例 11-4 所示。

【例 11-4】 LoginBean 类(LoginBean. java)。

```java
package loginRegister;

public class LoginBean {
    private String userName;
    private String password;
    public String getUserName() {
        return userName;
    }
    public void setUserName(String userName) {
        this.userName =userName;
    }
    public String getPassword() {
        return password;
    }
    public void setPassword(String password) {
        this.password =password;
    }
}
```

【例 11-5】 注册页面对应的控制器类是 RegisterServlet(RegisterServlet. java)。

```java
package loginRegister;
import java.io.IOException;
import java.sql.* ;
import javax.servlet.ServletException;
import javax.servlet.http.* ;
import javax.swing.JOptionPane;

public class RegisterServlet extends HttpServlet {
    public void wrong1(){
        String msg="不允许有空,注册失败!";
        int type=JOptionPane.YES_NO_CANCEL_OPTION;
        String title="信息提示";
        JOptionPane.showMessageDialog(null, msg, title, type);
    }
    public void wrong2(){
        String msg="两次密码不同,注册失败!";
        int type=JOptionPane.YES_NO_CANCEL_OPTION;
        String title="信息提示";
        JOptionPane.showMessageDialog(null, msg, title, type);
    }
    public void wrong3(){
        String msg="用户名已存在,注册失败!";
```

```java
        int type=JOptionPane.YES_NO_CANCEL_OPTION;
        String title="信息提示";
        JOptionPane.showMessageDialog(null, msg, title, type);
    }
    public void right(){
        String msg="注册信息合格,注册成功!";
        int type=JOptionPane.YES_NO_CANCEL_OPTION;
        String title="信息提示";
        JOptionPane.showMessageDialog(null, msg, title, type);
    }
    protected void doGet(HttpServletRequest request, HttpServletResponse response)
    throws ServletException, IOException {
        String userName=new
        String(request.getParameter("userName").getBytes("ISO-8859-1"),
        "UTF-8");
        String password1=new
        String(request.getParameter("password1").getBytes("ISO-8859-1"),
        "UTF-8");
        String password2=new
        String(request.getParameter("password2").getBytes("ISO-8859-1"),
        "UTF-8");
        String name=new
        String(request.getParameter("name").getBytes("ISO-8859-1"),"UTF-8");
        String sex=new
        String(request.getParameter("sex").getBytes("ISO-8859-1"),"UTF-8");
        String birth=request.getParameter("year")+"-"+
        request.getParameter("mouth")+"-"+request.getParameter("day");
        String nation=new
        String(request.getParameter("nation").getBytes("ISO-8859-1"),"UTF-8");
        String edu=new
        String(request.getParameter("edu").getBytes("ISO-8859-1"),"UTF-8");
        String work=new
        String(request.getParameter("work").getBytes("ISO-8859-1"),"UTF-8");
        String phone=new
        String(request.getParameter("phone").getBytes("ISO-8859-1"),"UTF-8");
        String place=new
        String(request.getParameter("place").getBytes("ISO-8859-1"),"UTF-8");
        String email=new
        String(request.getParameter("email").getBytes("ISO-8859-1"),"UTF-8");
        if(userName.length()==0||password1.length()==0||password2.length()==0
        ||name.length()==0||phone.length()==0||email.length()==0){
            wrong1();
            response.sendRedirect("http://localhost:8084/PIMS/register/
            register.jsp");
        }else if(!(password1.equals(password2))){
```

```
                    wrong2();
                    response.sendRedirect("http://localhost:8084/PIMS/register/
                    register.jsp");
                }else{
                    try{
                        Connection con=null;
                        Statement stmt=null;
                        ResultSet rs=null;
                        Class.forName("com.mysql.jdbc.Driver");
                        String url="jdbc:mysql://localhost:3306/person
                        ?useUnicode=true&characterEncoding=gbk";
                        con=DriverManager.getConnection(url,"root","root");
                        stmt=con.createStatement();
                        String sql1="select * from user where userName='"+userName+"'";
                        rs=stmt.executeQuery(sql1);
                        rs.last();
                        int k;
                        k=rs.getRow();
                        if(k>0){
                            wrong3();
                            response.sendRedirect(
                            "http://localhost:8084/PIMS/register/register.jsp");
                        }else{
                            String sql2="insert into
                            user"+" (userName,password,name,sex,birth,nation,edu,work,
                            phone,place,email)"+"values("+"'"+userName+"'"+","+"'"+
                            password1+"'"+","+"'"+name+"'"+","+"'"+sex+"'"+","+"'"+
                            birth+"'"+","+"'"+nation+"'"+","+"'"+edu+"'"+","+"'"+
                            work+"'"+","+"'"+phone+"'"+","+"'"+place+"'"+","+"'"+
                            email+"'"+")";
                            stmt.executeUpdate(sql2);
                        }
                        rs.close();
                        stmt.close();
                        con.close();
                        right();
                        response.sendRedirect("http://localhost:8084/PIMS/login.jsp");
                    }catch(Exception e){
                        e.printStackTrace();
                    }
                }
            }
        }
        protected void doPost(HttpServletRequest request, HttpServletResponse
        response)
        throws ServletException, IOException {
```

```
        doGet(request, response);
    }
}
```

Servlet 需要在 web. xml 中进行配置,项目中用到的配置文件 web. xml 的代码如例 11-6 所示。

【例 11-6】 配置文件(web. xml)。

```xml
<?xml version="1.0" encoding="UTF-8"?>
<web-app version="3.1" xmlns=http://xmlns.jcp.org/xml/ns/javaee
    xmlns:xsi=http://www.w3.org/2001/XMLSchema-instance
    xsi:schemaLocation="http://xmlns.jcp.org/xml/ns/javaee
    http://xmlns.jcp.org/xml/ns/javaee/web-app_3_1.xsd">
    <servlet>
        <servlet-name>LoginServlet</servlet-name>
        <servlet-class>loginRegister.LoginServlet</servlet-class>
    </servlet>
    <servlet>
        <servlet-name>RegisterServlet</servlet-name>
        <servlet-class>loginRegister.RegisterServlet</servlet-class>
    </servlet>
    <servlet>
        <servlet-name>LookMessageServlet</servlet-name>
        <servlet-class>lookMessage.LookMessageServlet</servlet-class>
    </servlet>
    <servlet>
        <servlet-name>UpdateMessageServlet</servlet-name>
        <servlet-class>lookMessage.UpdateMessageServlet</servlet-class>
    </servlet>
    <servlet>
        <servlet-name>UpdatePasswordServlet</servlet-name>
        <servlet-class>lookMessage.UpdatePasswordServlet</servlet-class>
    </servlet>
    <servlet>
        <servlet-name>LookFriendServlet</servlet-name>
        <servlet-class>friendManager.LookFriendServlet</servlet-class>
    </servlet>
    <servlet>
        <servlet-name>AddFriendServlet</servlet-name>
        <servlet-class>friendManager.AddFriendServlet</servlet-class>
    </servlet>
    <servlet>
        <servlet-name>UpdateFriendServlet</servlet-name>
        <servlet-class>friendManager.UpdateFriendServlet</servlet-class>
    </servlet>
    <servlet>
```

```
        <servlet-name>UpdateFriendMessageServlet</servlet-name>
        <servlet-class>friendManager.UpdateFriendMessageServlet</servlet-class>
    </servlet>
    <servlet>
        <servlet-name>DeleteFriendServlet</servlet-name>
        <servlet-class>friendManager.DeleteFriendServlet</servlet-class>
    </servlet>
    <servlet>
        <servlet-name>LookDateServlet</servlet-name>
        <servlet-class>dateManager.LookDateServlet</servlet-class>
    </servlet>
    <servlet>
        <servlet-name>AddDateServlet</servlet-name>
        <servlet-class>dateManager.AddDateServlet</servlet-class>
    </servlet>
    <servlet>
        <servlet-name>UpdateDateServlet</servlet-name>
        <servlet-class>dateManager.UpdateDateServlet</servlet-class>
    </servlet>
    <servlet>
        <servlet-name>DeleteDateServlet</servlet-name>
        <servlet-class>dateManager.DeleteDateServlet</servlet-class>
    </servlet>
    <servlet>
        <servlet-name>FileUpServlet</servlet-name>
        <servlet-class>fileManager.FileUpServlet</servlet-class>
    </servlet>
    <servlet-mapping>
        <servlet-name>LoginServlet</servlet-name>
        <url-pattern>/LoginServlet</url-pattern>
    </servlet-mapping>
    <servlet-mapping>
        <servlet-name>RegisterServlet</servlet-name>
        <url-pattern>/RegisterServlet</url-pattern>
    </servlet-mapping>
    <servlet-mapping>
        <servlet-name>LookMessageServlet</servlet-name>
        <url-pattern>/LookMessageServlet</url-pattern>
    </servlet-mapping>
    <servlet-mapping>
        <servlet-name>UpdateMessageServlet</servlet-name>
        <url-pattern>/UpdateMessageServlet</url-pattern>
    </servlet-mapping>
    <servlet-mapping>
        <servlet-name>UpdatePasswordServlet</servlet-name>
```

```xml
            <url-pattern>/UpdatePasswordServlet</url-pattern>
    </servlet-mapping>
    <servlet-mapping>
        <servlet-name>LookFriendServlet</servlet-name>
        <url-pattern>/LookFriendServlet</url-pattern>
    </servlet-mapping>
    <servlet-mapping>
        <servlet-name>AddFriendServlet</servlet-name>
        <url-pattern>/AddFriendServlet</url-pattern>
    </servlet-mapping>
    <servlet-mapping>
        <servlet-name>UpdateFriendServlet</servlet-name>
        <url-pattern>/UpdateFriendServlet</url-pattern>
    </servlet-mapping>
    <servlet-mapping>
        <servlet-name>UpdateFriendMessageServlet</servlet-name>
        <url-pattern>/UpdateFriendMessageServlet</url-pattern>
    </servlet-mapping>
    <servlet-mapping>
        <servlet-name>DeleteFriendServlet</servlet-name>
        <url-pattern>/DeleteFriendServlet</url-pattern>
    </servlet-mapping>
    <servlet-mapping>
        <servlet-name>LookDateServlet</servlet-name>
        <url-pattern>/LookDateServlet</url-pattern>
    </servlet-mapping>
    <servlet-mapping>
        <servlet-name>AddDateServlet</servlet-name>
        <url-pattern>/AddDateServlet</url-pattern>
    </servlet-mapping>
    <servlet-mapping>
        <servlet-name>UpdateDateServlet</servlet-name>
        <url-pattern>/UpdateDateServlet</url-pattern>
    </servlet-mapping>
    <servlet-mapping>
        <servlet-name>DeleteDateServlet</servlet-name>
        <url-pattern>/DeleteDateServlet</url-pattern>
    </servlet-mapping>
    <servlet-mapping>
        <servlet-name>FileUpServlet</servlet-name>
        <url-pattern>/FileUpServlet</url-pattern>
    </servlet-mapping>
    <session-config>
        <session-timeout>
            30
```

```
        </session-timeout>
      </session-config>
   </web-app>
```

11.5.3 案例的主页面模块设计与实现

如果注册成功将返回到登录页面。在图 11-5 所示页面中输入用户名和密码,单击"确定"按钮后进入"个人信息管理系统"的主页面(main.jsp),代码如例 11-7 所示,运行效果如图 11-7 所示。

图 11-7　系统主页面

【例 11-7】　主页面(main.jsp)。

```
<%@page import="loginRegister.LoginBean"%>
<%@page import="java.util.ArrayList"%>
<%@page contentType="text/html" pageEncoding="UTF-8"%>
<html>
   <head>
      <meta http-equiv="Content-Type" content="text/html; charset=UTF-8">
      <title>个人信息管理系统——主页面</title>
   </head>
<%
   String userName=null;
      //获取 LoginServlet.java 保存在 session 对象中的数据
      ArrayList login=(ArrayList)session.getAttribute("login");
      if(login==null||login.size()==0){
         response.sendRedirect("http://localhost:8084/PIMS/login.jsp");
      }else{
         for(int i=login.size()-1;i>=0;i--){
            LoginBean nn=(LoginBean)login.get(i);
            userName=nn.getUserName();
```

```
            }
        }
%>
<frameset cols="20%,*" framespacing="0" border="no" frameborder="0">
    <frame src="../main/left.jsp" name="left" scrolling="no">
    <frameset rows="20%,10%,*">
        <frame src="../main/top.jsp" name="top" scrolling="no">
        <frame src="../main/middle.jsp?userName=<%=userName%>"
            name="toop" scrolling="no">
        <frame src="../main/bottom.jsp" name="main">
    </frameset>
</frameset>
</html>
```

图 11-7 所示页面是使用框架进行分割的,子窗口分别连接 left.jsp、top.jsp、middle.jsp和 bottom.jsp 页面,代码分别如例 11-8~例 11-11 所示。

【例 11-8】 left.jsp。

```
<%@page contentType="text/html" pageEncoding="UTF-8"%>
<html>
    <head>
        <meta http-equiv="Content-Type" content="text/html; charset=UTF-8">
        <title>子窗口左边部分</title>
    </head>
    <body bgcolor="#ccddee">
        <table>
            <tr align="center">
                <td>
                    <img src="../images/top1.jpg" alt="清华大学出版社"
                        height="100" width="200">
                </td>
            </tr>
            <tr>
                <td>
                    <img src="../images/bottom.jpg" alt="风景" height="400"
                        width="200">
                </td>
            </tr>
        </table>
    </body>
</html>
```

【例 11-9】 top.jsp。

```
%@page contentType="text/html" pageEncoding="UTF-8"%>
<html>
    <head>
```

```
        <meta http-equiv="Content-Type" content="text/html; charset=UTF-8">
        <title>top 页面</title>
        <style>
            <!--
                p1{font-family:华文行楷;font-size:20pt;color:blue;}
                h1{font-family: 华文行楷;font-size:30pt;color:red}
            -->
        </style>
    </head>
    <body bgcolor="#CCCFFF">
        <table width="100%">
        <tr>
            <td >
                <img src="../images/top.gif" alt="校训" width="400"
                    height="80">
            </td>
            <td align="left">
                <h3>欢迎使用个人信息管理平台</h3>
            </td>
        </tr>
        </table>
    </body>
</html>
```

【例 11-10】 middle.jsp。

```
%@page contentType="text/html" pageEncoding="UTF-8"%>
<html>
    <head>
        <meta http-equiv="Content-Type" content="text/html; charset=UTF-8">
        <title>middle 页面</title>
    </head>
    <body bgcolor="#CCCFFF">
        <%
            String userName=request.getParameter("userName");
        %>
        <table width="100%" align="right" bgcolor="blue">
            <tr height="10" bgcolor="gray" align="center">
                <td><a href="http://localhost:8084/PIMS/LookMessageServlet?
                    userName=<%=userName%>" target="main">
                    个人信息管理</a>
                </td>
                <td><a href=http://localhost:8084/PIMS/LookFriendServlet
                    target="main">通讯录管理</a>
                </td>
                <td><a href="http://localhost:8084/PIMS/LookDateServlet"
```

```
                target="main">日程安排管理</a>
            </td>
            <td><a href="http://localhost:8084/PIMS/fileManager/fileUp.
                jsp"
                target="main">个人文件管理</a>
            </td>
            <td><a href=http://localhost:8084/PIMS/login.jsp
                target="_top">退出主页面</a>
            </td>
            <td>欢迎,<%=userName%>登录系统</td>
        </tr>
    </table>
    </body>
</html>
```

【例 11-11】 bottom.jsp。

```
<%@page contentType="text/html" pageEncoding="UTF-8"%>
<html>
    <head>
        <meta http-equiv="Content-Type" content="text/html; charset=UTF-8">
        <title>JSP Page</title>
    </head>
    <body bgcolor="#CCCFFF">
    </body>
</html>
```

11.5.4 案例的个人信息管理模块设计与实现

单击图 11-7 所示页面中的"个人信息管理",出现如图 11-8 所示的页面。请参考 middle.jsp 代码中的"<a href="http://localhost:8084/PIMS/LookMessageServlet? userName=<%=userName%>" target="main">个人信息管理</a>"。 LookMessageServlet 是 Servlet 控制器,代码如例 11-12 所示。

【例 11-12】 控制器(LookMessageServlet.java)。

```
package lookMessage;
import java.io.IOException;
import java.sql.*;
import java.util.ArrayList;
import javax.servlet.ServletException;
import javax.servlet.http.*;

public class LookMessageServlet extends HttpServlet {
    protected void doGet(HttpServletRequest request,HttpServletResponse response)
    throws ServletException, IOException {
        String userName=request.getParameter("userName");
```

图 11-8　个人信息页面

```
try{
    Connection con=null;
    Statement stmt=null;
    ResultSet rs=null;
    Class.forName("com.mysql.jdbc.Driver");
    String url="jdbc:mysql://localhost:3306/person
    ?useUnicode=true&characterEncoding=gbk";
    con=DriverManager.getConnection(url,"root","root");
    stmt=con.createStatement();
    String sql="select * from user where userName='"+userName+"'";
    rs=stmt.executeQuery(sql);
    LookMessageBean mm=new LookMessageBean();
    while(rs.next()){
        mm.setName(rs.getString("name"));
        mm.setSex(rs.getString("sex"));
        mm.setBirth(rs.getString("birth"));
        mm.setNation(rs.getString("nation"));
        mm.setEdu(rs.getString("edu"));
        mm.setWork(rs.getString("work"));
        mm.setPhone(rs.getString("phone"));
        mm.setPlace(rs.getString("place"));
        mm.setEmail(rs.getString("email"));
    }
```

```
        HttpSession session=request.getSession();
        ArrayList wordlist=wordlist=new ArrayList();
        wordlist.add(mm);
        session.setAttribute("wordlist", wordlist);
        rs.close();
        stmt.close();
        con.close();
        response.sendRedirect("http://localhost:8084/PIMS/
        lookMessage/lookMessage.jsp");
    }catch(Exception e){
        e.printStackTrace();
    }
}
    protected void doPost(HttpServletRequest request,HttpServletResponse response)
    throws ServletException, IOException {
        doGet(request, response);
    }
}
```

在 LookMessageServlet. java 中首先获取用户名,并连接数据库把该用户的信息保存到一个 JavaBean 中,该 JavaBean 类是 LookMessageBean,代码如例 11-13 所示,同时使用 response. sendRedirect()方法把页面重定向到 lookMessage. jsp,代码如例 11-14 所示。

【例 11-13】 保存数据的 JavaBean 类(LookMessageBean. java)。

```
package lookMessage;

public class LookMessageBean {
    private String name;
    private String sex;
    private String birth;
    private String nation;
    private String edu;
    private String work;
    private String phone;
    private String place;
    private String email;
    public LookMessageBean(){
    }
    public String getName() {
        return name;
    }
    public void setName(String name) {
        this.name =name;
    }
    public String getSex() {
        return sex;
```

```
        }
        public void setSex(String sex) {
            this.sex =sex;
        }
        public String getBirth() {
            return birth;
        }
        public void setBirth(String birth) {
            this.birth =birth;
        }
        public String getNation() {
            return nation;
        }
        public void setNation(String nation) {
            this.nation =nation;
        }
        public String getEdu() {
            return edu;
        }
        public void setEdu(String edu) {
            this.edu =edu;
        }
        public String getWork() {
            return work;
        }
        public void setWork(String work) {
            this.work =work;
        }
        public String getPhone() {
            return phone;
        }
        public void setPhone(String phone) {
            this.phone =phone;
        }
        public String getPlace() {
            return place;
        }
        public void setPlace(String place) {
            this.place =place;
        }
        public String getEmail() {
            return email;
        }
        public void setEmail(String email) {
            this.email =email;
```

```
        }
    }
```

【例 11-14】　查看个人信息页面(lookMessage.jsp)。

```jsp
<%@ page import="lookMessage.LookMessageBean"%>
<%@ page import="java.util.ArrayList"%>
<%@ page contentType="text/html" pageEncoding="UTF-8"%>
<html>
    <head>
        <meta http-equiv="Content-Type" content="text/html; charset=UTF-8">
        <title>个人信息管理系统——查看个人信息</title>
    </head>
        <body bgcolor="CCCFFF">
            <hr noshade>
            <div align="center">
                <table border="0" cellspacing="0" cellpadding="0" width="100%"
                        align="center">
                    <tr>
                        <td width="33%">
                            <a href="http://localhost:8084/PIMS/lookMessage/
                            updateMessage.jsp">修改个人信息</a>
                        </td>
                        <td width="33%">
                            查看个人信息
                        </td>
                        <td width="33%">
                            <a href="http://localhost:8084/PIMS/lookMessage/
                            updatePassword.jsp">修改密码</a>
                        </td>
                    </tr>
                </table>
            </div>
            <hr noshade>
            <br><br>
            <table border="2" cellspacing="0" cellpadding="0" bgcolor="#95BDFF"
             width="60%" align="center">
            <%
                ArrayList wordlist=(ArrayList)session.getAttribute("wordlist");
                if(wordlist==null||wordlist.size()==0){
                    response.sendRedirect("http://localhost:8084/PIMS
                    /main/bottom.jsp");
                }else{
                    for(int i=wordlist.size()-1;i>=0;i--){
                        LookMessageBean mm=
                        (LookMessageBean)wordlist.get(i);
```

```
            %>
                <tr>
                    <td height="30">用户姓名</td>
                    <td><%=mm.getName()%></td>
                </tr>
                <tr>
                    <td height="30">用户性别</td>
                    <td><%=mm.getSex()%></td>
                </tr>
                <tr>
                    <td height="30">出生日期</td>
                    <td><%=mm.getBirth()%></td>
                </tr>
                <tr>
                    <td height="30">用户民族</td>
                    <td><%=mm.getNation()%></td>
                </tr>
                <tr>
                    <td height="30">用户学历</td>
                    <td><%=mm.getEdu()%></td>
                </tr>
                <tr>
                    <td height="30">用户职称</td>
                    <td><%=mm.getWork()%></td>
                </tr>
                <tr>
                    <td height="30">用户电话</td>
                    <td><%=mm.getPhone()%></td>
                </tr>
                <tr>
                    <td height="30">家庭住址</td>
                    <td><%=mm.getPlace()%></td>
                </tr>
                <tr>
                    <td height="30">邮箱地址</td>
                    <td><%=mm.getEmail()%></td>
                </tr>
            <%
                }
            }
            %>
        </table>
    </body>
</html>
```

单击图 11-8 中的"修改个人信息",出现如图 11-9 所示的修改个人信息页面,对应的超链接页面是 updateMessage.jsp,代码如例 11-15 所示。

图 11-9 修改个人信息页面

【**例 11-15**】 修改个人信息页面(updateMessage.jsp)。

```
<%@ page import="lookMessage.LookMessageBean"%>
<%@ page import="java.util.ArrayList"%>
<%@ page contentType="text/html" pageEncoding="UTF-8"%>
<html>
    <head>
        <meta http-equiv="Content-Type" content="text/html; charset=UTF-8">
        <title>个人信息管理系统->查看</title>
    </head>
    <body bgcolor="CCCFFF">
        <hr noshade>
        <div align="center">
            <table border="0" cellspacing="0" cellpadding="0" width="100%"
                align="center">
                <tr>
                    <td width="33%">修改个人信息</td>
                    <td width="33%">
                        <a href="http://localhost:8084/PIMS/lookMessage/
                        lookMessage.jsp">查看个人信息</a>
                    </td>
                    <td width="33%">
```

```
                <a href="http://localhost:8084/PIMS/lookMessage/
                updatePassword.jsp">修改密码</a>
            </td>
        </tr>
    </table>
</div>
<hr noshade>
<br><br>
<form action="http://localhost:8084/PIMS/UpdateMessageServlet"
    method="post">
    <table border="2" cellspacing="0" cellpadding="0" bgcolor="#95BDFF"
        width="60%" align="center">
    <%
        ArrayList wordlist=(ArrayList)session.getAttribute("wordlist");
        if(wordlist==null||wordlist.size()==0){
            response.sendRedirect("http://localhost:8084/PIMS/
            main/bottom.jsp");
        }else{
        for(int i=wordlist.size()-1;i>=0;i--){
            LookMessageBean mm=(LookMessageBean)wordlist.get(i);
    %>
        <tr>
            <td height="30">用户姓名</td>
            <td><%=mm.getName()%></td>
        </tr>
        <tr>
            <td height="30">用户性别</td>
            <td><%=mm.getSex()%></td>
        </tr>
        <tr>
            <td height="30">出生日期</td>
            <td><%=mm.getBirth()%></td>
        </tr>
        <tr>
            <td height="30">用户民族</td>
            <td><%=mm.getNation()%></td>
        </tr>
        <tr>
            <td height="30">用户学历</td>
            <td>
                <select name="edu" size="1">
                    <%if(mm.getEdu().equals("博士")){%>
                    <option value="博士" selected>博士</option>
                    <%}else{%>
                    <option value="博士">博士</option>
```

```
            <%}%>
            <%if(mm.getEdu().equals("硕士")){%>
            <option value="硕士" selected>硕士</option>
            <%}else{%>
            <option value="硕士">硕士</option>
            <%}%>
            <%if(mm.getEdu().equals("本科")){%>
            <option value="本科" selected>本科</option>
            <%}else{%>
            <option value="本科">本科</option>
            <%}%>
            <%if(mm.getEdu().equals("专科")){%>
            <option value="专科" selected>专科</option>
            <%}else{%>
            <option value="专科">专科</option>
            <%}%>
            <%if(mm.getEdu().equals("高中")){%>
            <option value="高中" selected>高中</option>
            <%}else{%>
            <option value="高中">高中</option>
            <%}%>
            <%if(mm.getEdu().equals("初中")){%>
            <option value="初中" selected>初中</option>
            <%}else{%>
            <option value="初中">初中</option>
            <%}%>
            <%if(mm.getEdu().equals("初中")){%>
            <option value="初中" selected>初中</option>
            <%}else{%>
            <option value="初中">初中</option>
            <%}%>
            <%if(mm.getEdu().equals("小学")){%>
            <option value="小学" selected>小学</option>
            <%}else{%>
            <option value="小学">小学</option>
            <%}%>
            <%if(mm.getEdu().equals("其他")){%>
            <option value="其他" selected>其他</option>
            <%}else{%>
            <option value="其他">其他</option>
            <%}%>
        </select>
    </td>
</tr>
<tr>
```

```
<td height="30">用户职称</td>
<td>
    <select name="work" size="1">
        <%if(mm.getWork().equals("软件开发工程师")){%>
        <option value="软件开发工程师" selected>
        软件开发工程师</option>
        <%}else{%>
        <option value="软件开发工程师" >
        软件开发工程师</option>
        <%}%>
        <%if(mm.getWork().equals("软件测试工程师")){%>
        <option value="软件测试工程师" selected>
        软件测试工程师</option>
        <%}else{%>
        <option value="软件测试工程师">
        软件测试工程师</option>
        <%}%>
        <%if(mm.getWork().equals("教师")){%>
        <option value="教师" selected>教师</option>
        <%}else{%>
        <option value="教师">教师</option>
        <%}%>
        <%if(mm.getWork().equals("学生")){%>
        <option value="学生" selected>学生</option>
        <%}else{%>
        <option value="学生">学生</option>
        <%}%>
        <%if(mm.getWork().equals("职员")){%>
        <option value="职员" selected>职员</option>
        <%}else{%>
        <option value="职员">职员</option>
        <%}%>
        <%if(mm.getWork().equals("经理")){%>
        <option value="经理" selected>经理</option>
        <%}else{%>
        <option value="经理">经理</option>
        <%}%>
        <%if(mm.getWork().equals("老板")){%>
        <option value="老板" selected>老板</option>
        <%}else{%>
        <option value="老板">老板</option>
        <%}%>
        <%if(mm.getWork().equals("公务员")){%>
        <option value="公务员" selected>公务员</option>
        <%}else{%>
```

```
                        <option value="公务员">公务员</option>
                        <%}%>
                        <%if(mm.getWork().equals("其他")){%>
                        <option value="其他" selected>其他</option>
                        <%}else{%>
                        <option value="其他">其他</option>
                        <%}%>
                    </select>
                </td>
            </tr>
            <tr>
                <td height="30">用户电话</td>
                <td><input type="text" name="phone"
                    value="<%=mm.getPhone()%>">
                </td>
            </tr>
            <tr>
                <td height="30">家庭住址</td>
                <td><%=mm.getPlace()%></td>
            </tr>
            <tr>
                <td height="30">邮箱地址</td>
                <td><input type="text" name="email"
                    value="<%=mm.getEmail()%>">
                </td>
            </tr>
            <tr>
                <td colspan="2" align="center">
                    <input type="submit" value="确 定" size="12">
                          
                    <input type="reset" value="清 除" size="12">
                </td>
            </tr>
    <%
        }
      }
    %>
        </table>
    </form>
  </body>
</html>
```

  在图 11-9 所示页面中修改过个人信息后单击"确定"按钮,请求提交到 UpdateMessageServlet 控制器,代码如例 11-16 所示。

  【**例 11-16**】 修改个人信息页面对应的控制器(UpdateMessageServlet.java)。

```
package lookMessage; import java.io.IOException;
import java.sql.*;
import java.util.ArrayList;
import javax.servlet.ServletException;
import javax.servlet.http.*;
import javax.swing.JOptionPane;
import loginRegister.LoginBean;

public class UpdateMessageServlet extends HttpServlet {
    public void wrong1(){
        String msg="不允许有空,修改失败!";
        int type=JOptionPane.YES_NO_CANCEL_OPTION;
        String title="信息提示";
        JOptionPane.showMessageDialog(null, msg, title, type);
    }
    public void right(){
        String msg="填写信息合格,修改成功!";
        int type=JOptionPane.YES_NO_CANCEL_OPTION;
        String title="信息提示";
        JOptionPane.showMessageDialog(null, msg, title, type);
    }
    protected void doGet(HttpServletRequest request,HttpServletResponse response)
    throws ServletException, IOException {
        String edu=new
        String(request.getParameter("edu").getBytes("ISO-8859-1"),"UTF-8");
        String work=new
        String(request.getParameter("work").getBytes("ISO-8859-1"),"UTF-8");
        String phone=new
        String(request.getParameter("phone").getBytes("ISO-8859-1"),"UTF-8");
        String email=new
        String(request.getParameter("email").getBytes("ISO-8859-1"),"UTF-8");
        if(phone.length()==0||email.length()==0){
            wrong1();
            response.sendRedirect("http://localhost:8084/PIMS/lookMessage
            /updateMessage.jsp");
        }else{
            try{
                Connection con=null;
                Statement stmt=null;
                ResultSet rs=null;
                Class.forName("com.mysql.jdbc.Driver");
                String url="jdbc:mysql://localhost:3306/person
                ?useUnicode=true&characterEncoding=gbk";
                con=DriverManager.getConnection(url,"root","root");
                stmt=con.createStatement();
```

```
        String userName="";
        HttpSession session=request.getSession();
        ArrayList login=(ArrayList)session.getAttribute("login");
        if(login==null||login.size()==0){
            response.sendRedirect("http://localhost:8084/PIMS
            /login.jsp");
        }else{
            for(int i=login.size()-1;i>=0;i--){
                LoginBean nn=(LoginBean)login.get(i);
                userName=nn.getUserName();
            }
        }
        String sql1="Update user
        set edu='"+edu+"',work='"+work+"',phone='"+phone+"',
        email='"+email+"' where userName='"+userName+"'";
        stmt.executeUpdate(sql1);
        String sql2="select * from user where userName='"+userName+"'";
        rs=stmt.executeQuery(sql2);
        LookMessageBean mm=new LookMessageBean();
        while(rs.next()){
            mm.setName(rs.getString("name"));
            mm.setSex(rs.getString("sex"));
            mm.setBirth(rs.getString("birth"));
            mm.setNation(rs.getString("nation"));
            mm.setEdu(rs.getString("edu"));
            mm.setWork(rs.getString("work"));
            mm.setPhone(rs.getString("phone"));
            mm.setPlace(rs.getString("place"));
            mm.setEmail(rs.getString("email"));
        }
        ArrayList wordlist=null;
        wordlist=new ArrayList();
        wordlist.add(mm);
        session.setAttribute("wordlist", wordlist);
        rs.close();
        stmt.close();
        con.close();
        right();
        response.sendRedirect("http://localhost:8084/PIMS/lookMessage
        /lookMessage.jsp");
    }catch(Exception e){
        e.printStackTrace();
    }
  }
}
```

```
protected void doPost(HttpServletRequest request,HttpServletResponse response)
throws ServletException, IOException {
    doGet(request, response);
}
}
```

单击图 11-9 所示页面中的"修改密码",出现如图 11-10 所示的修改密码页面,对应的超链接页面是 updatePassword.jsp,代码如例 11-17 所示。

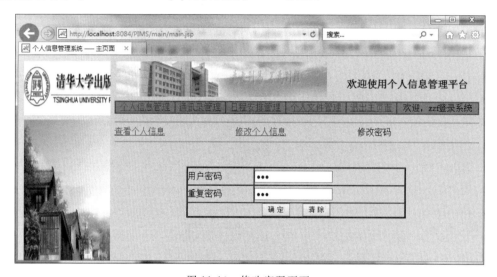

图 11-10　修改密码页面

【例 11-17】　修改密码页面(updatePassword.jsp)。

```
<%@ page import="loginRegister.LoginBean"%>
<%@ page import="java.util.ArrayList"%>
<%@ page contentType="text/html" pageEncoding="UTF-8"%>
<html>
    <head>
        <meta http-equiv="Content-Type" content="text/html; charset=UTF-8">
        <title>JSP Page</title>
    </head>
    <body bgcolor="CCCFFF">
        <hr noshade>
        <div align="center">
            <table border="0" cellspacing="0" cellpadding="0" width="100%"
                align="center">
                <tr>
                    <td width="33%">
                        <a href="http://localhost:8084/PIMS/lookMessage/
                        lookMessage.jsp">查看个人信息</a>
                    </td>
                    <td width="33%">
```

```
            <a href="http://localhost:8084/PIMS/lookMessage/
            updateMessage.jsp">修改个人信息</a>
        </td>
        <td width="33%">
            修改密码
        </td>
    </tr>
</table>
</div>
<hr noshade>
<br><br>
<form action="http://localhost:8084/PIMS/UpdatePasswordServlet"
    method="post">
    <table border="2" cellspacing="0" cellpadding="0" bgcolor="CCCFFF"
        width="60%" align="center">
    <%
        ArrayList login=(ArrayList)session.getAttribute("login");
        if(login==null||login.size()==0){
            response.sendRedirect("http://localhost:8084/PIMS/
            main/bottom.jsp");
        }else{
            for(int i=login.size()-1;i>=0;i--){
                LoginBean nn=(LoginBean)login.get(i);
    %>
        <tr>
            <td height="30">用户密码</td>
            <td><input type="password" name="password1"
                value="<%=nn.getPassword()%>">
            </td>
        </tr>
        <tr>
            <td height="30">重复密码</td>
            <td><input type="password" name="password2"
                value="<%=nn.getPassword()%>">
            </td>
        </tr>
        <tr>
            <td colspan="2" align="center">
                <input type="submit" value="确 定" size="12">
                     
                <input type="reset" value="清 除" size="12">
            </td>
        </tr>
    <%
        }
```

433

```
            }
        %>
        </table>
    </form>
</body>
</html>
```

在图 11-10 所示页面中修改过密码后单击"确定"按钮，请求提交到 UpdatePasswordServlet 控制器，代码如例 11-18 所示。

【例 11-18】 修改密码页面对应的控制器（UpdatePasswordServlet. java）。

```java
package lookMessage;
import java.io.IOException;
import java.sql.* ;
import java.util.ArrayList;
import javax.servlet.ServletException;
import javax.servlet.http.HttpServlet;
import javax.servlet.http.HttpServletRequest;
import javax.servlet.http.HttpServletResponse;
import javax.servlet.http.HttpSession;
import javax.swing.JOptionPane;
import loginRegister.LoginBean;

public class UpdatePasswordServlet extends HttpServlet {
    public void wrong1(){
        String msg="不允许有空,修改失败!";
        int type=JOptionPane.YES_NO_CANCEL_OPTION;
        String title="信息提示";
        JOptionPane.showMessageDialog(null, msg, title, type);
    }
    public void wrong2(){
        String msg="两次密码不同,修改失败!";
        int type=JOptionPane.YES_NO_CANCEL_OPTION;
        String title="信息提示";
        JOptionPane.showMessageDialog(null, msg, title, type);
    }
    public void right(){
        String msg="填写信息合格,修改成功!";
        int type=JOptionPane.YES_NO_CANCEL_OPTION;
        String title="信息提示";
        JOptionPane.showMessageDialog(null, msg, title, type);
    }
    protected void doGet(HttpServletRequest request,HttpServletResponse response)
    throws ServletException, IOException {
        String password1=new
        String(request.getParameter("password1").getBytes("ISO-8859-1"),
```

```
"UTF-8");
String password2=new
String(request.getParameter("password2").getBytes("ISO-8859-1"),
"UTF-8");
if(password1.length()==0||password2.length()==0){
    wrong1();
    response.sendRedirect("http://localhost:8084/PIMS/lookMessage/
    updatePassword.jsp");
}else if(!(password1.equals(password2))){
    wrong2();
    response.sendRedirect("http://localhost:8084/PIMS/lookMessage/
    updatePassword.jsp");
}else{
    try{
        Connection con=null;
        Statement stmt=null;
        ResultSet rs=null;
        Class.forName("com.mysql.jdbc.Driver");
        String url="jdbc:mysql://localhost:3306/person
        ?useUnicode=true&characterEncoding=gbk";
        con=DriverManager.getConnection(url,"root","root");
        stmt=con.createStatement();
        String userName="";
        HttpSession session=request.getSession();
        ArrayList login=(ArrayList)session.getAttribute("login");
        if(login==null||login.size()==0){
            response.sendRedirect("http://localhost:8084/PIMS/login.jsp");
        }else{
            for(int i=login.size()-1;i>=0;i--){
                LoginBean nn=(LoginBean)login.get(i);
                userName=nn.getUserName();
            }
        }
        String sql1="Update user set password='"+password1+"'
        where userName='"+userName+"'";
        stmt.executeUpdate(sql1);
        String sql2="select * from user where userName='"+userName+"'";
        rs=stmt.executeQuery(sql2);
        LoginBean nn=new LoginBean();
        nn.setPassword(password1);
        ArrayList wordlist=null;
        wordlist=new ArrayList();
        wordlist.add(nn);
        session.setAttribute("login", login);
        rs.close();
```

```
            stmt.close();
            con.close();
            right();
            response.sendRedirect("http://localhost:8084/PIMS/lookMessage/
            lookMessage.jsp");
        }catch(Exception e){
            e.printStackTrace();
        }
    }
}
protected void doPost(HttpServletRequest request,HttpServletResponse response)
throws ServletException, IOException {
    doGet(request, response);
}
}
```

11.5.5 案例的通讯录模块设计与实现

单击图 11-10 所示页面中的"通讯录管理"，出现如图 11-11 所示的页面。请参考 middle.jsp 代码中的"＜a href＝"http：//localhost：8084/PIMS/LookFriendServlet" target＝ "main"＞通讯录管理＜/a＞"。LookFriendServlet 是 Servlet 控制器，代码如例 11-19 所示。

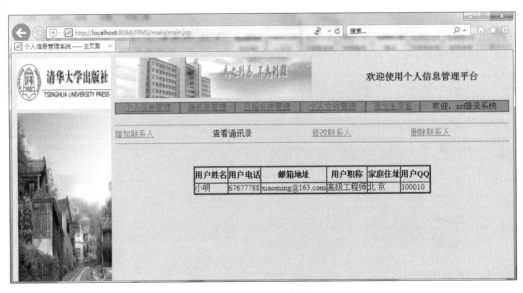

图 11-11　通讯录页面

【例 11-19】　查看通讯录控制器（LookFriendServlet.java）。

```
package friendManager;
import java.io.IOException;
import java.sql.*;
```

```java
import java.util.ArrayList;
import javax.servlet.ServletException;
import javax.servlet.http.*;
import javax.swing.JOptionPane;
import loginRegister.LoginBean;

public class LookFriendServlet extends HttpServlet {
    public void wrong1(){
        String msg="不允许有空,注册失败!";
        int type=JOptionPane.YES_NO_CANCEL_OPTION;
        String title="信息提示";
        JOptionPane.showMessageDialog(null, msg, title, type);
    }
    protected void doGet(HttpServletRequest request,HttpServletResponse response)
    throws ServletException, IOException {
        try{
            Connection con=null;
            Statement stmt=null;
            ResultSet rs=null;
            Class.forName("com.mysql.jdbc.Driver");
            String url="jdbc:mysql://localhost:3306/person
            ?useUnicode=true&characterEncoding=gbk";
            con=DriverManager.getConnection(url,"root","root");
            stmt=con.createStatement();
            String userName="";
            HttpSession session=request.getSession();
            ArrayList login=(ArrayList)session.getAttribute("login");
            if(login==null||login.size()==0){
                response.sendRedirect("http://localhost:8084/PIMS/
                login.jsp");
            }else{
                for(int i=login.size()-1;i>=0;i--){
                    LoginBean nn=(LoginBean)login.get(i);
                    userName=nn.getUserName();
                }
            }
            String sql1="select * from friends where
            userName='"+userName+"'";
            rs=stmt.executeQuery(sql1);
            ArrayList friendslist=null;
            if((ArrayList)session.getAttribute("friendslist")==null){
                friendslist=new ArrayList();
                while(rs.next()){
                    LookFriendBean ff=new LookFriendBean();
                    ff.setName(rs.getString("name"));
```

```
                    ff.setPhone(rs.getString("phone"));
                    ff.setEmail(rs.getString("email"));
                    ff.setWorkPlace(rs.getString("workPlace"));
                    ff.setPlace(rs.getString("place"));
                    ff.setQQ(rs.getString("QQ"));
                    friendslist.add(ff);
                    session.setAttribute("friendslist", friendslist);
                }
            }
            rs.close();
            stmt.close();
            con.close();
            response.sendRedirect("http://localhost:8084/PIMS/friendManager/
            lookFriend.jsp");
        }catch(Exception e){
            e.printStackTrace();
        }
    }
    protected void doPost(HttpServletRequest request,HttpServletResponse response)
    throws ServletException, IOException {
        doGet(request, response);
    }
}
```

在 LookFriendServlet.java 中首先获取用户名,并连接数据库把该用户的通讯录信息保存在一个 JavaBean 中,该 JavaBean 类是 LookFriendBean,代码如例 11-20 所示,同时使用 response.sendRedirect()方法把页面重定向到 lookFriend.jsp,代码如例 11-21 所示。

【例 11-20】 保存通讯录信息的 JavaBean(LookFriendBean.java)。

```
package friendManager;

public class LookFriendBean {
    private String name;
    private String phone;
    private String email;
    private String workPlace;
    private String place;
    private String QQ;
    public String getName() {
        return name;
    }
    public void setName(String name) {
        this.name =name;
    }
    public String getPhone() {
        return phone;
```

```
    }
    public void setPhone(String phone) {
        this.phone =phone;
    }
    public String getEmail() {
        return email;
    }
    public void setEmail(String email) {
        this.email =email;
    }
    public String getWorkPlace() {
        return workPlace;
    }
    public void setWorkPlace(String workPlace) {
        this.workPlace =workPlace;
    }
    public String getPlace() {
        return place;
    }
    public void setPlace(String place) {
        this.place =place;
    }
    public String getQQ() {
        return QQ;
    }
    public void setQQ(String QQ) {
        this.QQ =QQ;
    }
}
```

【例 11-21】 查看通讯录页面(lookFriend.jsp)。

```
<%@page import="friendManager.LookFriendBean"%>
<%@page import="java.util.ArrayList"%>
<%@page contentType="text/html" pageEncoding="UTF-8"%>
<html>
    <head>
        <meta http-equiv="Content-Type" content="text/html; charset=UTF-8">
        <title>个人信息管理系统——查看通讯录</title>
    </head>
    <body bgcolor="CCCFFF">
        <hr noshade>
        <div align="center">
            <table border="0" cellspacing="0"cellpadding="0"
            width="100%"align="center">
                <tr>
```

```
        <td width="20%">
            <a href="http://localhost:8084/PIMS/friendManager/
            addFriend.jsp">增加联系人</a>
        </td>
        <td width="20%">
            查看通讯录
        </td>
        <td width="20%">
            <a href="http://localhost:8084/PIMS/friendManager/
            updateFriend.jsp">修改联系人</a>
        </td>
        <td width="20%">
            <a href="http://localhost:8084/PIMS/friendManager/
            deleteFriend.jsp">删除联系人</a>
        </td>
    </tr>
</table>
</div>
<hr noshade>
<br><br>
<table border="2" cellspacing="0"cellpadding="0"
        width="60%"align="center">
    <tr>
        <th height="30">用户姓名</th>
        <th height="30">用户电话</th>
        <th height="30">邮箱地址</th>
        <th height="30">用户职称</th>
        <th height="30">家庭住址</th>
        <th height="30">用户 QQ</th>
    </tr>
    <%
        ArrayList friendslist=(ArrayList)session.getAttribute
        ("friendslist");
        if(friendslist==null||friendslist.size()==0){
    %>
    <div align="center">
        <h1>您还没有任何联系人!</h1>
    </div>
    <%
        }else{
            for(int i=friendslist.size()-1;i>=0;i--){
                LookFriendBean ff=(LookFriendBean)friendslist.get(i);
    %>
    <tr>
        <td><%=ff.getName()%></td>
```

```
                <td><%=ff.getPhone()%></td>
                <td><%=ff.getEmail()%></td>
                <td><%=ff.getWorkPlace()%></td>
                <td><%=ff.getPlace()%></td>
                <td><%=ff.getQQ()%></td>
            </tr>
            <%
                    }
                }
            %>
        </table>
    </body>
</html>
```

单击图 11-11 所示页面中的"增加联系人",出现如图 11-12 所示的增加联系人页面,对应的超链接页面是 addFriend.jsp,代码如例 11-22 所示。

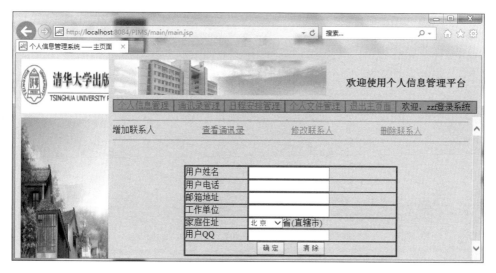

图 11-12　增加联系人页面

【例 11-22】　增加联系人页面(addFriend.jsp)。

```
<%@page contentType="text/html" pageEncoding="UTF-8"%>
<html>
    <head>
        <meta http-equiv="Content-Type" content="text/html; charset=UTF-8">
        <title>个人信息管理系统——增加通讯录</title>
    </head>
    <body bgcolor="CCCFFF">
        <hr noshade>
        <div align="center">
            <table border="0" cellspacing="0" cellpadding="0" width="100%"
                    align="center">
```

```
<tr>
    <td width="20%">增加联系人</td>
    <td width="20%">
        <a href="http://localhost:8084/PIMS/LookFriendServlet">
        查看通讯录</a>
    </td>
    <td width="20%">
        <a href="http://localhost:8084/PIMS/friendManager/
        updateFriend.jsp">修改联系人</a>
    </td>
    <td width="20%">
        <a href="http://localhost:8084/PIMS/friendManager/
        deleteFriend.jsp">删除联系人</a>
    </td>
</tr>
    </table>
</div>
<hr noshade>
<br><br>
<form action="http://localhost:8084/PIMS/AddFriendServlet" method="post">
    <table border="2" cellspacing="0" cellpadding="0"
            width="60%" align="center">
        <tr>
            <td>用户姓名</td>
            <td><input type="text" name="name"/></td>
        </tr>
        <tr>
            <td>用户电话</td>
            <td><input type="text" name="phone"/></td>
        </tr>
        <tr>
            <td>邮箱地址</td>
            <td><input type="text" name="email"/></td>
        </tr>
        <tr>
            <td>工作单位</td>
            <td><input type="text" name="workPlace"/></td>
        </tr>
        <tr>
            <td>家庭住址</td>
            <td>
                <select name="place" size="1">
                    <option value="北京">北　京</option>
                    <option value="上海">上　海</option>
                    <option value="天津">天　津</option>
```

```
                <option value="河北">河　北</option>
                <option value="河南">河　南</option>
                <option value="吉林">吉　林</option>
                <option value="黑龙江">黑龙江</option>
                <option value="内蒙古">内蒙古</option>
                <option value="山东">山　东</option>
                <option value="山西">山　西</option>
                <option value="陕西">陕　西</option>
                <option value="甘肃">甘　肃</option>
                <option value="宁夏">宁　夏</option>
                <option value="青海">青　海</option>
                <option value="新疆">新　疆</option>
                <option value="辽宁">辽　宁</option>
                <option value="江苏">江　苏</option>
                <option value="浙江">浙　江</option>
                <option value="安徽">安　徽</option>
                <option value="广东">广　东</option>
                <option value="海南">海　南</option>
                <option value="广西">广　西</option>
                <option value="云南">云　南</option>
                <option value="贵州">贵　州</option>
                <option value="四川">四　川</option>
                <option value="重庆">重　庆</option>
                <option value="西藏">西　藏</option>
                <option value="香港">香　港</option>
                <option value="澳门">澳　门</option>
                <option value="福建">福　建</option>
                <option value="江西">江　西</option>
                <option value="湖南">湖　南</option>
                <option value="青海">青　海</option>
                <option value="湖北">湖　北</option>
                <option value="台湾">台　湾</option>
                <option value="其他">其　他</option>
            </select>省(直辖市)
        </td>
</tr>
<tr>
    <td>用户 QQ</td>
    <td><input type="text" name="QQ"/></td>
</tr>
<tr>
    <td colspan="2" align="center">
        <input type="submit" value="确 定" size="12">
             
        <input type="reset" value="清 除" size="12">
```

```
            </td>
          </tr>
        </table>
      </form>
    </body>
</html>
```

在图 11-12 所示页面中输入数据后单击"确定"按钮,请求提交到 AddFriendServlet 控制器,代码如例 11-23 所示。

【例 11-23】 增加联系人页面对应的控制器(AddFriendServlet.java)。

```java
package friendManager;
import java.io.IOException;
import java.sql.*;
import java.util.ArrayList;
import javax.servlet.ServletException;
import javax.servlet.http.*;
import javax.swing.JOptionPane;
import loginRegister.LoginBean;


public class AddFriendServlet extends HttpServlet {
    public void wrong1(){
        String msg="不允许有空,添加失败!";
        int type=JOptionPane.YES_NO_CANCEL_OPTION;
        String title="信息提示";
        JOptionPane.showMessageDialog(null, msg, title, type);
    }
    public void wrong2(){
        String msg="用户名已存在,添加失败!";
        int type=JOptionPane.YES_NO_CANCEL_OPTION;
        String title="信息提示";
        JOptionPane.showMessageDialog(null, msg, title, type);
    }
    public void right(){
        String msg="填写信息合格,添加成功!";
        int type=JOptionPane.YES_NO_CANCEL_OPTION;
        String title="信息提示";
        JOptionPane.showMessageDialog(null, msg, title, type);
    }
    protected void doGet(HttpServletRequest request,HttpServletResponse response)
    throws ServletException, IOException {
        String name=new
        String(request.getParameter("name").getBytes("ISO-8859-1"),"UTF-8");
        String phone=new
        String(request.getParameter("phone").getBytes("ISO-8859-1"),"UTF-8");
```

```
String email=new
String(request.getParameter("email").getBytes("ISO-8859-1"),"UTF-8");
String workPlace=new
String(request.getParameter("workPlace").getBytes("ISO-8859-1"),"UTF-8");
String place=new
String(request.getParameter("place").getBytes("ISO-8859-1"),"UTF-8");
String QQ=new
String(request.getParameter("QQ").getBytes("ISO-8859-1"),"UTF-8");
if(name.length()==0||phone.length()==0||email.length()==0||
workPlace.length()==0||QQ.length()==0){
    wrong1();
    response.sendRedirect("http://localhost:8084/PIMS/friendManager/
    addFriend.jsp");
}else{
    try{
        Connection con=null;
        Statement stmt=null;
        ResultSet rs=null;
        Class.forName("com.mysql.jdbc.Driver");
        String url="jdbc:mysql://localhost:3306/person
        ?useUnicode=true&characterEncoding=gbk";
        con=DriverManager.getConnection(url,"root","root");
        stmt=con.createStatement();
        String userName="";
        HttpSession session=request.getSession();
        ArrayList login=(ArrayList)session.getAttribute("login");
        if(login==null||login.size()==0){
            response.sendRedirect("http://localhost:8084/PIMS/
            login.jsp");
        }else{
            for(int i=login.size()-1;i>=0;i--){
                LoginBean nn=(LoginBean)login.get(i);
                userName=nn.getUserName();
            }
        }
        String sql1="select * from friends where name='"+name+"'
        and userName='"+userName+"'";
        rs=stmt.executeQuery(sql1);
        rs.last();
        int k;
        k=rs.getRow();
        if(k>0){
            wrong2();
            response.sendRedirect("http://localhost:8084/PIMS/
```

```
                    friendManager/addFriend.jsp");
                }else{
                    String sql2="insert into
                    friends"+"(userName,name,phone,email,workPlace,place,QQ)"+
                    "values("+"'"+userName+"'"+","+"'"+name+"'"+","+"'"+phone
                    +"'"+","+"'"+email+"'"+","+"'"+workPlace+"'"+","+"'"+
                    place+"'"+","+"'"+QQ+"'"+")";
                    stmt.executeUpdate(sql2);
                }
                String sql3="select * from friends where
                userName='"+userName+"'";
                rs=stmt.executeQuery(sql3);
                ArrayList friendslist=null;
                friendslist=new ArrayList();
                while(rs.next()){
                    LookFriendBean ff=new LookFriendBean();
                    ff.setName(rs.getString("name"));
                    ff.setPhone(rs.getString("phone"));
                    ff.setEmail(rs.getString("email"));
                    ff.setWorkPlace(rs.getString("workPlace"));
                    ff.setPlace(rs.getString("place"));
                    ff.setQQ(rs.getString("QQ"));
                    friendslist.add(ff);
                    session.setAttribute("friendslist", friendslist);
                }
                rs.close();
                stmt.close();
                con.close();
                right();
                response.sendRedirect("http://localhost:8084/PIMS/
                friendManager/lookFriend.jsp");
            }catch(Exception e){
                e.printStackTrace();
            }
        }
    }
    protected void doPost(HttpServletRequest request,HttpServletResponse response)
    throws ServletException, IOException {
        doGet(request, response);
    }
}
```

单击图 11-12 所示页面中的"修改联系人",出现如图 11-13 所示的输入要修改人的姓名页面,对应的超链接页面是 updateFriend.jsp,代码如例 11-24 所示。

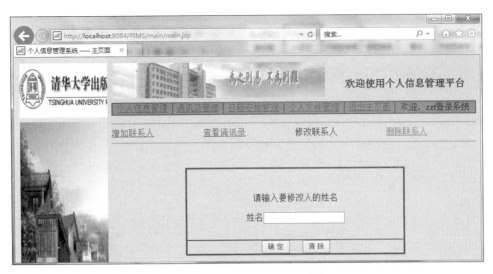

图 11-13　输入要修改人的姓名

【例 11-24】　查询要修改的联系人页面(updateFriend.jsp)。

```jsp
<%@page contentType="text/html" pageEncoding="UTF-8"%>
<html>
    <head>
        <meta http-equiv="Content-Type" content="text/html; charset=UTF-8">
        <title>个人信息管理系统——修改通讯录</title>
    </head>
    <body bgcolor="CCCFFF">
        <hr noshade>
        <div align="center">
            <table border="0" cellspacing="0" cellpadding="0" width="100%"
                    align="center">
                <tr>
                    <td width="20%">
                        <a href="http://localhost:8084/PIMS/friendManager/
                        addFriend.jsp">增加联系人</a>
                    </td>
                    <td width="20%">
                        <a href="http://localhost:8084/PIMS/LookFriendServlet">
                        查看通讯录</a>
                    </td>
                    <td width="20%">
                        修改联系人
                    </td>
                    <td width="20%">
                        <a href="http://localhost:8084/PIMS/friendManager/
                        deleteFriend.jsp">删除联系人</a>
                    </td>
```

```
                    </tr>
                </table>
            </div>
            <hr noshade>
            <br><br>
            <form action="http://localhost:8084/PIMS/UpdateFriendServlet"
                    method="post">
                <table border="2" cellspacing="0" cellpadding="0" width="60%"
                        align="center">
                    <tr align="center">
                        <td align="center" height="130">
                            <p>请输入要修改人的姓名</p>
                            姓名<input type="text" name="friendName"/><br>
                        </td>
                    </tr>
                    <tr>
                        <td align="center">
                            <input type="submit" value="确 定" size="12"/>
                                 
                            <input type="reset" value="清 除" size="12"/>
                        </td>
                    </tr>
                </table>
            </form>
        </body>
    </html>
```

在图 11-13 所示页面中输入联系人姓名后单击"确定"按钮,请求提交到 UpdateFriendServlet 控制器,代码如例 11-25 所示。

【例 11-25】 查询要修改的联系人页面对应的控制器(UpdateFriendServlet. java)。

```java
package friendManager;
import java.io.IOException;
import java.sql.*;
import java.util.ArrayList;
import javax.servlet.ServletException;
import javax.servlet.http.*;
import javax.swing.JOptionPane;

public class UpdateFriendServlet extends HttpServlet {
    public void wrong1(){
        String msg="请输入要修改人的姓名!";
        int type=JOptionPane.YES_NO_CANCEL_OPTION;
        String title="信息提示";
        JOptionPane.showMessageDialog(null, msg, title, type);
    }
```

```
public void wrong2(){
    String msg="此姓名不存在,无法修改!";
    int type=JOptionPane.YES_NO_CANCEL_OPTION;
    String title="信息提示";
    JOptionPane.showMessageDialog(null, msg, title, type);
}
protected void doGet(HttpServletRequest request,HttpServletResponse response)
throws ServletException, IOException {
    String friendName=new
    String(request.getParameter("friendName").getBytes("ISO-8859-1"),"UTF-8");
    if(friendName.length()==0){
        wrong1();
        response.sendRedirect("http://localhost:8084/PIMS/friendManager/
        updateFriend.jsp");
    }else{
        try{
            Connection con=null;
            Statement stmt=null;
            ResultSet rs=null;
            Class.forName("com.mysql.jdbc.Driver");
            String url="jdbc:mysql://localhost:3306/person
            ?useUnicode=true&characterEncoding=gbk";
            con=DriverManager.getConnection(url,"root","root");
            stmt=con.createStatement();
            String sql1="select * from friends where name='"+friendName+"'";
            rs=stmt.executeQuery(sql1);
            rs.last();
            int k=rs.getRow();
            rs.beforeFirst();
            if(k<1){
                wrong2();
                response.sendRedirect("http://localhost:8084/PIMS/
                friendManager/updateFriend.jsp");
            }else{
                HttpSession session=request.getSession();
                ArrayList friendslist2=null;
                friendslist2=new ArrayList();
                while(rs.next()){
                    LookFriendBean ff=new LookFriendBean();
                    ff.setName(rs.getString("name"));
                    ff.setPhone(rs.getString("phone"));
                    ff.setEmail(rs.getString("email"));
                    ff.setWorkPlace(rs.getString("workPlace"));
                    ff.setPlace(rs.getString("place"));
                    ff.setQQ(rs.getString("QQ"));
                    friendslist2.add(ff);
```

```
                        session.setAttribute("friendslist2", friendslist2);
                    }
                    ArrayList friendslist3=null;
                    UpdateFriendBean nn=new UpdateFriendBean();
                    friendslist3=new ArrayList();
                    nn.setName(friendName);
                    friendslist3.add(nn);
                    session.setAttribute("friendslist3", friendslist3);
                }
                rs.close();
                stmt.close();
                con.close();
                response.sendRedirect("http://localhost:8084/PIMS/friendManager/
                updateFriendMessage.jsp");
            }catch(Exception e){
                e.printStackTrace();
            }
        }
    }
    protected void doPost(HttpServletRequest request,HttpServletResponse response)
    throws ServletException, IOException {
        doGet(request, response);
    }
}
```

在 UpdateFriendServlet. java 中查询该联系人，如果联系人存在，使用 response.
sendRedirect()方法把页面重定向到 updateFriendMessage. jsp，代码如例 11-26 所示。运行
结果如图 11-14 所示。

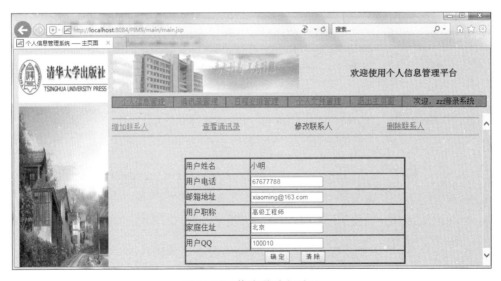

图 11-14　修改联系人页面

【例 11-26】 修改联系人信息页面(updateFriendMessage.jsp)。

```jsp
<%@ page import="friendManager.LookFriendBean"%>
<%@ page import="java.util.ArrayList"%>
<%@ page contentType="text/html" pageEncoding="UTF-8"%>
<html>
    <head>
        <meta http-equiv="Content-Type" content="text/html; charset=UTF-8">
        <title>个人信息管理系统——修改通讯录</title>
    </head>
    <body bgcolor="CCCFFF">
        <hr noshade>
        <div align="center">
            <table border="0" cellspacing="0" cellpadding="0" width="100%"
                    align="center">
                <tr>
                    <td width="20%">
                        <a href="http://localhost:8084/PIMS/friendManager/
                        addFriend.jsp">增加联系人</a>
                    </td>
                    <td width="20%">
                        <a href="http://localhost:8084/PIMS/LookFriendServlet">
                        查看通讯录</a>
                    </td>
                    <td width="20%">
                        修改联系人
                    </td>
                    <td width="20%">
                        <a href="http://localhost:8084/PIMS/friendManager/
                        deleteFriend.jsp">删除联系人</a>
                    </td>
                </tr>
            </table>
        </div>
        <hr noshade>
        <br><br>
        <form action="http://localhost:8084/PIMS/UpdateFriendMessageServlet"
        method="post">
            <table border="2" cellspacing="0" cellpadding="0" width="60%"
                    align="center">
            <%
                ArrayList friendslist2= (ArrayList)
                session.getAttribute("friendslist2");
                if(friendslist2==null||friendslist2.size()==0){
                    response.sendRedirect("http://localhost:8084/PIMS/
                    friendManager/lookFriend.jsp");
```

```
    }else{
        for(int i=friendslist2.size()-1;i>=0;i--){
            LookFriendBean ff=(LookFriendBean)friendslist2.get(i);
%>
    <tr>
        <td height="30">用户姓名</td>
        <td><%=ff.getName()%></td>
    </tr>
    <tr>
        <td height="30">用户电话</td>
        <td><input type="text" name="phone"
            value="<%=ff.getPhone()%>">
        </td>
    </tr>
    <tr>
        <td height="30">邮箱地址</td>
        <td><input type="text" name="email"
            value="<%=ff.getEmail()%>">
        </td>
    </tr>
    <tr>
        <td height="30">用户职称</td>
        <td><input type="text" name="workPlace"
            value="<%=ff.getWorkPlace()%>">
        </td>
    </tr>
    <tr>
        <td height="30">家庭住址</td>
        <td><input type="text" name="place"
            value="<%=ff.getPlace()%>">
        </td>
    </tr>
    <tr>
        <td height="30">用户QQ</td>
        <td><input type="text" name="QQ"
            value="<%=ff.getQQ()%>">
        </td>
    </tr>
    <tr>
        <td colspan="2" align="center">
            <input type="submit" value="确 定" size="12">
                 
            <input type="reset" value="清 除" size="12">
        </td>
    </tr>
```

```
            <%
                }
            }
            %>
            </table>
        </form>
    </body>
</html>
```

在图 11-14 所示页面中修改联系人信息后单击"确定"按钮，请求提交到 UpdateFriendMessageServlet 控制器，代码如 11-27 所示。

【例 11-27】　修改联系人信息页面对应的控制器（UpdateFriendMessageServlet. java）。

```
package friendManager;
import java.io.IOException;
import java.sql. * ;
import java.util.ArrayList;
import javax.servlet.ServletException;
import javax.servlet.http. * ;
import javax.swing.JOptionPane;
import loginRegister.LoginBean;

public class UpdateFriendMessageServlet extends HttpServlet {
    public void wrong1(){
        String msg="不允许有空,修改失败!";
        int type=JOptionPane.YES_NO_CANCEL_OPTION;
        String title="信息提示";
        JOptionPane.showMessageDialog(null, msg, title, type);
    }
    public void right(){
        String msg="填写信息合格,修改成功!";
        int type=JOptionPane.YES_NO_CANCEL_OPTION;
        String title="信息提示";
        JOptionPane.showMessageDialog(null, msg, title, type);
    }
    protected void doGet(HttpServletRequest request,HttpServletResponse response)
    throws ServletException, IOException {
        String phone=new
        String(request.getParameter("phone").getBytes("ISO-8859-1"),"UTF-8");
        String email=new
        String(request.getParameter("email").getBytes("ISO-8859-1"),"UTF-8");
        String workPlace=new
        String(request.getParameter("workPlace").getBytes("ISO-8859-1"),"UTF-8");
        String place=new
        String(request.getParameter("place").getBytes("ISO-8859-1"),"UTF-8");
        String QQ=new
```

```
String(request.getParameter("QQ").getBytes("ISO-8859-1"),"UTF-8");
if(phone.length()==0||email.length()==0||workPlace.length()==0||
place.length()==0||QQ.length()==0){
    wrong1();
    response.sendRedirect("http://localhost:8084/PIMS/friendManager/
    updateFriendMessage.jsp");
}else{
    try{

        Connection con=null;
        Statement stmt=null;
        ResultSet rs=null;
        Class.forName("com.mysql.jdbc.Driver");
        String url="jdbc:mysql://localhost:3306/person
        ?useUnicode=true&characterEncoding=gbk";
        con=DriverManager.getConnection(url,"root","root");
        stmt=con.createStatement();
        String userName="";
        HttpSession session=request.getSession();
        ArrayList login=(ArrayList)session.getAttribute("login");
        if(login==null||login.size()==0){
            response.sendRedirect("http://localhost:8084/PIMS/
            login.jsp");
        }else{
            for(int i=login.size()-1;i>=0;i--){
                LoginBean nn=(LoginBean)login.get(i);
                userName=nn.getUserName();
            }
        }
        String name=null;
        ArrayList friendslist3=(ArrayList)
        session.getAttribute("friendslist3");
        if(friendslist3==null||friendslist3.size()==0){
            response.sendRedirect("http://localhost:8084/PIMS/main/
            bottom.jsp");
        }else{
            for(int i=friendslist3.size()-1;i>=0;i--){
                UpdateFriendBean ff=(UpdateFriendBean)
                friendslist3.get(i);
                name=ff.getName();
            }
        }
        String sql1="update friends set
        phone='"+phone+"',email='"+email+"',workPlace='"+workPlace+"
        ',place='"+place+"',QQ='"+QQ+"' where name='"+name+"' and
```

```
            userName='"+userName+"'";
            stmt.executeUpdate(sql1);
            String sql2="select * from friends where
            userName='"+userName+"'";
            rs=stmt.executeQuery(sql2);
            ArrayList friendslist=null;
            friendslist=new ArrayList();
            while(rs.next()){
                LookFriendBean ff=new LookFriendBean();
                ff.setName(rs.getString("name"));
                ff.setPhone(rs.getString("phone"));
                ff.setEmail(rs.getString("email"));
                ff.setWorkPlace(rs.getString("workPlace"));
                ff.setPlace(rs.getString("place"));
                ff.setQQ(rs.getString("QQ"));
                friendslist.add(ff);
                session.setAttribute("friendslist", friendslist);
            }
            rs.close();
            stmt.close();
            con.close();
            right();
            response.sendRedirect("http://localhost:8084/PIMS/
            LookFriendServlet");
        }catch(Exception e){
            e.printStackTrace();
        }
    }
}
    protected void doPost(HttpServletRequest request,HttpServletResponse response)
    throws ServletException, IOException {
        doGet(request, response);
    }
}
```

单击图 11-14 所示页面中的"删除联系人",出现如图 11-15 所示的输入删除联系人姓名页面,对应的超链接页面是 deleteFriend.jsp,代码如例 11-28 所示。

【例 11-28】　查询要删除的联系人页面(deleteFriend.jsp)。

```
<%@ page contentType="text/html" pageEncoding="UTF-8"%>
<html>
    <head>
        <meta http-equiv="Content-Type" content="text/html; charset=UTF-8">
        <title>个人信息管理系统——删除通讯录</title>
    </head>
    <body bgcolor="CCCFFF">
```

```html
<hr noshade>
<div align="center">
    <table border="0" cellspacing="0" cellpadding="0" width="100%"
            align="center">
        <tr>
            <td width="20%">
                <a href="http://localhost:8084/PIMS/friendManager/
                addFriend.jsp">增加联系人</a>
            </td>
            <td width="20%">
                <a href="http://localhost:8084/PIMS/
                LookFriendServlet">查看通讯录</a>
            </td>
            <td width="20%">
                <a href="http://localhost:8084/PIMS/friendManager/
                updateFriend.jsp">修改联系人</a>
            </td>
            <td width="20%">
                删除联系人
            </td>
        </tr>
    </table>
</div>
<hr noshade>
<br><br>
<form action="http://localhost:8084/PIMS/DeleteFriendServlet"
        method="post">
    <table border="2" cellspacing="0" cellpadding="0" width="40%"
            align="center">
        <tr align="center">
            <td align="center" height="130">
                <p>请输入要删除人的姓名</p>
                姓名<input type="text" name="name"><br>
            </td>
        </tr>
        <tr>
            <td align="center">
                <input type="submit" value="确 定" size="12">
                     
                <input type="reset" value="清 除" size="12">
            </td>
        </tr>
    </table>
</form>
</body>
```

```
</html>
```

图 11-15 删除联系人页面

在图 11-15 所示页面中输入要删除的联系人姓名后单击"确定"按钮,请求提交到 DeleteFriendServlet 控制器,代码如例 11-29 所示。

【例 11-29】 查询要删除的联系人页面对应的控制器(DeleteFriendServlet. java)。

```java
package friendManager;
import java.io.IOException;
import java.sql. * ;
import java.util.ArrayList;
import javax.servlet.ServletException;
import javax.servlet.http.HttpServlet;
import javax.servlet.http.HttpServletRequest;
import javax.servlet.http.HttpServletResponse;
import javax.servlet.http.HttpSession;
import javax.swing.JOptionPane;
import loginRegister.LoginBean;

public class DeleteFriendServlet extends HttpServlet {
    public void wrong1(){
        String msg="请输入要删除的人的姓名!";
        int type=JOptionPane.YES_NO_CANCEL_OPTION;
        String title="信息提示";
        JOptionPane.showMessageDialog(null, msg, title, type);
    }
    public void wrong2(){
        String msg="此联系人不存在!";
        int type=JOptionPane.YES_NO_CANCEL_OPTION;
```

```java
        String title="信息提示";
        JOptionPane.showMessageDialog(null,msg,title,type);
}
public void right(){
        String msg="此联系人已成功删除!";
        int type=JOptionPane.YES_NO_CANCEL_OPTION;
        String title="信息提示";
        JOptionPane.showMessageDialog(null,msg,title,type);
}
protected void doGet(HttpServletRequest request,HttpServletResponse response)
throws ServletException,IOException {
        String name=new
        String(request.getParameter("name").getBytes("ISO-8859-1"),"UTF-8");
        if(name.length()==0){
            wrong1();
            response.sendRedirect("http://localhost:8084/PIMS/friendManager/
            deleteFriend.jsp");
        }else{
            try{
                Connection con=null;
                Statement stmt=null;
                ResultSet rs=null;
                Class.forName("com.mysql.jdbc.Driver");
                String url="jdbc:mysql://localhost:3306/person
                ?useUnicode=true&characterEncoding=gbk";
                con=DriverManager.getConnection(url,"root","root");
                stmt=con.createStatement();
                String userName="";
                HttpSession session=request.getSession();
                ArrayList login=(ArrayList)session.getAttribute("login");
                if(login==null||login.size()==0){
                    response.sendRedirect("http://localhost:8084/PIMS/
                    login.jsp");
                }else{
                    for(int i=login.size()-1;i>=0;i--){
                        LoginBean nn=(LoginBean)login.get(i);
                        userName=nn.getUserName();
                    }
                }
                String sql1="select * from friends where name='"+name+"'and
                userName='"+userName+"'";
                rs=stmt.executeQuery(sql1);
                rs.last();
                int k=rs.getRow();
                if(k<1){
```

```
            wrong2();
            response.sendRedirect("http://localhost:8084/PIMS/
            friendManager/deleteFriend.jsp");
        }else{
            String sql2="delete from friends where name='"+name+"'and
            userName='"+userName+"'";
            stmt.executeUpdate(sql2);
            String sql3="select * from friends where
            userName='"+userName+"'";
            rs=stmt.executeQuery(sql3);
            rs.last();
            int list=rs.getRow();
            rs.beforeFirst();
            if(list<1){
                ArrayList friendslist=null;
                session.setAttribute("friendslist", friendslist);
            }else{
            ArrayList friendslist=null;
            friendslist=new ArrayList();
            while(rs.next()){
                LookFriendBean ff=new LookFriendBean();
                ff.setName(rs.getString("name"));
                ff.setPhone(rs.getString("phone"));
                ff.setEmail(rs.getString("email"));
                ff.setWorkPlace(rs.getString("workPlace"));
                ff.setPlace(rs.getString("place"));
                ff.setQQ(rs.getString("QQ"));
                friendslist.add(ff);
                session.setAttribute("friendslist", friendslist);
            }
        }
        }
        rs.close();
        stmt.close();
        con.close();
        response.sendRedirect("http://localhost:8084/PIMS/friendManager/
        lookFriend.jsp");
    }catch(Exception e){
        e.printStackTrace();
    }
    }
    }
}
protected void doPost(HttpServletRequest request,HttpServletResponse response)
throws ServletException, IOException {
```

```
        doGet(request, response);
    }
}
```

11.5.6 案例的日程安排模块设计与实现

单击图 11-15 所示页面中的"日程安排管理"，出现如图 11-16 所示的页面。请参考 middle.jsp 代码中的"＜a href＝"http://localhost:8084/PIMS/LookDateServlet" target＝"main"＞日程安排管理＜/a＞"。LookDateServlet 是 Servlet 控制器，代码如例 11-30 所示。

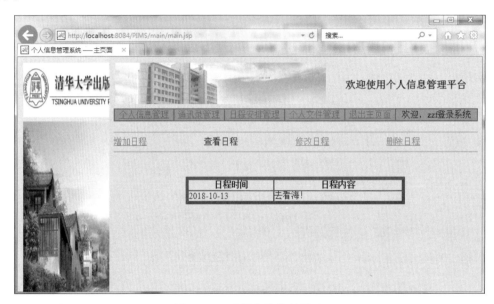

图 11-16　日程安排管理页面

【例 11-30】　查看日志的控制器（LookDateServlet.java）。

```
package dateManager;
import java.io.IOException;
import java.sql.*;
import java.util.ArrayList;
import javax.servlet.ServletException;
import javax.servlet.http.*;
import loginRegister.LoginBean;

public class LookDateServlet extends HttpServlet {
    protected void doGet(HttpServletRequest request,HttpServletResponse response)
    throws ServletException, IOException {
        try{
            Connection con=null;
            Statement stmt=null;
            ResultSet rs=null;
```

```
Class.forName("com.mysql.jdbc.Driver");
String url="jdbc:mysql://localhost:3306/person
?useUnicode=true&characterEncoding=gbk";
con=DriverManager.getConnection(url,"root","root");
stmt=con.createStatement();
String userName="";
HttpSession session=request.getSession();
ArrayList login=(ArrayList)session.getAttribute("login");
if(login==null||login.size()==0){
      response.sendRedirect("http://localhost:8084/PIMS/login.jsp");
}else{
      for(int i=login.size()-1;i>=0;i--){
          LoginBean nn=(LoginBean)login.get(i);
          userName=nn.getUserName();
      }
}
String sql="select * from date where userName='"+userName+"'";
rs=stmt.executeQuery(sql);
ArrayList datelist=null;
datelist=new ArrayList();
while(rs.next()){
      LookDateBean dd=new LookDateBean();
      dd.setDate(rs.getString("date"));
      dd.setThing(rs.getString("thing"));
      datelist.add(dd);
      session.setAttribute("datelist", datelist);
}
rs.close();
stmt.close();
con.close();
response.sendRedirect("http://localhost:8084/PIMS/dateManager/
lookDate.jsp");
}catch(Exception e){
  e.printStackTrace();
}
}
protected void doPost(HttpServletRequest request,HttpServletResponse response)
throws ServletException, IOException {
    doGet(request, response);
}
}
```

　　在 LookDateServlet.java 中首先获取用户名，并连接数据库把用户的日程安排信息保存在一个 JavaBean 中，该 JavaBean 名为 LookDateBean，代码如例 11-31 所示，同时使用 response.sendRedirect()方法把页面重定向到 lookDate.jsp，代码如例 11-32 所示。

【例 11-31】 保存日程信息的 JavaBean（LookDateBean. java）。

```java
package dateManager;

public class LookDateBean {
    private String date;
    private String thing;
    public String getDate() {
        return date;
    }
    public void setDate(String date) {
        this.date =date;
    }
    public String getThing() {
        return thing;
    }
    public void setThing(String thing) {
        this.thing =thing;
    }
}
```

【例 11-32】 查看日程页面（lookDate. jsp）。

```jsp
<%@page import="dateManager.LookDateBean"%>
<%@page import="java.util.ArrayList"%>
<%@page contentType="text/html" pageEncoding="UTF-8"%>
<html>
    <head>
        <meta http-equiv="Content-Type" content="text/html; charset=UTF-8">
        <title>个人信息管理系统——查看日程</title>
    </head>
    <body bgcolor="CCCFFF">
        <hr noshade>
          <div align="center">
            <table border="0" cellspacing="0" cellpadding="0" width="100%"
                    align="center">
                <tr>
                    <td width="20%">
                        <a href="http://localhost:8084/PIMS/
                        dateManager/addDate.jsp">增加日程</a>
                    </td>
                    <td width="20%">
                        查看日程
                    </td>
                    <td width="20%">
                        <a href="http://localhost:8084/PIMS/dateManager/
```

```
                 updateDate.jsp">修改日程</a>
            </td>
            <td width="20%">
                <a href="http://localhost:8084/PIMS/dateManager/
                deleteDate.jsp">删除日程</a>
            </td>
        </tr>
    </table>
</div>
<hr noshade>
<br><br>
<form action="http://localhost:8084/PIMS/AddDateServlet" method="post">
    <table border="5" cellspacing="0" cellpadding="0" width="60%"
        align="center">
        <tr>
            <th width="40%">日程时间</th>
            <th width="60%">日程内容</th>
        </tr>
        <%
            ArrayList datelist=(ArrayList)session.getAttribute("datelist");
            if(datelist==null||datelist.size()==0){
        %>
          <div align="center">
              <h1>您还没有任何日程安排!</h1>
          </div>
          <%
                }else{
                for(int i=datelist.size()-1;i>=0;i--){
                    LookDateBean dd=(LookDateBean)datelist.get(i);
          %>
          <tr>
              <td><%=dd.getDate()%></td>
              <td><%=dd.getThing()%></td>
          </tr>
          <%
              }
              }
              %>
        </table>
    </form>
</body>
</html>
```

单击图 11-16 所示页面中的"增加日程",出现如图 11-17 所示的增加日程页面,对应的超链接页面是 addDate.jsp,代码如例 11-33 所示。

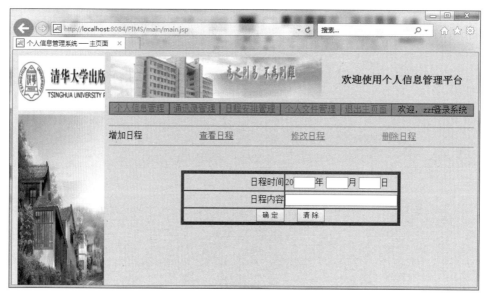

图 11-17 增加日程页面

【例 11-33】 添加日程页面（addDate.jsp）。

```jsp
<%@ page contentType="text/html" pageEncoding="UTF-8"%>
<html>
    <head>
        <meta http-equiv="Content-Type" content="text/html; charset=UTF-8">
        <title>个人信息管理系统——增加日程</title>
    </head>
<body bgcolor="CCCFFF">
        <hr noshade>
        <div align="center">
            <table border="0" cellspacing="0" cellpadding="0" width="100%"
                align="center">
                <tr>
                    <td width="20%">
                        增加日程
                    </td>
                    <td width="20%">
                        <a href="http://localhost:8084/PIMS/
                        dateManager/lookDate.jsp">查看日程</a>
                    </td>
                    <td width="20%">
                        <a href="http://localhost:8084/PIMS/dateManager/
                        updateDate.jsp">修改日程</a>
                    </td>
                    <td width="20%">
                        <a href="http://localhost:8084/PIMS/dateManager/
```

```
                        deleteDate.jsp">删除日程</a>
                    </td>
                </tr>
            </table>
        </div>
        <hr noshade>
        <br><br>
        <form action="http://localhost:8084/PIMS/AddDateServlet" method="post">
            <table border="5" cellspacing="0" cellpadding="0" width="60%"
                align="center">
                <tr>
                    <td height="30" width="50%" align="right">日程时间</td>
                    <td width="50%">
                        20<input type="text" size="1" name="year" value="">年
                        <input type="text" size="1" name="month" value="">月
                        <input type="text" size="1" name="day" value="">日
                    </td>
                </tr>
                <tr>
                    <td height="30" width="50%" align="right">日程内容</td>
                    <td width="50%">
                        <input type="text" size="30" name="thing" />
                    </td>
                </tr>
                <tr>
                    <td colspan="2" align="center">
                        <input type="submit" value="确 定" size="12">
                             
                        <input type="reset" value="清 除" size="12">
                    </td>
                </tr>
            </table>
        </form>
    </body>
</html>
```

在图 11-17 所示页面中输入数据后单击"确定"按钮,请求提交到 AddDateServlet 控制器,代码如例 11-34 所示。

【例 11-34】　添加日程页面对应的控制器(AddDateServlet.java)。

```
import java.io.IOException;
import java.sql.*;
import java.util.ArrayList;
import javax.servlet.ServletException;
import javax.servlet.http.*;
import javax.swing.JOptionPane;
```

```java
import loginRegister.LoginBean;

public class AddDateServlet extends HttpServlet {
    public void wrong1(){
        String msg="请把日期填写完整,添加失败!";
        int type=JOptionPane.YES_NO_CANCEL_OPTION;
        String title="信息提示";
        JOptionPane.showMessageDialog(null, msg, title, type);
    }
    public void wrong2(){
        String msg="请确认日期填写正确,添加失败!";
        int type=JOptionPane.YES_NO_CANCEL_OPTION;
        String title="信息提示";
        JOptionPane.showMessageDialog(null, msg, title, type);
    }
    public void wrong3(){
        String msg="请填写日程内容,添加失败!";
        int type=JOptionPane.YES_NO_CANCEL_OPTION;
        String title="信息提示";
        JOptionPane.showMessageDialog(null, msg, title, type);
    }
    public void wrong4(){
        String msg="该日程已有计划,添加失败!";
        int type=JOptionPane.YES_NO_CANCEL_OPTION;
        String title="信息提示";
        JOptionPane.showMessageDialog(null, msg, title, type);
    }
    public void right(){
        String msg="填写信息合格,添加成功!";
        int type=JOptionPane.YES_NO_CANCEL_OPTION;
        String title="信息提示";
        JOptionPane.showMessageDialog(null, msg, title, type);
    }
    protected void doGet(HttpServletRequest request,HttpServletResponse response)
    throws ServletException, IOException {
        String year=new
        String(request.getParameter("year").getBytes("ISO-8859-1"),"UTF-8");
        String month=new
        String(request.getParameter("month").getBytes("ISO-8859-1"),"UTF-8");
        String day=new
        String(request.getParameter("day").getBytes("ISO-8859-1"),"UTF-8");
        String thing=new
        String(request.getParameter("thing").getBytes("ISO-8859-1"),"UTF-8");
        String date="20"+year+"-"+month+"-"+year;
        if(year.length()==0||month.length()==0||day.length()==0){
```

```
    wrong1();
    response.sendRedirect("http://localhost:8084/PIMS/
    dateManager/addDate.jsp");
}else if(year.length()!=2||Integer.parseInt(year)<11||
Integer.parseInt(month)<1||Integer.parseInt(month)>12||
Integer.parseInt(day)<1||Integer.parseInt(day)>31){
    wrong2();
    response.sendRedirect("http://localhost:8084/PIMS/dateManager/
    addDate.jsp");
}else if(thing.length()==0){
    wrong3();
    response.sendRedirect("http://localhost:8084/PIMS/dateManager/
    addDate.jsp");
}else{
    try{
        Connection con=null;
        Statement stmt=null;
        ResultSet rs=null;
        Class.forName("com.mysql.jdbc.Driver");
        String url="jdbc:mysql://localhost:3306/person
        ?useUnicode=true&characterEncoding=gbk";
        con=DriverManager.getConnection(url,"root","root");
        stmt=con.createStatement();
        String userName="";
        HttpSession session=request.getSession();
        ArrayList login=(ArrayList)session.getAttribute("login");
        if(login==null||login.size()==0){
            response.sendRedirect("http://localhost:8084/PIMS/
            login.jsp");
        }else{
            for(int i=login.size()-1;i>=0;i--){
                LoginBean nn=(LoginBean)login.get(i);
                userName=nn.getUserName();
            }
        }
        String sql1="select * from date where date='"+date+"'and
        userName='"+userName+"'";
        rs=stmt.executeQuery(sql1);
        rs.last();
        int k;
        k=rs.getRow();
        rs.beforeFirst();
        if(k>0){
            wrong4();
            response.sendRedirect("http://localhost:8084/PIMS/
```

```
                            dateManager/addDate.jsp");
                    }else{
                        String sql2="insert into
                        date"+"(userName,date,thing)"+"values("+"'"+userName+"'"
                        +","+"'"+date+"'"+","+"'"+thing+"'"+")";
                        stmt.executeUpdate(sql2);
                        String sql3="select * from date where
                        userName='"+userName+"'";
                        rs=stmt.executeQuery(sql3);
                        ArrayList datelist=null;
                        datelist=new ArrayList();
                        while(rs.next()){
                            LookDateBean dd=new LookDateBean();
                            dd.setDate(rs.getString("date"));
                            dd.setThing(rs.getString("thing"));
                            datelist.add(dd);
                            session.setAttribute("datelist",datelist);
                        }
                    }
                    rs.close();
                    stmt.close();
                    con.close();
                    right();
                    response.sendRedirect("http://localhost:8084/PIMS/
                    dateManager/lookDate.jsp");
                }catch(Exception e){
                    e.printStackTrace();
                }
            }
        }
    protected void doPost(HttpServletRequest request,HttpServletResponse response)
    throws ServletException, IOException {
        doGet(request, response);
    }
}
```

单击图 11-17 所示页面中的"修改日程",出现如图 11-18 所示的修改日程页面,对应的超链接页面是 updateDate.jsp,代码如例 11-35 所示。

【例 11-35】 修改日程页面(updateDate.jsp)。

```
<%@page contentType="text/html" pageEncoding="UTF-8"%>
<html>
    <head>
        <meta http-equiv="Content-Type" content="text/html; charset=UTF-8">
        <title>个人信息管理系统——修改日程</title>
    </head>
```

```
<body bgcolor="CCCFFF">
    <hr noshade>
        <div align="center">
            <table border="0" cellspacing="0" cellpadding="0" width="100%"
                    align="center">
                <tr>
                    <td width="20%">
                        <a href="http://localhost:8084/PIMS/
                        dateManager/addDate.jsp">增加日程</a>
                    </td>
                    <td width="20%">
                        <a href="http://localhost:8084/PIMS/
                        dateManager/lookDate.jsp">查看日程</a>
                    </td>
                    <td width="20%">
                        修改日程
                    </td>
                    <td width="20%">
                        <a href="http://localhost:8084/PIMS/dateManager/
                        deleteDate.jsp">删除日程</a>
                    </td>
                </tr>
            </table>
        </div>
    <hr noshade>
    <br><br>
    <form action="http://localhost:8084/PIMS/UpdateDateServlet" method="post">
        <table border="5" cellspacing="0" cellpadding="0" width="60%"
                align="center">
            <tr>
                <td height="30" width="50%" align="right">日程时间</td>
                <td width="50%">
                    20<input type="text" size="1" name="year" value="">年
                    <input type="text" size="1" name="month" value="">月
                    <input type="text" size="1" name="day" value="">日
                </td>
            </tr>
            <tr>
                <td height="30" width="50%" align="right">日程内容</td>
                <td width="50%">
                    <input type="text" size="30" name="thing" >
                </td>
            </tr>
            <tr>
                <td colspan="2" align="center">
```

```
            <input type="submit" value="确 定" size="12">
                 
            <input type="reset" value="清 除" size="12">
          </td>
        </tr>
      </table>
    </form>
  </body>
</html>
```

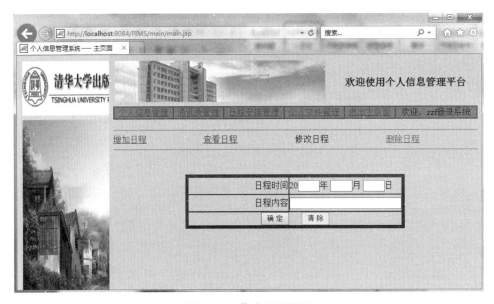

图 11-18 修改日程页面

在图 11-18 所示页面中输入要修改的数据后单击"确定"按钮,请求提交给 UpdateDateServlet 控制器,代码如例 11-36 所示。

【例 11-36】 修改日程页面对应的控制器(UpdateDateServlet. java)。

```
package dateManager;
import java.io.IOException;
import java.sql.*;
import java.util.ArrayList;
import javax.servlet.ServletException;
import javax.servlet.http.*;
import javax.swing.JOptionPane;
import loginRegister.LoginBean;

public class UpdateDateServlet extends HttpServlet {
    public void wrong1(){
        String msg="请把日期填写完整,修改失败!";
        int type=JOptionPane.YES_NO_CANCEL_OPTION;
        String title="信息提示";
```

```java
        JOptionPane.showMessageDialog(null, msg, title, type);
    }
    public void wrong2(){
        String msg="请确认日期填写正确,修改失败!";
        int type=JOptionPane.YES_NO_CANCEL_OPTION;
        String title="信息提示";
        JOptionPane.showMessageDialog(null, msg, title, type);
    }
    public void wrong3(){
        String msg="请填写日程内容,修改失败!";
        int type=JOptionPane.YES_NO_CANCEL_OPTION;
        String title="信息提示";
        JOptionPane.showMessageDialog(null, msg, title, type);
    }
    public void wrong4(){
        String msg="该日程不存在,修改失败!";
        int type=JOptionPane.YES_NO_CANCEL_OPTION;
        String title="信息提示";
        JOptionPane.showMessageDialog(null, msg, title, type);
    }
    public void right(){
        String msg="填写信息合格,修改成功!";
        int type=JOptionPane.YES_NO_CANCEL_OPTION;
        String title="信息提示";
        JOptionPane.showMessageDialog(null, msg, title, type);
    }
    protected void doGet(HttpServletRequest request,HttpServletResponse response)
    throws ServletException, IOException {
        String year=new
        String(request.getParameter("year").getBytes("ISO-8859-1"),"UTF-8");
        String month=new
        String(request.getParameter("month").getBytes("ISO-8859-1"),"UTF-8");
        String day=new
        String(request.getParameter("day").getBytes("ISO-8859-1"),"UTF-8");
        String thing=new
        String(request.getParameter("thing").getBytes("ISO-8859-1"),"UTF-8");
        String date="20"+year+"-"+month+"-"+year;
        if(year.length()==0||month.length()==0||day.length()==0){
            wrong1();
            response.sendRedirect("http://localhost:8084/dateManager/
            updateDate.jsp");
        }else if(year.length()!=2||Integer.parseInt(year)<11||Integer.parseInt
        (month)<1||Integer.parseInt(month)>12||Integer.parseInt(day)<1||
        Integer.parseInt(day)>31){
            wrong2();
```

```
            response.sendRedirect("http://localhost:8084/dateManager/
            updateDate.jsp");
    }else if(thing.length()==0){
        wrong3();
        response.sendRedirect("http://localhost:8084/dateManager/
        updateDate.jsp");
    }else{
        try{
            Connection con=null;
            Statement stmt=null;
            ResultSet rs=null;
            Class.forName("com.mysql.jdbc.Driver");
            String url="jdbc:mysql://localhost:3306/person
            ?useUnicode=true&characterEncoding=gbk";
            con=DriverManager.getConnection(url,"root","root");
            stmt=con.createStatement();
            String userName="";
            HttpSession session=request.getSession();
            ArrayList login=(ArrayList)session.getAttribute("login");
            if(login==null||login.size()==0){
                    response.sendRedirect("http://localhost:8084/PIMS/
                    login.jsp");
            }else{
                for(int i=login.size()-1;i>=0;i--){
                    LoginBean nn=(LoginBean)login.get(i);
                    userName=nn.getUserName();
                }
            }
            String sql1="select * from date where date='"+date+"'and
            userName='"+userName+"'";
            rs=stmt.executeQuery(sql1);
            rs.last();
            int k;
            k=rs.getRow();
            rs.beforeFirst();
            if(k<1){
                wrong4();
                response.sendRedirect("http://localhost:8084/dateManager/
                updateDate.jsp");
            }else{
                String sql2="update date set thing='"+thing+"' where
                date='"+date+"'and userName='"+userName+"'";
                stmt.executeUpdate(sql2);
                String sql3="select * from date where
                userName='"+userName+"'";
```

```
                    rs=stmt.executeQuery(sql3);
                    ArrayList datelist=new ArrayList();
                    while(rs.next()){
                        LookDateBean dd=new LookDateBean();
                        dd.setDate(rs.getString("date"));
                        dd.setThing(rs.getString("thing"));
                        datelist.add(dd);
                        session.setAttribute("datelist", datelist);
                    }
                    rs.close();
                    stmt.close();
                    con.close();
                    right();
                    response.sendRedirect("http://localhost:8084/PIMS/
                    dateManager/lookDate.jsp");
                }
                rs.close();
                stmt.close();
                con.close();
            }catch(Exception e){
                e.printStackTrace();
            }
        }
    }
    protected void doPost(HttpServletRequest request,HttpServletResponse response)
    throws ServletException, IOException {
        doGet(request, response);
    }
}
```

单击图 11-18 所示页面中的"删除日程",出现如图 11-19 所示的删除日程页面,对应的超链接页面是 deleteDate.jsp,代码如例 11-37 所示。

【例 11-37】 删除日程页面(deleteDate.jsp)。

```
<%@ page contentType="text/html" pageEncoding="UTF-8"%>
<html>
    <head>
        <meta http-equiv="Content-Type" content="text/html; charset=UTF-8">
        <title>个人信息管理系统->删除日程</title>
    </head>
<body bgcolor="CCCFFF">
    <hr noshade>
        <div align="center">
            <table border="0" cellspacing="0" cellpadding="0" width="100%"
                align="center">
                <tr>
```

```
            <td width="20%">
                <a href="http://localhost:8084/PIMS/
                dateManager/lookDate.jsp">增加日程</a>
            </td>
            <td width="20%">
                <a href="http://localhost:8084/
                dateManager/lookDate.jsp">查看日程</a>
            </td>
            <td width="20%">
                <a href="http://localhost:8084/PIMS/dateManager/
                updateDate.jsp">修改日程</a>
            </td>
            <td width="20%">
                删除日程
            </td>
        </tr>
    </table>
</div>
<hr noshade>
<br><br>
<form action="http://localhost:8084/PIMS/DeleteDateServlet" method="post">
    <table border="5" cellspacing="0" cellpadding="0" width="60%"
        align="center">
        <tr>
            <td height="30" width="50%" align="right">日程时间</td>
            <td width="50%">
                20<input type="text" size="1" name="year" value="">年
                <input type="text" size="1" name="month" value="">月
                <input type="text" size="1" name="day" value="">日
            </td>
        </tr>
        <tr>
            <td colspan="2" align="center">
                <input type="submit" value="确 定" size="12">
                     
                <input type="reset" value="清 除" size="12">
            </td>
        </tr>
    </table>
</form>
</body>
</html>
```

在图 11-19 所示页面中输入要删除的数据后单击"确定"按钮,请求提交 DeleteDateServlet

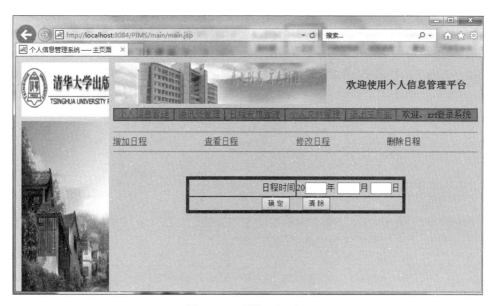

图 11-19　删除日程页面

控制器，代码如例 11-38 所示。

【例 11-38】　删除日程页面对应的控制器（DeleteDateServlet.java）。

```java
package dateManager;
import java.io.IOException;
import java.sql. * ;
import java.util.ArrayList;
import javax.servlet.ServletException;
import javax.servlet.http. * ;
import javax.swing.JOptionPane;
import loginRegister.LoginBean;

public class DeleteDateServlet extends HttpServlet {
    public void wrong1(){
        String msg="请把日期填写完整,删除失败!";
        int type=JOptionPane.YES_NO_CANCEL_OPTION;
        String title="信息提示";
        JOptionPane.showMessageDialog(null, msg, title, type);
    }
    public void wrong2(){
        String msg="请确认日期填写正确,删除失败!";
        int type=JOptionPane.YES_NO_CANCEL_OPTION;
        String title="信息提示";
        JOptionPane.showMessageDialog(null, msg, title, type);
    }
    public void wrong3(){
```

```
        String msg="该日程不存在,删除失败!";
        int type=JOptionPane.YES_NO_CANCEL_OPTION;
        String title="信息提示";
        JOptionPane.showMessageDialog(null, msg, title, type);
    }
    public void right(){
        String msg="填写信息合格,删除成功!";
        int type=JOptionPane.YES_NO_CANCEL_OPTION;
        String title="信息提示";
        JOptionPane.showMessageDialog(null, msg, title, type);
    }
    protected void doGet(HttpServletRequest request,HttpServletResponse response)
    throws ServletException, IOException {
        String year=new
        String(request.getParameter("year").getBytes("ISO-8859-1"),"UTF-8");
        String month=new
        String(request.getParameter("month").getBytes("ISO-8859-1"),"UTF-8");
        String day=new
        String(request.getParameter("day").getBytes("ISO-8859-1"),"UTF-8");
        String date="20"+year+"-"+month+"-"+year;
        if(year.length()==0||month.length()==0||day.length()==0){
            wrong1();
            response.sendRedirect("http://localhost:8084/PIMS/dateManager/
            deleteDate.jsp");
        }else if(year.length()!=2||Integer.parseInt(year)<11||
            Integer.parseInt(month)>12||Integer.parseInt(day)>31){
            wrong2();
            response.sendRedirect("http://localhost:8084/PIMS/dateManager/
            deleteDate.jsp");
        }else{
            try{
                Connection con=null;
                Statement stmt=null;
                ResultSet rs=null;
                Class.forName("com.mysql.jdbc.Driver");
                String url="jdbc:mysql://localhost:3306/person
                ?useUnicode=true&characterEncoding=gbk";
                con=DriverManager.getConnection(url,"root","root");
                stmt=con.createStatement();
                String userName="";
                HttpSession session=request.getSession();
                ArrayList login=(ArrayList)session.getAttribute("login");
                if(login==null||login.size()==0){
                    response.sendRedirect("http://localhost:8084/PIMS/
```

```
        login.jsp");
}else{
    for(int i=login.size()-1;i>=0;i--){
        LoginBean nn=(LoginBean)login.get(i);
        userName=nn.getUserName();
    }
}
String sql1="select * from date where date='"+date+"'and
userName='"+userName+"'";
rs=stmt.executeQuery(sql1);
rs.last();
int k;
k=rs.getRow();
rs.beforeFirst();
if(k<1){
    wrong3();
    response.sendRedirect("http://localhost:8084/PIMS/
    dateManager/deleteDate.jsp");
}else{
    String sql2="delete from date where date='"+date+"'and
    userName='"+userName+"'";
    stmt.executeUpdate(sql2);
    String sql3="select * from date where
    userName='"+userName+"'";
    rs=stmt.executeQuery(sql3);
    rs.last();
    int list=rs.getRow();
    rs.beforeFirst();
    if(list<1){
        ArrayList datelist=null;
        session.setAttribute("datelist", datelist);
    }else{
    ArrayList datelist=null;
    datelist=new ArrayList();
        while(rs.next()){
            LookDateBean dd=new LookDateBean();
            dd.setDate(rs.getString("date"));
            dd.setThing(rs.getString("thing"));
            datelist.add(dd);
            session.setAttribute("datelist", datelist);
        }
    }
    rs.close();
    stmt.close();
```

```
                            con.close();
                            right();
                            response.sendRedirect("http://localhost:8084/PIMS/
                            dateManager/lookDate.jsp");
                        }
                        rs.close();
                        stmt.close();
                        con.close();
                    }catch(Exception e){
                        e.printStackTrace();
                    }
                }
            }
            protected void doPost(HttpServletRequest request,HttpServletResponse response)
            throws ServletException, IOException {
                doGet(request, response);
            }
        }
```

11.5.7　案例的文件模块设计与实现

单击图 11-19 所示页面中的"个人文件管理"，出现如图 11-20 所示的页面。请参考 middle. jsp 代码中的"＜a href＝"http：//localhost：8084/PIMS/fileManager/fileUp. jsp" target＝"main"＞个人文件管理＜/a＞"。请读者自行编码实现文件操作相关功能。

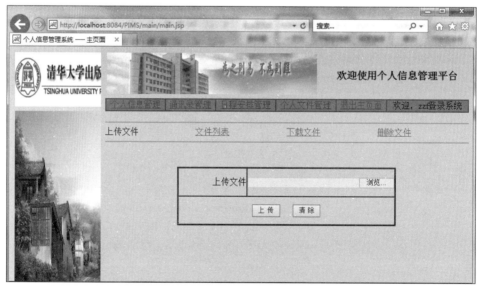

图 11-20　文件管理功能页面

11.6 课外阅读(Struts 框架技术介绍)

Struts 是 Java Web 项目开发中最经典的框架技术之一,受到许多软件开发人员的喜爱与追捧,是软件企业招聘 Java 软件人才时要求的必备技能之一。

Struts 是整合了当前动态网站开发中的 Servlet、JSP、JavaBean、JDBC、XML 等相关技术的一种主流 Web 开发框架,是一种基于经典 MVC 模式的框架。采用 Struts 可以简化 MVC 设计模式的 Web 应用开发工作,很好地实现代码重用,使开发人员从烦琐的工作中解脱出来,开发具有强扩展性的 Web 应用程序。

Struts 项目的创立者希望通过对该项目的研究,改进和提高 JSP、Servlet、标签库以及面向对象技术的水平。Struts 在英文中是支架、支撑的意思,体现其在 Web 应用程序开发中所起到的重要作用。如同建筑工程师使用支柱为建筑的每一层提供牢固的支持一样,Java 工程师使用 Struts 为业务应用的每一层提供支持。它的目的是为了帮助程序开发人员减少运用 MVC 设计模型来开发 Web 应用所耗费的时间。

Struts 是 Apache 软件基金会下 Jakarta 项目(Apache 组织下的一套 Java 解决方案的开源软件的名称)的一部分。该基金会下除 Struts 之外,还有其他优秀的开源产品,如 Tomcat。2000 年 Craig R. McClanahan(1960 年出生于丹麦,程序员,原 Sun 公司的高级员工,JSF 技术规范组负责人,Apache Struts framework 创始人,Servlet 2.2、Servlet 2.3 和 JSP 1.1、JSP 1.2 规范的专家组成员之一,Tomcat 4 的架构师)贡献了他编写的 JSP Model 2 架构之 Application Framework 原始程序代码给 Apache 基金会,成为 Apache Jakarta 计划 Struts Framework 的前身。从 2000 年 5 月开始开发 Struts,到 2001 年 6 月发布 Struts 1.0 版本。有 30 多个开发者参与进来,并有数千人参与到讨论组中。Struts 框架开始由一个志愿者团队来管理。到 2002 年,Struts 小组共有 9 个志愿者团队。Struts 框架的主要架构设计和开发者是 Craig R. McClanahan。

Struts 采取 MVC 模式,能够很好地帮助 Java 程序员利用 Java EE 开发 Java Web 应用项目。和其他的 Java 框架一样,Struts 也采用面向对象设计思想,将 MVC 模式的"分离显示逻辑和业务逻辑"能力发挥得淋漓尽致。

Struts 自 2001 年推出,2004 年开始升温,并逐渐成为 Java Web 应用开发最流行的框架技术之一。在目前的 Java 工程师招聘要求中,通常会强调 Struts 框架技术。精通 Struts 框架技术已经成为 Java 工程师必备的技能。

Struts 1.x 系列的版本一般称为 Struts 1。经过 6 年多的发展,Struts 1 已经成为一个高度成熟的框架,无论是稳定性还是可靠性都得到了广泛的认可。市场占有率也很高,拥有丰富的开发人群,几乎已经成为事实上的工业标准。但是随着时间的流逝,技术的进步,Struts 1 的局限性也越来越多地暴露出来,并且制约了 Struts 1 的继续发展。对于 Struts 1 框架而言,由于与 JSP、Servlet 耦合非常紧密,因而导致了一些严重的问题。首先,Struts 1 支持的表示层(V)技术单一。由于 Struts 1 出现的年代比较早,那个时候没有 FreeMarker、Velocity 等技术,因此它不可能与这些视图层的模板技术进行整合。其次,Struts 1 与 Servlet API 的紧耦合使应用程序难于测试。最后,Struts 1 代码严重依赖于 Struts 1 API,属于侵入性框架。从目前的技术层面上看,出现了许多与 Struts 1 竞争的框架技术,如

JSF、Spring MVC 等。这些框架技术由于出现的年代比较晚,应用了最新的设计理念,同时也从 Struts 1 中吸取了经验,克服了很多不足。这些框架的出现也促进了 Struts 的发展。目前,Struts 已经分化成了两个框架:一个是在传统的 Struts 1 基础上融合了另外一个优秀的 Web 框架 WebWork 的 Struts 2;另外一个就是 Struts 1。Struts 2 虽然是在 Struts 1 的基础上发展起来的,但是实质上是以 WebWork 为核心的。

2007 年,Apache 发布 Struts 2.0,Struts 2 是 Struts 的下一代产品,是在 Struts 1 和 WebWork 框架基础上进行整合的全新的 Struts 框架。其全新的 Struts 2 体系结构与 Struts 1 体系结构差别巨大。Struts 2 以 WebWork 为核心,采用拦截器机制来处理用户的请求,这样的设计也使得业务逻辑控制器能够与 Servlet 完全脱离开,所以 Struts 2 可以理解为 WebWork 的更新产品。因此 Struts 2 和 Struts 1 有着很大的区别,但是相对于 WebWork 而言,Struts 2 只有很小的变化。

11.7　本 章 小 结

本章主要介绍基于 MVC 设计模式的个人信息管理系统案例的开发过程,通过本案例的训练应在熟练掌握所学理论知识的同时,进一步提高 Java Web 项目开发能力。

通过本章的学习应掌握以下内容。

(1) 1~10 章所有理论知识。

(2) 案例的需求分析与设计。

(3) 案例的实现。

11.8　习　　　题

1. 把本章案例中写在 Servlet 文件中的业务处理部分写到一个 JavaBean 中,即每个页面对应一个处理页面的 JavaBean 类,实现真正的 MVC 设计思想。

2. 完成本章案例的文件管理模块的功能。

3. 根据自己对个人信息管理系统的需求理解增加完善案例功能,如增加课程管理功能。

参 考 文 献

［1］ 张志锋,甘勇,黄敏.JSP 程序设计技术教程[M].2 版.北京:清华大学出版社,2014.

［2］ 张志锋,邓璐娟,张建伟,宋胜利.JSP 程序设计与项目实训教程[M].2 版.北京:清华大学出版社,2016.

［3］ 张志锋,朱颢东.Java Web 技术整合应用与项目实战(JSP＋Servlet＋Struts2＋Hibernate5＋Spring5)[M].北京:清华大学出版社,2018.

［4］ 张跃平,耿祥义.JSP 程序设计[M].2 版.北京:清华大学出版社,2015.